KB121595

개정3판

라즈베리파이4로 구현하는
사물인터넷(IoT)과 초거대 인공지능(AI)

김경연, 이현, 김영민, 양정모 지음

光文閣
www.kwangmoonkag.co.kr

머리말

라즈베리파이 4로 구현하는 사물인터넷(IOT)과 초거대 인공지능(AI)

『(실험키트와 함께하는) 아두이노 완전정복』이라는 책 집필을 끝 마친지 어느덧 7년 정도의 시간이 흘러갔네요. 이전에 집필한『아두이노 완전정복』에서는 아두이노로 할 수 있는 간단한 일들이 무엇이고, 그것들을 아두이노를 이용해서 어떻게 쉽게 구현이 되는지 기초 과정까지만 설명하였습니다. 7년 전과 달리 이미 국내뿐 아니라 전 세계적으로 아두이노 사용자가 어마어마하게 증가하였고 공개된 문서와 소스코드 등의 리소스도 더불어 많아 졌습니다. 이번에는 아두이노와 함께 가장 많이 사용이 되고 있는 오픈소스 하드웨어인 라즈베리파이 4 교재에 도전해 보았습니다. 리눅스 운영체제를 사용하는 라즈베리파이는 아두이노보다 많은 것을 할 수 있습니다. 유선, 무선 네트워크가 기본적으로 가능하고 블루투스 또한 사용 가능합니다.

본 교재는 전자공학과 소프트웨어에 대한 비전공자들도 쉽게 접근할 수 있도록 기초적인 파이썬 언어에 대한 내용과 리눅스 기초 명령어들을 습득하고 라즈베리파이 4 실제 보드에서 파이썬을 이용해서 간단한 센서들의 동작 원리를 바로 실습해 볼 수 있도록 하였습니다. 파이썬 언어 전용으로 집필되었기 때문에 프로그램 언어의 초보자들도 쉽게 따라 할 수 있고, 센서 실습도 복잡한 부품과 브레드보드(일명 빵판)를 사용하지 않고 센서 HAT보드에 연결만 하면 바로 실습이 가능하기 때문에 전자공학 비전문가들도 간단하게 따라 하기가 가능 합니다. 특히 최근 온라인 비대면 수업을 할 때 배선 오류에 대한 부담감을 줄일 수 있습니다.

집필할 때부터 교재에 사용된 모든 실험 세트들을 같이 제공하기 위해서 저렴하고 구매하기 쉬운 재료들을 사용하였고, 본 교재에서 사용된 모든 실험 재료들을 갖춘 통합 개발 키트도 같이 판매하고 있습니다.(http://www.jkelec.co.kr)

끝으로 출판에 애써주신 광문각출판사 박정태 회장님과 임직원들께 감사드립니다.

저자 일동

목차

Chapter **01**

라즈베리파이 소개

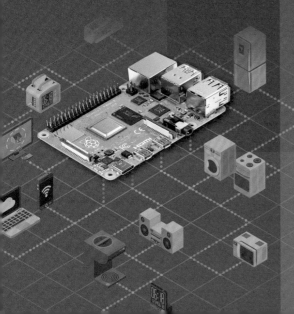

01 라즈베리파이 소개

1.1 라즈베리파이 개요

라즈베리파이(Raspberry Pi)는 2012년 2월에 영국의 라즈베리파이 재단에서 교육적인 목적으로 제작 발표한 싱글 보드 컴퓨터(SBC, Single Board Computer)입니다. 2012년 2월에 라즈베리 파이1 이 발표된 이후에 라즈베리 파이 2, 3이 평균 2년에 1번 정도 업그레이드되어 발표되었고, 2019년 6월에 라즈베리파이 4가 공식 출시되었습니다. 라즈베리파이 3까지는 거의 가격 변동이 없었지만 라즈베리파이 4에서는 가격 인상이 되었습니다. 가장 최근 모델인 라즈베리파이 3 모델B 와 파이4 모델B를 비교해 보도록 하겠습니다.

라즈베리파이 4B

라즈베리파이 3B

이미지 출처 : https://www.raspberrypi.org/

특징/사양	라즈베리파이 4B	라즈베리파이 3B
SoC	Broadcom Quad Core BCM2711 Cortex-A72 @1.5GHz	Broadcom Quad Core BCM2837 Cortex-A53 @ 1.2GHz
GPU	500Mhz VideoCore VI	400Mhz VideoCore IV
메모리	1GB/2G/4GB RAM LPDDR4선택	1GB RAM LPDDR2
저장 장치	microSD 카드	microSD 카드
Video Audio	Micro HDMI*2개 HDMI/Headphone	HDMI*1개 HDMI/Headphone
카메라	MIPI CSI 커넥터	MIPI CSI 커넥터
이더넷	10/100 Ethernet	10/100 Ethernet
Wireless	듀얼 밴드 802.11 b/g/n/ac 블루투스 5.0 + BLE	2.4GHz 802.11n wireless 블루투스 4.0 + BLE
USB 포트	USB 3.0*2포트 USB 2.0*2포트	4 USB 2 ports
확장 포트	40 핀 GPIO 헤더	40 핀 GPIO 헤더
전원 공급	USB Type-C 3A@5V	USB Type-C 2.5A@5V
Dimension	85×56mm	85×56mm
OS	Raspbian	Raspbian

라즈베리파이 3에 비해서 라즈베리파이 4에서 가장 크게 변환된 점은 디스플레이 포트가 HDMI*1개에서 마이크로 HDMI*2로 확장되어 듀얼 모니터를 지원하고, USB 3.0을 지원하며, SDRAM을 최대 4GB까지 지원하게 되었습니다. 또한, 블루투스가 4.0에서 5.0으로 업그레이드 되었습니다. 라즈베리파이 4의 하드웨어 구성을 그림과 함께 자세히 살펴보도록 하겠습니다.

이미지 출처 : https://www.raspberrypi.org/

(1) 라즈베리파이 4 구성

장치 이름	장치 설명
① WiFI	2.4 GHz and 5.0 GHz IEEE 802.11ac wireless, Bluetooth 5.0, BLE를 지원합니다.
② DSI	2-lane MIPI DSI Display port입니다.
③ 전원단자	라즈베리파이 3까지는 USB 마이크로 5핀을 사용하였지만 라즈베리파이 4부터는 요즘 추세에 맞추어 USB Type-C로 변경되었습니다. 라즈베리파이 재단에서는 5V 3A 이상의 전원 공급을 권고하고 있습니다.
④ 디스플레이	라즈베리파이 3에서는 표준 HDMI 출력 1포트를 지원했지만 라즈베리파이 4에서는 2개의 마이크로 HDMI 포트를 통해서 듀얼 4K 디스플레이 출력을 지원합니다.
⑤ 카메라 포트	CSI 카메라 포트에 라즈베리파이 전용 카메라 모듈을 연결하면 라즈비안 OS 설정을 통해서 쉽게 카메라를 제어할 수 있습니다.
⑥ 오디오 단자	3.5파이 표준 스테레오 오디오 출력을 지원합니다. 스피커는 내장하고 있지 않기 때문에 외장 스피커를 사용하거나 이어 잭을 연결하면 됩니다.

⑦ USB 2.0	2개의 USB 2.0 포트입니다.
⑧ USB 3.0	2개의 USB 3.0 포트입니다. 라즈베리파이 3는 USB 2.0 포트만 4개입니다.
⑨ 유선 네트워크	10/100/1000 Mbps Gigabit Ethernet을 지원합니다.
⑩ GPIO 40핀	핀 배열이 라즈베리파이 3와 호환됩니다.
⑪ CPU	Broadcom BCM2711, Quad core Cortex-A72 1.5GHz

1.2 라즈비안 OS 설치

라즈베리파이를 사용하기 위해서는 제일 먼저 라즈비안(Raspbian) OS를 설치해야 합니다. 라즈비안 OS를 설치하는 가장 쉬운 방법은 NOOBS(New Out Of Box Software)를 다운로드받아서 SD 메모리를 이용해서 설치하는 방법입니다.

🍓 실험에 필요한 준비물들

라즈베리파이 3/4

마이크로 SD 메모리
USB 리더기

마이크로 SD 메모리
16 ~ 64GB

(1) 마이크로 SD 메모리 포맷

안전한 설치를 위해서 마이크로 SD 메모리를 라즈비안 OS를 설치할 수 있는 형식으로 포맷을 합니다. USB 리더기에 마이크로 SD 메모리를 삽입하고 PC에 연결합니다. https://www.sdcard.org/downloads/formatter/ URL 링크에서 SD 메모리 포맷 전용 프로그램을 다운로드할 수 있습니다.

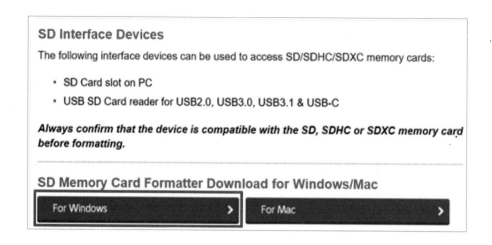

"For Windows" 프로그램을 다운로드하여 압축을 해제하고 설치하고 실행합니다. 라즈비안 OS를 설치하기 위해서 최소한 16GB 이상의 용량을 사용하는 것이 좋고 SDHC를 지원하는 메모리 사용을 권장합니다. 라즈베리파이에서 MySQL 등의 데이터베이스 실습을 한다면 64GB 이상 사용하는 것이 좋습니다.

"Formatting options"을 반드시 "Overwrite format"을 선택하도록 합니다. 위의 그림에서 Volume label이 "RaspberryPi"라고 되어 있지만 공백으로 있어도 되고 어떤 문자도 상관없습니다. 포맷을 시작하면 모든 데이터가 지워지고 overwrite option을 선택하면 시간이 소요된다는 메시지가 나옵니다. "예"를 선택해서 계속 진행합니다. 실제로 16GB 사이즈의 메모리가 모두 포맷이 완료되기까지 필자의 i5 노트북 PC에서 약 20분 정도가 소요되었습니다.

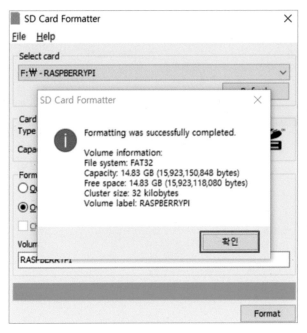

SD 메모리 포맷이 완료된 화면입니다. 이제 라즈비안 OS를 설치할 수 있는 메모리 준비가 완료되었습니다.

참고로 만약 기존 SD 메모리에 이전 버전의 라즈비안 OS가 설치되어 있는 경우에는 위와 같이 바로 SD 메모리를 포맷할 수 없습니다.

이미 라즈비안 OS가 설치되어 있다면 윈도의 디스크 관리자에서 파티션을 확인하면 아래 그림과 같이 SD 메모리의 파티션이 여러 개로 나누어진 모습을 확인할 수 있습니다.

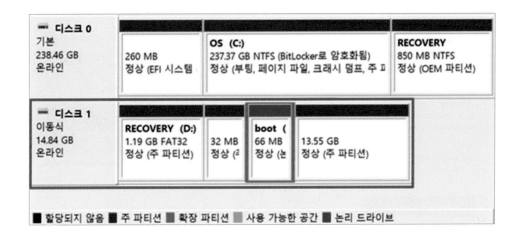

이러한 경우에는 디스크 관리자에서 "볼륨 삭제", "파티션 삭제"를 해서 1개의 파티션으로 만든 이후에 포맷을 해야 합니다.

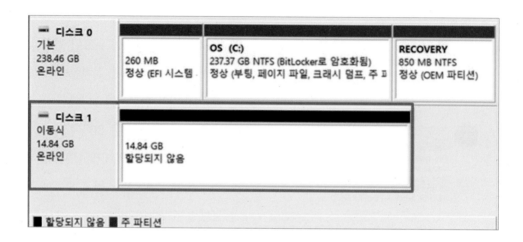

파티션을 모두 삭제해서 1개로 만든 이후의 SD 메모리 상태 화면입니다.

(2) Raspberry pi Imager 다운로드

https://www.raspberrypi.org/software에서 "Raspberry Pi Imager for Windows"를 다운로드합니다.

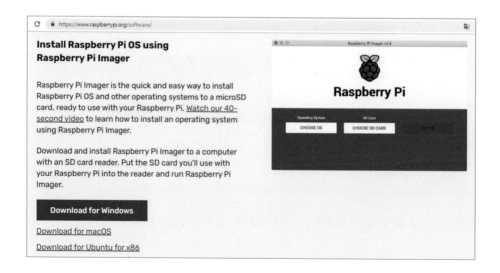

라즈베리파이 4가 출시되고 처음에는 NOOBS를 이용해서 마이크로 SD 메모리에 라즈비안 OS 설치를 하였으나 최근에는 Raspberry Pi Imager를 이용해서 설치하는 것을 권장하고 있습니다. "Download for Windows"를 선택해서 다운로드합니다.

현재에도 https://www.raspberrypi.org/downloads/noobs/ URL에서 NOOBS를 다운로드하고 라즈비안 OS를 설치할 수 있습니다. 본 교재에서는 Raspberry Pi Imager를 이용하는 방법을 선택하였습니다. 다운로드받은 Raspberry Pi Imager를 설치하고 실행합니다.

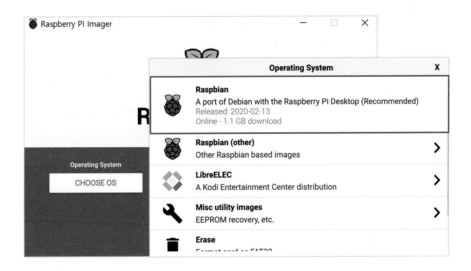

"CHOOSE OS"를 누르고 첫 번째 Raspbian을 선택합니다.

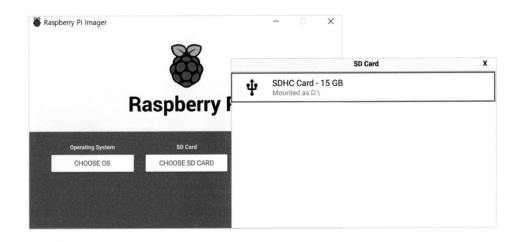

"CHOOSE SD CARD"를 선택하고 이전에 포맷을 완료한 SDHC Card를 선택합니다.

"WRITE"를 선택하면 라즈비안 OS 이미지 설치를 시작합니다. 이전의 NOBOS를 사용하는 방법보다 조금 더 라즈비안 OS 이미지를 설치하는 방법이 간편해진 것 같습니다. 라즈비안 OS 이미지를 메모리 카드에 Write 하는데 약 20분 정도가 소요됩니다. "CONTINUE" 버튼을 누르고 라즈비안 OS 이미지 설치를 종료합니다. 이제 라즈비안 OS 이미지가 설치된 마이크로 SD 메모리를 라즈베리파이에 삽입하고 부팅할 수 있게 되었습니다.

(3) 라즈비안 설치

라즈베리파이를 사용하기 위해 필요한 장비들이 있습니다. 아래 그림과 같은 도구를 준비합니다.

🍓 설치에 필요한 준비물들

라즈베리파이 3/4 　　　　마이크로 SD 메모리　　　　5V 2.5A 이상
　　　　　　　　　　　　　16 ~ 64GB　　　　　　　USB C-Type 전원

HDMI to Micro HDMI

RJ45 네트워크 케이블

USB 키보드/ 마우스

아래 그림과 같이 마이크로 SD 메모리와 통신 케이블들을 연결합니다. 라즈베리파이에 케이블을 모두 연결해 보면 알겠지만 책상에 케이블들이 어지럽게 얽혀 있게 됩니다. 라즈베리파이를 자주 사용할 예정이라면 USB 키보드와 마우스 대신에 무선 키보드와 마우스를 이용하는 편이 좋은 것 같습니다.

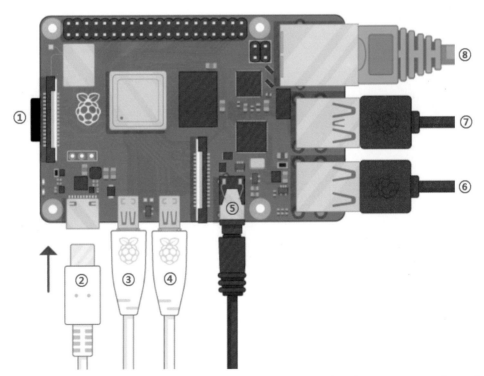

이미지 출처 : https://www.raspberrypi.org/

① 라즈비안 OS 이미지가 설치된 마이크로 SD 메모리 삽입

② 5V 3A 이상의 USB C-Type 전원 공급

③ HDMI 입력이 지원되는 모니터와 라즈베리파이의 Micro HDMI 포트 0번에 연결

④ 듀얼 디스플레이를 사용하지 않는다면 연결하지 않아도 됩니다.

⑤ 3.5파이 스피커 또는 이어폰 (오디오 출력을 사용하지 않는다면 연결 안 해도 됩니다.)

⑥ ⑦ USB 키보드와 마우스를 연결합니다.

⑧ RJ45 네트워크 케이블을 상황에 따라서 공유기 혹은 네트워크 허브에 연결해서 사용하거나 실습용으로 사용한다면 PC와 1:1로 연결해도 됩니다.

모든 연결이 완료되었다면 이제 USB-Type 전원을 라즈베리파이에 연결하면 HDMI 모니터에 라즈비안 OS가 부팅을 시작하고 초기 설정 화면을 볼 수 있습니다.

윈도, 리눅스 OS 등의 대부분의 OS가 그렇듯 라즈베리파이도 운영체제를 설치하고 기본 키보드, 모니터, 네트워크, 사용 언어 설정 등이 필요합니다.

🍓 Welcome to Raspberry Pi

USB 키보드와 마우스가 라즈베리파이에 연결이 되어 있다면 마우스를 이용해서 "Next" 버튼을 눌러 다음을 진행합니다.

🍓 Set Country

Country, Language, Timezone을 위의 그림과 같이 설정합니다. 이 부분을 제대로 설정하지 않으면 이후에 WiFi 설정을 할 때 무선 공유기와의 연결이 잘 되지 않을 수 있습니다.

Country	South Korea
Language	Korean
Timezone	Seoul

🍓 Change Password

라즈비안 운영체제의 기본 사용자인 "pi" 사용자를 위한 패스워드를 설정합니다. "raspberry" 패스워드가 기본으로 설정이 되어 있지만 이 패스워드는 누구나 알고 있기 때문에 새로 설정하는 것이 좋습니다.

🍓 Setup Screen

모니터와 TV를 사용하는 경우 오버스캔이나 언더스캔을 이용하기 위한 설정입니다. HDMI 모니터를 사용하는 경우에는 체크하지 않고 다음으로 진행합니다.

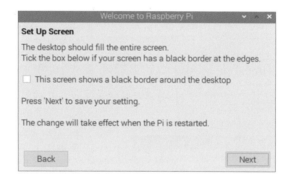

🍓 와이파이 설정

라즈베리파이 3까지는 2.4Ghz 와이파이만 지원하고 3B+ 하드웨어부터 5Ghz 와이파이를 지원합니다. 지금 와이파이 설정을 해도 되고 "Skip" 하여 설정이 완료된 이후에도 설정이 가능합니다. 지금 바로 설정이 가능한 경우에만 "Next" 버튼을 눌러서 설정을 시작하세요.

🍓 Update Software

WiFi 설정이 정상적으로 완료되었다면 라즈비안 OS의 최신 업데이트 패키지를 설치할 수 있습니다. 시간이 3~5분 정도 소요가 됩니다. 빨리 설정을 끝마치고 싶다면 이 과정은 생략해도 됩니다.

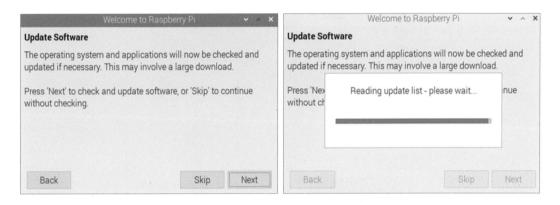

🍓 Setup Complete

라즈베리파이를 사용하기 위한 기본 설정이 마무리되었습니다. "Restart"를 해서 시스템을 다시 시작하는 것이 좋습니다.

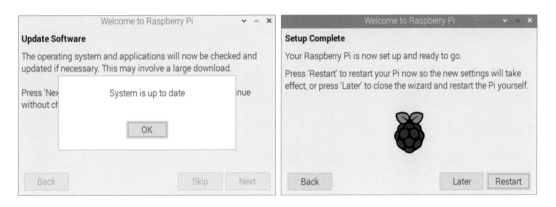

(4) 라즈베리파이 환경 설정

부팅 과정에서 네트워크, 언어 설정 등을 하지 못했다면 라즈베리파이 X-Window GUI 환경에서 추가로 설정을 해보도록 하겠습니다.

메뉴-기본 설정-Raspberry Pi Configuration 메뉴를 선택합니다.

🍓 Locale

라즈비안 OS의 언어와 문자 세트를 설정합니다.

Language	en(English)
Country	기본 선택
Character Set	UTF-8

라즈비안 OS 버전에 따라서 처음부터 한글(KR)로 설정했을 경우에는 한글 폰트가 설치가 되어 있지 않아서 화면의 글자들이 깨져서 표시가 되는 경우도 있습니다. 이러한 경우에는 우선 영문(EN)으로 먼저 설정을 한 이후에 한글 폰트를 설치하고 다시 언어 설정을 변경하면 됩니다.

Timezone

라즈비안 OS의 시간 지역을 설정합니다.

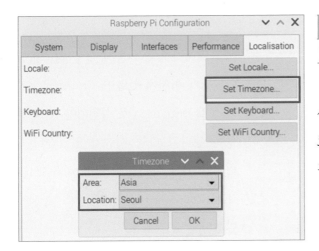

Area	Asia
Location	Seoul

Timezone을 제대로 설정하지 않으면 시스템의 내부 시간이 기본값인 영국으로 설정되어 날짜와 시간이 맞지 않게 됩니다.

Keyboard

한글 입력을 제대로 하기 위해서 설정이 필요합니다.

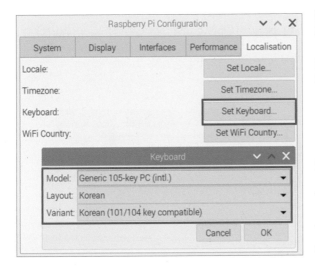

Model	Generic 105-key
Layout	Korean
Variant	101/104 key

라즈베리파이의 USB 포트에 연결한 키보드의 종류에 따라서 설정이 달라질 수 있습니다. 적절한 키보드를 선택하세요. 한글 입력을 하기 위해서 Layout은 반드시 Korean으로 설정해야 합니다.

한글 입력을 위한 폰트 설치와 입력기 설정은 리눅스 터미널 실행 방법을 설명하고 진행하도록 하겠습니다.

🍓 WiFi Country

WiFi의 국가별 주파수 대역이 다르기 때문에 국가 설정이 필요합니다.

Country	KR Korea(South)

라즈베리파이 4 출시 이후 라즈비안 OS 초기 버전에서 WiFi Country 설정을 "GB Britian(UK)"로 설정해야 WiFi 설정이 된다고 하는 이슈가 있었습니다. 하지만 최신 버전의 라즈비안 OS에서는 "KR Korea(South) 로 설정을 해도 문제가 발생하지 않습니다.

(5) 라즈베리파이 WiFi 설정

부팅 과정에서 WiFi 설정을 하지 않았다면 메뉴 설정에서 WiFi 설정을 할 수 있습니다. 라즈비안 GUI 환경에서 설정하는 방법으로 해보도록 하겠습니다.

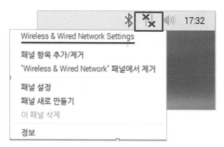

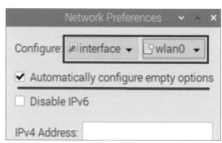

라즈비안 데스크톱 화면의 오른쪽 상단의 작업 표시줄에 잇는 WiFi 표시 아이콘에 오른쪽 마우스를 클릭하고 "Wireless & Wired Network Setting" 메뉴를 선택합니다.

🍓 Network Preferences

Configure를 "interface"를 선택하고 WiFi 설정을 위해서 "wlan0"를 선택합니다. 만약 라즈베리파이에 USB 형태의 외부 WiFi 동글을 추가로 사용한다면 "wlan1"로 보일 수 있습니다. 본 교재에서는 라즈베리파이에 기본으로 탑재되어 있는 "wlan0"를 사용합니다. WiFi 공유기에 DHCP(IP 자동 할당) 기능이 설정되어 있다면 "Automatically configure empty options"를 선택하고 "적용"을 합니다.

 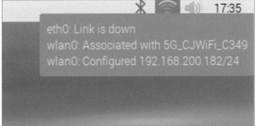

이제 작업 표시줄의 오른쪽 상단의 WiFi 표시 아이콘에 오른쪽 마우스를 클릭하면 무선랜 SSID 목록이 검색이 되고, 접속하고자 하는 무선랜에 왼쪽 마우스를 클릭하면 WiFi 비밀번호를 입력하는 화면이 나오고, 비밀번호를 입력하고 "확인" 버튼을 누르면 바로 WiFi 연결이 되고 자동으로 할당된 IP를 팝업 윈도로 보여줍니다. 라즈비안 OS에 기본으로 설치되어 있는 터미널 프로그램을 실행해서 자동으로 할당된 IP를 확인해 보겠습니다.

터미널 프로그램

라즈비안 OS의 작업 표시줄에 검은색 ")_" 모양의 아이콘이 터미널 프로그램입니다. 실행을 시키면 위의 화면과 같이 키보드로 명령을 입력할 수 있는 윈도의 명령 프롬프트와 유사한 화면이 나타납니다. 터미널 창에 네트워크 설정을 확인하는 명령어를 입력합니다.

```
pi@raspberrypi:~ $ ifconfig
```

많은 정보 가운데 wlan0에 설정된 정보들을 확인합니다.

inet : 192.168.200.120, netmask : 255.255.255.0, broadcast : 192.168.200.255

inet 정보는 이후에 SSH, VNC Viewer에서 라즈베리파이에 네트워크로 접속할 때 필요하므로 잘 알고 있어야 합니다. 여기에 할당된 IP 구조는 실습을 하는 네트워크 상태에 따라서 변경되기 때문에 항상 동일하지 않지만 네트워크 설정을 하는 방법과 정보를 확인하는 방법을 잘 알고 있다면 대부분 문제없이 라즈베리파이에 네트워크로 접속할 수 있습니다.

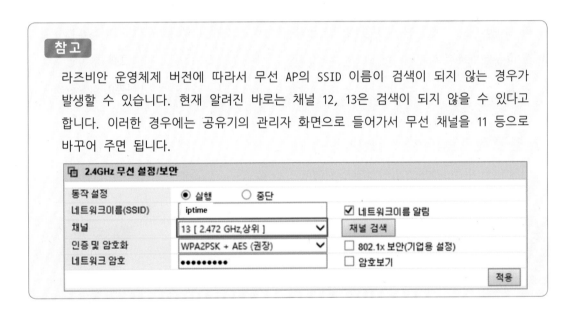

참고

라즈비안 운영체제 버전에 따라서 무선 AP의 SSID 이름이 검색이 되지 않는 경우가 발생할 수 있습니다. 현재 알려진 바로는 채널 12, 13은 검색이 되지 않을 수 있다고 합니다. 이러한 경우에는 공유기의 관리자 화면으로 들어가서 무선 채널을 11 등으로 바꾸어 주면 됩니다.

(6) 라즈비안 업데이트

라즈비안 OS를 설치하고 난 이후에 네트워크 연결에 문제가 없다면 최신 버전으로 업데이트를 할 필요가 있습니다. 터미널 프로그램을 실행하고 업데이트 명령을 수행합니다.

```
pi@raspberrypi:~ $ sudo apt-get update
pi@raspberrypi:~ $ sudo apt-get upgrade
```

```
                              pi@raspberrypi: ~                        ∨  ∧
  File  Edit  Tabs  Help
 pi@raspberrypi:~ $ sudo apt-get update
 Hit:1 http://archive.raspberrypi.org/debian buster InRelease
 Hit:2 http://raspbian.raspberrypi.org/raspbian buster InRelease
 Reading package lists... Done
 pi@raspberrypi:~ $ sudo apt-get upgrade
 Reading package lists... Done
 Building dependency tree
 Reading state information... Done
 Calculating upgrade... Done
 0 upgraded, 0 newly installed, 0 to remove and 0 not upgraded.
```

라즈비안 OS가 이미 최신 버전이라면 위와 같이 나오겠지만 업데이트 내용이 있다면 패키지를 다운로드하면 설치됩니다.

(7) 한글 폰트, 입력기(IBUS) 설치

이제 한글 폰트와 한글 입력기를 설치합니다.

```
 pi@raspberrypi:~ $ sudo apt-get install fonts-unfonts-core ibus-hangul
```

```
                              pi@raspberrypi: ~                        ∨  ∧  ✕
  File  Edit  Tabs  Help
 pi@raspberrypi:~ $ sudo apt-get install fonts-unfonts-core ibus ibus-hangul -y
 Reading package lists... Done
 Building dependency tree
 Reading state information... Done
 The following additional packages will be installed:
```

메뉴-기본 설정-Raspberry Pi Configuration 메뉴를 선택합니다.

🍓 Locale

라즈비안 OS의 언어와 문자 세트를 설정합니다.

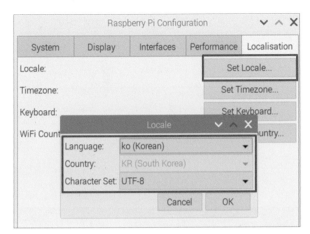

Language	Generic 105-key
Country	KR(South Korea)
Character Set	UTF-8

Character Set은 반드시 UTF-8로 설정합니다. EUC-KR 로 설정하면 라즈비안 GUI 화면의 한글 문자들이 제대로 표시가 되지 않습니다.

한글로 설정하고 재 부팅을 하고 나면 데스크톱 메뉴들이 한글로 잘 표시가 되는 것을 확인할 수 있습니다. Linux raspberrypi 5.4.79를 사용하고 있습니다. 2020년 11월 23일에 배포된 리눅스 커널입니다.

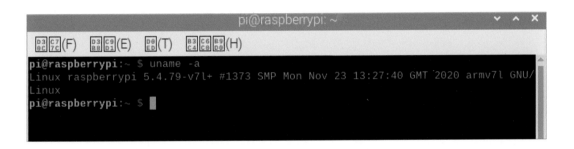

(8) 한글 입력 설정 및 문제 해결

메뉴-기본 설정-IBus 한글 설정 메뉴를 선택합니다. 운영체제 버전에 따라서 아래와 같은 화면이 나오면서 IBus 한글 설정 프로그램이 실행되지 않는 경우가 있습니다.

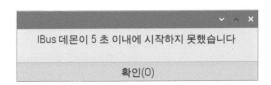

이런 경우에는 터미널을 실행시키고 직접 IBus 설정 프로그램을 실행시켜 보면 어떤 문제가 발생하는지 체크할 수 있습니다.

아직 프로그램(데몬)이 실행 중이 아니기 때문에 "예"를 선택해서 실행합니다.

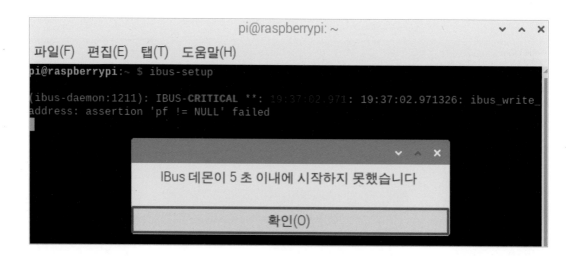

그러면 오류창과 함께 터미널 프로그램에 에러가 표시됩니다.

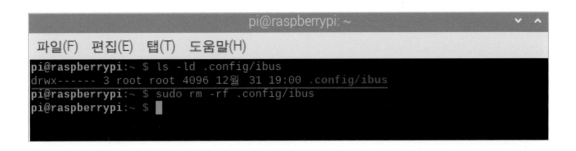

결론적으로는 IBus 프로그램의 설정 파일인 "config/ibus"가 root 사용자에게만 쓰기 권한
이 있기 때문에 발생하는 오류입니다.

```
pi@raspberrypi:~ $ sudo rm -rf .config/ibus
pi@raspberrypi:~ $ ibus-setup
```

root 권한으로 "config/ibus" 파일을 삭제하고 다시 pi 사용자로 "ibus-setup" 프로그램을
실행시켜면 정상적으로 실행이 되는 것을 확인할 수 있습니다.

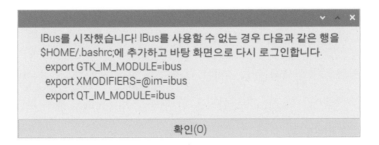

"확인" 버튼을 누르면 IBus 설정 프로그램에서 한글 설정을 할 수 있습니다.

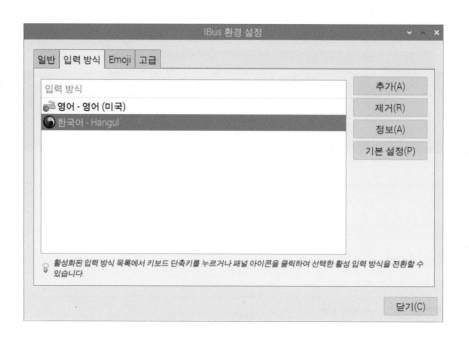

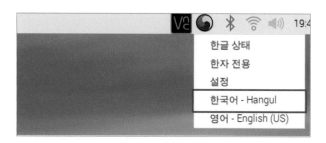

한글/영문을 전환하기 위해서는 라즈비안 데스크톱 화면의 오른쪽 상단에서 태극 모양의 아이콘을 눌러서 "한국어 - Hangul"로 설정을 한 다음 "Shift-Space"를 누르면 영문과 한글을 전환해서 사용할 수 있습니다.

한글 입력기를 매번 수동으로 실행시키기는 번거롭습니다.

```
pi@raspberrypi:~ $ im-config -n ibus
```

위의 명령어로 라즈베리파이가 부팅할 때 자동으로 한글 입력기를 실행시킬 수 있습니다.

1.3 네트워크로 접속하기

라즈베리파이를 계속 HDMI 모니터와 USB 키보드와 마우스를 직접 연결해서 사용하는 방법은 뭔가 복잡합니다. 다행이 라즈베리파이는 리눅스 환경의 모든 네트워크 기능들을 사용할 수 있으므로 네트워크를 이용해서 SSH나 VNC를 이용해서 사용하는 편이 간편합니다.

(1) SSH 사용

SSH(Secure Shell)를 이용해서 외부에서 네트워크로 접속해서 명령 터미널을 이용하는 것과 같은 방식으로 라즈베리파이를 사용할 수 있습니다. 윈도 환경에서 SSH 클라이언트로 가장 많이 사용하는 Putty를 설치해서 사용합니다. https://www.putty.org에 접속해서 다운로드 URL로 이동합니다.

사용하는 윈도에 따라서 32-bit, 64-bit 용을 다운로드받아서 설치합니다.

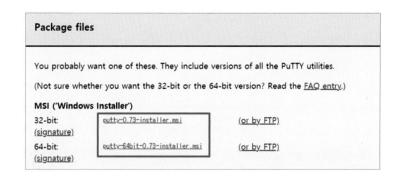

원격으로 라즈베리파이에 접근하려면 먼저 라즈베리파이에서 SSH 접근을 Enable 해야 합니다. 메뉴-기본 설정-Raspberry Pi Configuration을 실행시킵니다.

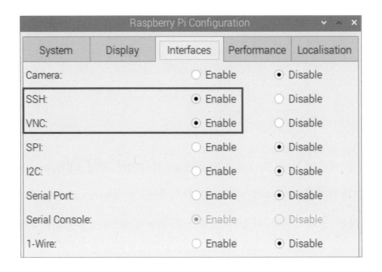

SSH : Enable, VNC : Enable을 설정합니다. VNC 사용을 할 것이기 때문에 같이 설정합니다. 이제 윈도에 설치한 Putty를 실행합니다.

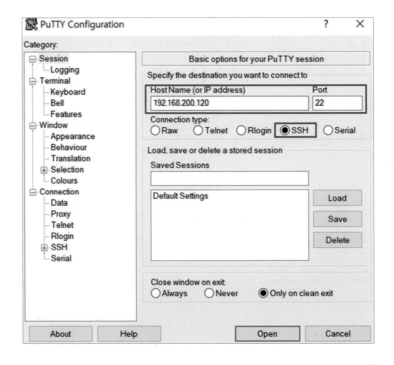

HostName(or IP address) 에 라즈베리파이에 설정된 IP 주소를 입력합니다. Port는 반드시 22 를 사용해야 하고 연결 방식은 SSH로 선택합니다.

왼쪽 화면과 같은 경고 문구가 나오면 "예"를 선택하면 됩니다.

연결이 되면 라즈비안 기본 사용자 계정으로 접속합니다.

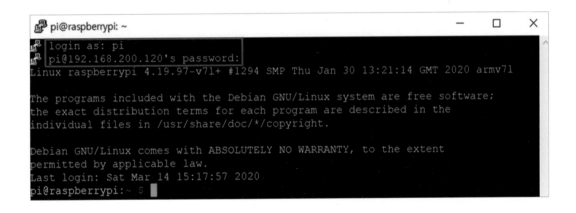

login 사용자로 "pi"를 입력하고 password를 입력하면 SSH로 접속됩니다. SSH 터미널에서 라즈비안 리눅스 명령어를 통해서 라즈베리파이를 제어할 수 있습니다.

(2) VNC 사용

리눅스 명령어를 기본적으로 잘 알고 있다면 SSH 터미널로 라즈베리파이를 제어하는 것이 쉽겠지만 초보자에게는 쉽지 않은 일입니다. 그래서 라즈비안 GUI 화면을 그대로 사용할 수 있는 VNC(Virtual Network Computing) Viewer를 설치해서 사용해 보도록 하겠습니다.

여러 가지 VNC Viewer가 많이 있습니다. 본 교재에서는 RealVNC를 사용하도록 하겠습니다. https://www.realvnc.com/en/connect/download/viewer/ 페이지에서 RealVNC Viewer를 다운로드받을 수 있습니다. 소프트웨어를 다운로드하는 홈페이지는 자주 변하기 때문에 https://www.realvnc.com에서 Viewer를 찾아서 다운로드하면 됩니다.

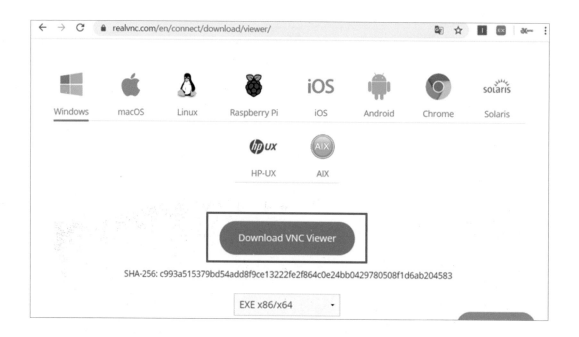

"Download VNC Viewer"를 클릭해서 다운로드받아 설치합니다.

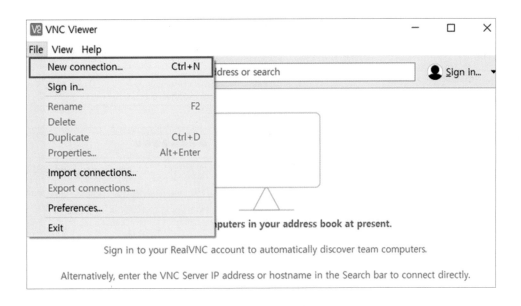

File - New connection 메뉴를 선택해서 새로운 연결을 생성합니다.

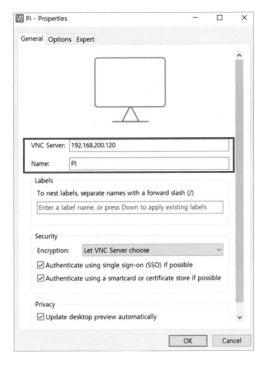

VNC Server: 라즈베리파이에 설정된

IP Name: pi

SSH와 마찬가지로 접속할 라즈베리파이에 할당된 IP와 접속 이름을 입력합니다. 여기서 Name은 라즈베리파이의 라즈비안 OS의 사용자 이름과는 상관없는 단순한 접속 이름입니다. 또한, Raspberry Pi Configuration에서 VNC가 Enable 되어 있어야 접속이 가능합니다.

"OK" 해서 다음으로 진행하면 VNC Viewer 화면에 "pi"라는 연결 아이콘이 생성된 것을 확인할 수 있습니다.

새로 생성된 연결 아이콘을 클릭해서 접속을 시도합니다. Username, Password에 라즈비안 OS의 기본 사용자 "pi"와 비밀번호를 입력합니다.

이제 VNC Viewer를 통해서 라즈베리파이를 직접 사용하는 것과 같이 원격으로 사용할 수 있습니다.

만약 VNC 서버에 접속하는 화면에서 사용자 이름과 패스워드를 올바르게 입력했는데도 아래와 같은 창이 나오면서 접속이 안 되는 경우가 발생할 수 있습니다.

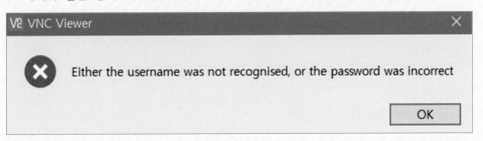

이러한 경우는 라즈비안 OS를 설치하고 SSH, VNC 인터페이스를 Enable 할 때 pi 사용자에 대한 패스워드가 한번도 변경이 되지 않은 경우에 발생할 수도 있습니다. 이 문제는 단순히 pi 사용자에 대한 패스워드를 변경하고 나서 다시 접속을 해보면 문제 없이 진행이 될 수 있습니다.

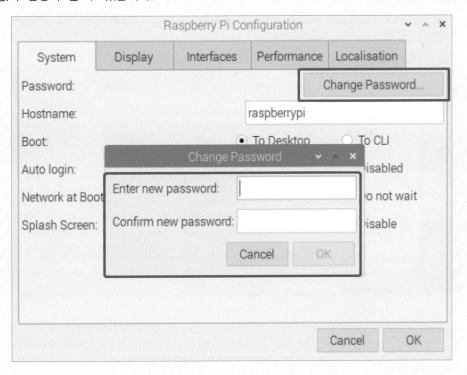

프로그램/기본 설정/Raspberry pi Configuration 프로그램에서 "Change Password" 버튼을 눌러서 pi 사용자에 대한 패스워드를 다시 설정하고 저장합니다. 반드시 처음 설치할 때의 패스워드와 다른 패스워드를 사용해야 합니다.

(3) VNC를 사용한 파일 전송

라즈베리파이를 사용하다 보면 라즈베리파이에서 PC를 파일을 가지고 오거나 반대로 PC에서 라즈베리파이에 필요한 파일들을 전송해야 할 일이 많이 있습니다. 예전에는 Samba 서버나 FTP 서버를 구성해서 이러한 파일 전송을 많이 하였지만 VNC를 이용하면 아주 간단하게 파일을 주고받을 수 있습니다.

🍓 PC --〉 라즈베리파일 파일 전송

PC의 VNC Viewer의 상단을 마우스를 움직이면 아래 그림과 같이 파일 전송 아이콘이 있습니다.

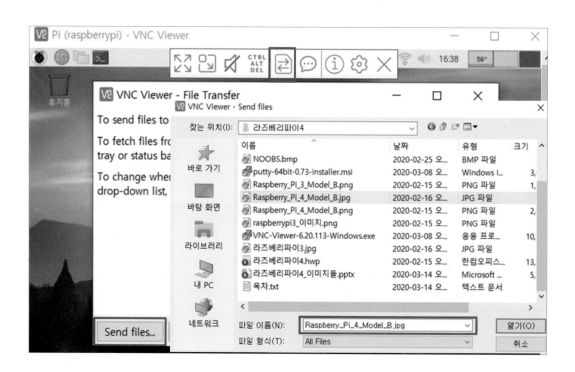

VNC Viewer - File Transfer 화면이 나오고 왼쪽 하단의 "Send files"를 누르면 파일을 선택하는 창에서 라즈베리파이로 전송하고자 하는 파일을 선택하면 됩니다.

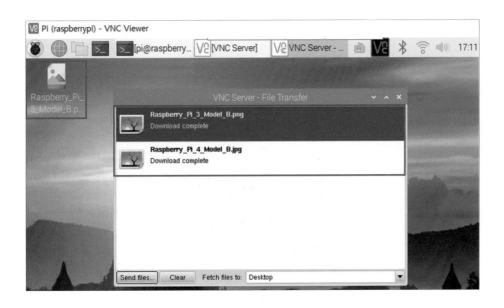

라즈베리파이로 파일 전송이 완료된 화면입니다. 기본으로 전송된 파일은 바탕화면에 위치
합니다.

🍓 라즈베리파이 --> PC 파일 전송

라즈베리파이에서는 반대로 VNC Server - File Transfer 화면에서 왼쪽 하단의 "Send Files"
버튼을 누르면 파일 선택창이 나오고 PC로 전송하고자 파일을 선택하면 됩니다.

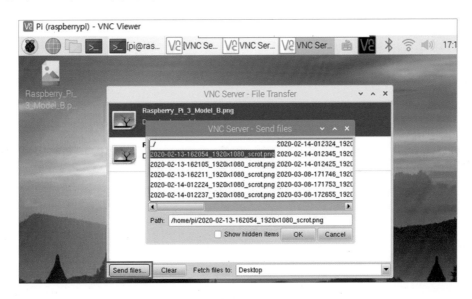

이 방법이 PC와 라즈베리파이와의 가장 간단한 파일 전송 방법인 것 같습니다.

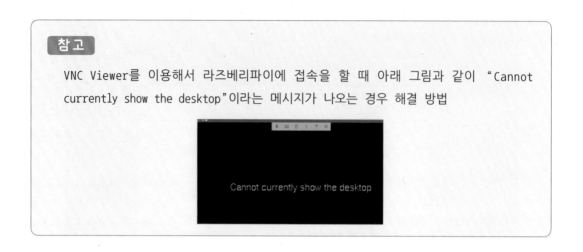
이러한 경우는 라즈베리파이에 HDMI 모니터 연결이 되어 있지 않은 경우에 VNC Viewer 가 VNC 서버로 접속을 시도하는 경우에 발생합니다. 라즈베리파이 4부터 발생합니다. HDMI 모니터 연결이 없어도 기본 화면을 송출하기 위해서는 라즈베리파이의 해상도 변경 설정이 필요합니다. Putty 터미널을 연결하고 라즈베리파이 설정 명령어를 입력합니다.

```
pi@raspberrypi:~ $ sudo raspi-config
```

명령어 앞에 sudo를 붙이면 pi 사용자에게 root 권한을 부여해서 명령어를 수행하라는 의미입니다. raspi-config 명령어를 실행하기 위해서 root 권한이 필요하기 때문입니다.

```
pi@raspberrypi: ~                                        —    □    ×
login as: pi
pi@192.168.200.120's password:
Linux raspberrypi 4.19.97-v7l+ #1294 SMP Thu Jan 30 13:21:14 GMT 2020 armv7l

The programs included with the Debian GNU/Linux system are free software;
the exact distribution terms for each program are described in the
individual files in /usr/share/doc/*/copyright.

Debian GNU/Linux comes with ABSOLUTELY NO WARRANTY, to the extent
permitted by applicable law.
Last login: Sat Mar 14 15:17:57 2020
pi@raspberrypi:~ $ sudo raspi-config
```

7. Advanced Options 선택

```
┤ Raspberry Pi Software Configuration Tool (raspi-config) ├

1 Change User Password Change password for the 'pi' user
2 Network Options      Configure network settings
3 Boot Options         Configure options for start-up
4 Localisation Options Set up language and regional settings to match your
5 Interfacing Options  Configure connections to peripherals
6 Overclock            Configure overclocking for your Pi
7 Advanced Options     Configure advanced settings
8 Update               Update this tool to the latest version
9 About raspi-config   Information about this configuration tool
```

A5. Resolution 선택

```
┤ Raspberry Pi Software Configuration Tool (raspi-config) ├

A1 Expand Filesystem Ensures that all of the SD card storage is available
A2 Overscan          You may need to configure overscan if black bars are
A3 Memory Split      Change the amount of memory made available to the GPU
A4 Audio             Force audio out through HDMI or 3.5mm jack
A5 Resolution        Set a specific screen resolution
A6 Screen Blanking   Enable/Disable screen blanking
A7 Pixel Doubling    Enable/Disable 2x2 pixel mapping
A8 GL Driver         Enable/Disable experimental desktop GL driver
A9 Compositor        Enable/Disable xcompmgr composition manager
AA Pi 4 Video Output Video output options for Pi 4
AB Overlay FS        Enable/Disable read-only file system
```

DMT(Display Monitor Timings, 모니터에서 사용되는 표준 방식)를 선택하면 동작합니다. DMT 설정에서 해상도는 사용하는 모니터에 따라서 적당한 해상도를 선택하면 됩니다. 1920*1080 모니터에서 테스트 결과 DMT Mode 82, DMT Mode 85에서 적당한 화면을 보여 주었습니다.

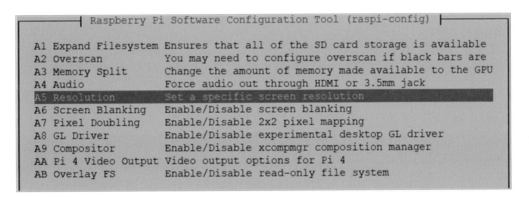

```
Choose screen resolution

        Default      720x480
        DMT Mode 4   640x480 60Hz 4:3
        DMT Mode 9   800x600 60Hz 4:3
        DMT Mode 16 1024x768 60Hz 4:3
        DMT Mode 85 1280x720 60Hz 16:9
        DMT Mode 35 1280x1024 60Hz 5:4
        DMT Mode 51 1600x1200 60Hz 4:3
        DMT Mode 82 1920x1080 60Hz 16:9
```

해상도 변경을 설정하고 재부팅을 하면 VNC 원격 접속 화면이 정상으로 출력됨을 볼 수 있습니다. 본 교재를 집필할 당시에는 이 옵션을 사용할 수 있지만 라즈비안을 포함한 모든 리눅스 기반의 운영체제들의 특징은 언제든지 사전에 예고 없이 운영체제 버전에 따라서 기능이 변경되거나 삭제될 수 있습니다. 이 옵션도 라즈비안 버전에 따라서 달라질 수 있습니다. 이러한 경우에는 어쩔 수 없이 라즈비안 사용자 그룹이나 포털 검색 엔진을 통해서 해결하는 수밖에 없습니다.

만약 위의 설정 메뉴가 존재하지 않는다면 라즈비안 OS의 설정 파일을 직접 수정하는 방법이 있습니다.

```
pi@raspberrypi:~ $ sudo vi /boot/config.txt
```

```
hdmi_force_hotplug=1
hdmi_group=2
hdmi_mode=82                    # 1920*1080 해상도로 설정
```

위의 내용으로 config.txt 파일을 수정하고 저장한 다음 재부팅합니다.

(4) FTP서버 구축하기

VNC를 이용해서 파일을 주고받을 수 있지만 아무래도 불편한 점이 있습니다. 라즈베리파이에 vsftpd라는 FTP(File Transfer Protocol) 서버 프로그램을 설치하고 PC에서 FTP 클라이언트로 접속해서 파일을 전송하도록 하겠습니다.

🍓 vsftpd 서버 설치

```
pi@raspberrypi:~ $ sudo apt-get install vsftpd
```

🍓 FTP 서버 설정 파일(/etc/vsftpd.conf) 수정

FTP 설정 /etc/vsftpd.conf 파일에서 몇 가지 옵션을 수정해야 합니다.

```
pi@raspberrypi:~ $ sudo vi /etc/vsftpd.conf
```

/etc/vsftpd.conf 파일에서 아래 항목들을 찾아서 수정합니다.

```
anonymous_enable=NO
local_enable=YES
write_enable=YES
local_umask=022
chroot_local_user=YES
chroot_list_enable=YES
chroot_list_file=/etc/vsftpd.chroot_list
```

위의 내용들을 새로 타이핑해서 입력할 필요는 없으며 주석 문자인 "#"만 삭제하면 됩니다.

FTP 사용자 등록

FTP 서버에 접속 가능한 사용자를 추가합니다. FTP 사용자 리스트 파일(/etc/vsftpd.chroot_list)를 생성하고 현재 사용하고 있는 "pi" 사용자를 추가합니다.

```
pi@raspberrypi:~ $ sudo vi /etc/vsftpd.chroot_list
```

FTP 사용자 리스트 파일 /etc/vsftpd.chroot_list에 새 사용자 "pi"를 추가하였습니다.

🍓 FTP 서비스 시작

FTP 서비스를 실행합니다.

```
pi@raspberrypi:~ $ sudo service vsftpd restart
```

라즈비안 버전에 따라서 서비스가 Stop되고 Start되는 로그를 보여줄 수도 있고 아무런 메시지 없이 바로 실행만 될 수도 있습니다. FTP 서비스가 잘 실행되고 있는지 상태를 확인할 수 있습니다.

```
pi@raspberrypi:~ $ sudo systemctl status vsftpd
```

라즈베리파이가 부팅될 때 자동으로 서비스가 시작이 되도록 서비스에 등록합니다.

```
pi@raspberrypi:~ $ sudo systemctl enable vsftpd
```

🍓 FTP 클라이언트 설치 및 접속

윈도용 FTP 클라이언트 프로그램을 설치하고 라즈베리파이 FTP 서버에 접속해 보도록 하겠습니다. http://https://filezilla-project.org/ 사이트에 접속해서 윈도용 FTP 오픈소스 프로젝트로 유명한 FileZilla FTP 클라이언트를 설치합니다.

"Download FileZilla Client" 클라이언트 접속 프로그램을 다운로드받아서 설치합니다.

- 호스트 : 라즈베리파이 IP 주소

- 사용자 : pi

- 비밀번호 : pi 사용자에 대한 비밀번호 입력

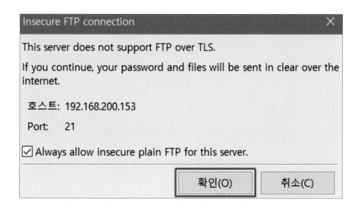

"확인" 버튼을 누르면 아래와 같이 라즈베리파이 FTP 서버에 접속됩니다.

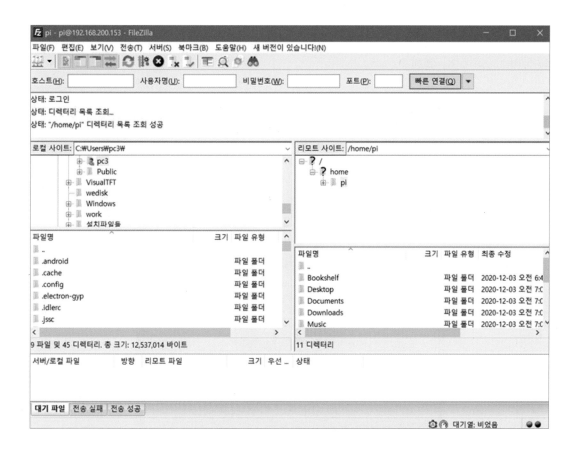

VNC를 이용한 파일 전송보다는 편리하게 파일을 전송할 수 있습니다. FTP 서버 이외에서 삼바(Samba) 서비스를 이용하는 수도 있습니다. 삼바 서비스를 이용하면 윈도 탐색기 수준에서 아주 쉽게 파일을 전송할 수 있습니다. 관심 있는 독자라면 검색 사이트에서 검색을 통해 간단하게 서비스를 설치해서 사용이 가능합니다.

(5) 삼바(Samba) 서버 구축 하기

삼바(samba)는 SMB(Server Message Block) 서비스로 리눅스와 윈도우 간에 파일 및 프린터를 공유를 쉽게 할 수 있도록 해주는 서비스 프로그램입니다. 마이크로소프트사와 인텔사가 윈도 시스템과 다른 시스템의 디스크나 프린터와 같은 자원을 공유할 있도록 하기 위해 개발된 프로토콜로, TCP/IP 기반의 NetBIOS 프로토콜을 이용합니다. 라즈베리파이에 삼사 서버를 설치하면 라즈베리파이를 마치 같은 네트워크에 존재하는 윈도 PC처럼 윈도 탐색기에서 파일을 복사하거나 삭제가 가능합니다.

🍓 삼바(Samba) 서버 설치

```
pi@raspberrypi:~ $ sudo apt-get install samba samba-common-bin
```

삼바 서버 설치 중간에 아래와 같은 창이 나온다면 "예"를 선택합니다. 라즈베리파이가 DHCP 네트워크 설정을 사용하는 경우에 자동으로 나오는 것 같습니다.

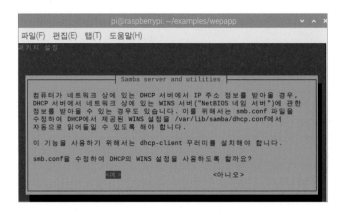

🍓 삼바(Samba) 계정 추가

smbpasswd 명령어에 -a 옵션을 주고 '삼바 계정 이름' 형식으로 사용자 ID와 비밀번호를
추가합니다.

```
pi@raspberrypi:~ $ sudo smbpasswd -a pi
```

```
pi@raspberrypi:~/examples/wepapp $ sudo smbpasswd -a pi
New SMB password:
Retype new SMB password:
Added user pi.
```

🍓 삼바 서버 설정 파일(/etc/samba/smb.conf) 수정

삼바 서버의 설정 파일에 앞에서 추가했던 pi 계정에 대한 설정 정보를 추가합니다. /etc/
samba/smb.conf 파일의 마지막에 추가하면 됩니다.

```
pi@raspberrypi:~ $ sudo vi /etc/samba/smb.conf
```

```
                    pi@raspberrypi: ~/examples/wepapp          ∨ ∧ ✕

파일(F)  편집(E)  탭(T)  도움말(H)
# Windows clients look for this share name as a source of downloadable
# printer drivers
[print$]
   comment = Printer Drivers
   path = /var/lib/samba/printers
   browseable = yes
   read only = yes
   guest ok = no
# Uncomment to allow remote administration of Windows print drivers.
# You may need to replace 'lpadmin' with the name of the group your
# admin users are members of.
# Please note that you also need to set appropriate Unix permissions
# to the drivers directory for these users to have write rights in it
;    write list = root, @lpadmin

[pi]
    comment = pi shared folder
    path = /home/pi
    valid users = pi
    browseable = yes
    guest ok = no
    read only = no
    create mask = 0777
```

```
[pi]

    comment = pi shared folder

    path = /home/pi

    valid users = pi

    browseable = yes

    guest ok = no

    read only = no

    create mask = 0777
```

파일을 수정하고 저장한 다음 삼바 서버 서비스를 다시 시작합니다.

```
pi@raspberrypi:~ $ sudo /etc/init.d/smbd restart
pi@raspberrypi:~ $ sudo /etc/init.d/nmbd restart
```

여기까지 삼바 서버 설정이 완료되었고 이제 윈도 PC에서 삼바 서버에 접근해서 서비스를
이용하면 됩니다.

🍓 삼바 서버 접근

윈도 탐색기 창에서 직접 "\\라즈베리파이의 IP주소" 형식으로 입력하면 됩니다.

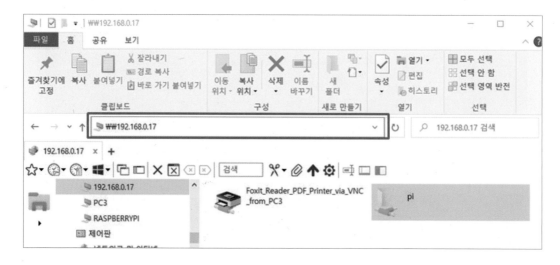

pi 사용자의 home 디렉토리가 표시되고 더블클릭을 하면 아래와 같이 pi 사용자에 대한 비밀번호를 입력하라는 창이 나옵니다.

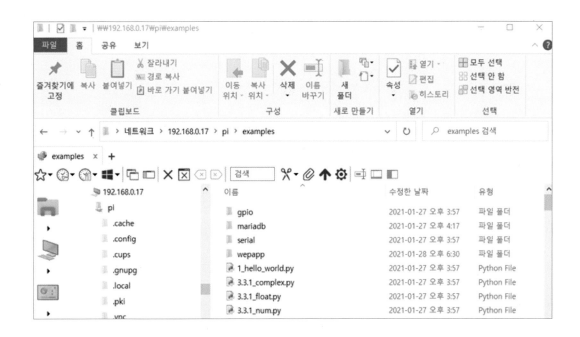

비밀번호를 입력하고 "확인"을 누르면 아래 그림과 같이 윈도 탐색기에 pi 사용자의 home 디렉토리가 검색됩니다.

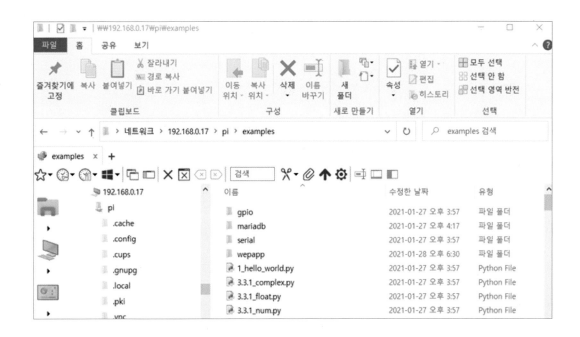

참고

윈도 10 PC에서 삼바 서버에 접근이 되지 않는 경우도 있습니다. 그러한 경우는 윈도 10 운영체제에서 SMB 프로토콜이 차단되어 있는 경우에 발생할 수 있습니다. 윈도 기능에서 SMB 프로토콜을 사용하도록 하면 해결됩니다.

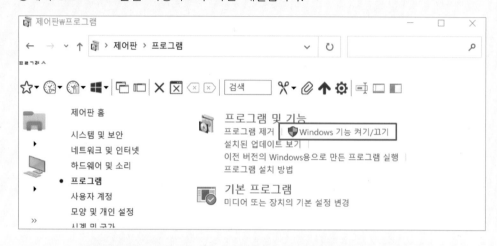

"제어판/프로그램/프로그램 및 기능/Windows 기능 켜기/끄기"로 들어갑니다.

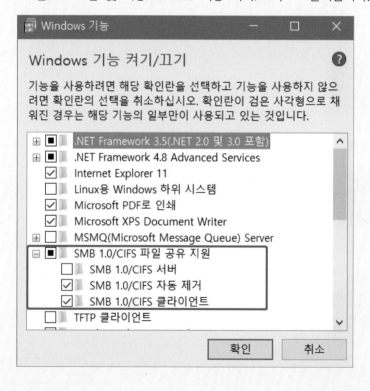

라즈베리파이 활용

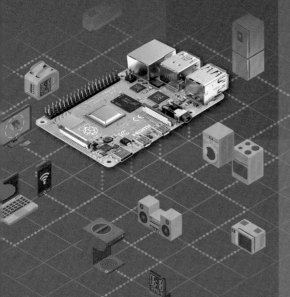

02 라즈베리파이 활용

2.1 리눅스 기본 명령어

라즈베리파이에서 사용하는 라즈비안 OS는 기본적으로 데비안 리눅스를 기반으로 만들어진 배포판입니다. 그래서 운영체제 이름도 라즈비안이라는 이름을 사용하는 것 같습니다. 라즈비안의 GUI 환경에서도 라즈베리파이의 기본적인 사용이 가능하지만 라즈베리파이 시스템의 세밀한 설정을 하고 문제가 발생했을 때 해결하기 위해서는 리눅스의 기초적인 명령어를 어느 정도 알고 있어야 라즈베리파이를 제대로 활용할 수 있습니다.

(1) 셸과 프롬프트

리눅스의 셸은 사용자의 커널 사이에서 인터페이스를 제공합니다. 라즈베리파이에서 리눅스 명령어들은 대부분 터미널 프로그램에서 셸을 통해서 명령어를 수행하는 것입니다. 셸 명령어를 수행하기 위해서 터미널 프로그램을 실행합니다.

터미널 프로그램

리눅스 셸 프롬프트 "pi@raspberrypi:~$"가 표시되고 커서가 깜빡입니다. 프롬프트는 "계정 이름@호스트 이름 현재 디렉토리:$" 형식으로 표시됩니다. 이제 셸 프롬프트에서 명령어들을 입력하고 실행시키면 됩니다.

(2) 파일 명령어

파일과 디렉토리를 확인하고 이동, 복사, 삭제하는 기본 명령어들 입니다.

🍓 ls

ls 〈옵션〉

파일과 디렉토리 목록을 보여 주는 명령어입니다. 윈도 운영체제의 GUI 도구인 파일 탐색기의 기능을 명령어로 구현한다고 생각하면 됩니다. 다양한 옵션을 가지고 있어서 몇 가지 예제로 확인해 보도록 하겠습니다.

ls 명령 옵션

옵 션	내 용
-l(long)	퍼미션(권한), 포함된 파일 수, 소유자, 그룹, 파일 크기, 수정일자, 파일이름 등을 모두 나열합니다.
-a(all)	숨김 파일이나 디렉토리를 모두 보여 줍니다.
-h(human)	파일의 용량을 K, M, G 단위를 사용하여 사람이 알아보기 편하게 표시해 줍니다.
-S(size)	파일을 크기순으로 정렬하여 출력합니다.
-r(recursive)	ls 명령어를 수행하는 디렉토리뿐만 아니라 하위 디렉토리의 모든 내용들을 출력합니다.

```
pi@raspberrypi:~ $ ls
```

아무런 옵션 없이 ls 명령어를 수행하면 파일과 디렉토리 이름만 리스트됩니다.

```
pi@raspberrypi:~ $ ls
2020-02-13-162054_1920x1080_scrot.png    Desktop      MagPi      Public
2020-02-13-162105_1920x1080_scrot.png    Documents    Music      Templates
2020-02-13-162211_1920x1080_scrot.png    Downloads    Pictures   Videos
```

```
pi@raspberrypi:~ $ ls -l
```

-l 옵션으로 명령어를 수행하면 실행 권한, 소유자 이름, 그룹 이름, 파일 사이즈, 시간, 파일 이름 등을 자세하게 표시합니다. 실행 권한, 소유자, 그룹에 관한 내용은 이후에 자세하게 설명 하도록 하겠습니다.

```
pi@raspberrypi:~ $ ls -l
합계 5800
-rw-r--r-- 1 pi pi 2064816   2월  14 01:20 2020-02-13-162054_1920x1080_scrot.png
-rw-r--r-- 1 pi pi 1759669   2월  14 01:21 2020-02-13-162105_1920x1080_scrot.png
-rw-r--r-- 1 pi pi 2072012   2월  14 01:22 2020-02-13-162211_1920x1080_scrot.png
drwxr-xr-x 2 pi pi    4096   3월  14 17:29 Desktop
drwxr-xr-x 2 pi pi    4096   2월  14 01:16 Documents
drwxr-xr-x 2 pi pi    4096   2월  14 01:16 Downloads
drwxr-xr-x 2 pi pi    4096   2월  14 01:03 MagPi
drwxr-xr-x 2 pi pi    4096   2월  14 01:16 Music
drwxr-xr-x 2 pi pi    4096   2월  14 01:16 Pictures
drwxr-xr-x 2 pi pi    4096   2월  14 01:16 Public
drwxr-xr-x 2 pi pi    4096   2월  14 01:16 Templates
drwxr-xr-x 2 pi pi    4096   2월  14 01:16 Videos
```

```
pi@raspberrypi:~ $ ls -lh
```

-l 옵션과 -h 옵션을 조합해서 명령어를 수행하였습니다. 다른 옵션들도 조합해서 동시에 사용이 가능합니다.

```
pi@raspberrypi:~ $ ls -lh
합계 5.7M
-rw-r--r-- 1 pi pi 2.0M  2월 14 01:20 2020-02-13-162054_1920x1080_scrot.png
-rw-r--r-- 1 pi pi 1.7M  2월 14 01:21 2020-02-13-162105_1920x1080_scrot.png
-rw-r--r-- 1 pi pi 2.0M  2월 14 01:22 2020-02-13-162211_1920x1080_scrot.png
drwxr-xr-x 2 pi pi 4.0K  3월 14 17:29 Desktop
drwxr-xr-x 2 pi pi 4.0K  2월 14 01:16 Documents
drwxr-xr-x 2 pi pi 4.0K  2월 14 01:16 Downloads
drwxr-xr-x 2 pi pi 4.0K  2월 14 01:03 MagPi
drwxr-xr-x 2 pi pi 4.0K  2월 14 01:16 Music
drwxr-xr-x 2 pi pi 4.0K  2월 14 01:16 Pictures
drwxr-xr-x 2 pi pi 4.0K  2월 14 01:16 Public
drwxr-xr-x 2 pi pi 4.0K  2월 14 01:16 Templates
drwxr-xr-x 2 pi pi 4.0K  2월 14 01:16 Videos
```

위의 그림에서 보여지듯 파일의 사이즈가 M, K와 같이 쉽게 확인할 수 있도록 표시해 줍니다.

pwd

print working directory 명령어로 현재 작업 중인 디렉토리를 확인할 수 있습니다. pwd 명령어에 옵션은 없습니다.

```
pi@raspberrypi:~ $ pwd
```

pi 사용자의 홈 디렉토리인 /home/pi 위치를 표시합니다.

```
pi@raspberrypi:~ $ pwd
/home/pi
```

tree

디렉토리 구조를 트리 모양으로 출력해서 보여줍니다.

```
pi@raspberrypi:~ $ tree
```

/home/pi 디렉토리 위치에서 tree 명령어를 수행하였습니다.

```
pi@raspberrypi:~ $ tree
├── 2020-02-13-162054_1920x1080_scrot.png
├── 2020-02-13-162105_1920x1080_scrot.png
├── 2020-02-13-162211_1920x1080_scrot.png
├── Desktop
├── Documents
├── Downloads
├── MagPi
│   └── MagPi90.pdf
├── Music
├── Pictures
├── Public
├── Templates
└── Videos

9 directories, 4 files
```

🍓 cd

change directory 명령어를 사용하여 원하는 디렉토리로 이동합니다.

옵 션	내 용
cd /디렉토리	루트 디렉토리를 기준으로 "디렉토리"로 이동
cd 디렉토리	현 디렉토리를 기준으로 "디렉토리"로 이동
cd ~	"~"를 사용하면 현재 로그인한 사용자의 home 디텍토리로 이동
cd ..	현 디렉토리에서 상위 "디렉토리"로 이동
cd ../디렉토리	상위 디렉토리를 기준으로 "디렉토리"로 이동

```
pi@raspberrypi:~ $ cd..
```

/home/pi 디렉토리 위치에서 cd.. 명령어를 수행하여 부모 디렉토리로 이동하였습니다.

```
pi@raspberrypi:~ $ cd ..
pi@raspberrypi:/home $ pwd
/home
```

```
pi@raspberrypi:~ $ cd pi
```

/home 디렉토리 위치에서 cd pi 명령어를 수행하여 pi 디렉토리로 이동하였습니다.

```
pi@raspberrypi:/home $ cd pi
pi@raspberrypi:~ $ pwd
/home/pi
```

ᴪ mkdir

mkdir 〈디렉토리 이름〉

make directorie 명령어로 빈 디렉토리를 새로 생성합니다.

```
pi@raspberrypi:~ $ mkdir dir1
```

/home/pi 디렉토리에서 mkdir dir1 명령어를 수행하였습니다.

```
pi@raspberrypi:~ $ mkdir dir1
pi@raspberrypi:~ $ tree

├── 2020-02-13-162054_1920x1080_scrot.png
├── 2020-02-13-162105_1920x1080_scrot.png
├── 2020-02-13-162211_1920x1080_scrot.png
├── Desktop
├── Documents
├── Downloads
├── MagPi
│   └── MagPi90.pdf
├── Music
├── Pictures
├── Public
├── Templates
├── Videos
├── dir1
```

현재 디렉토리에 dir1 디렉토리가 새로 생성된 것을 확인할 수 있습니다.

```
pi@raspberrypi:~ $ mkdir dir2 dir3
```

한 번에 여러 개의 디렉토리를 같이 생성할 수 있습니다.

```
pi@raspberrypi:~ $ mkdir -p dir4/dir4-1
```

-p 옵션을 사용하면 디렉토리를 만들 때 상위(부모) 디렉토리가 없으면 상위 디렉토리를 같이
생성합니다.

```
pi@raspberrypi:~ $ mkdir -p dir4/dir4-1
pi@raspberrypi:~ $ tree
├── 2020-02-13-162054_1920x1080_scrot.png
├── 2020-02-13-162105_1920x1080_scrot.png
├── 2020-02-13-162211_1920x1080_scrot.png
├── Desktop
├── Documents
├── Downloads
├── MagPi
│   └── MagPi90.pdf
├── Music
├── Pictures
├── Public
├── Templates
├── Videos
├── dir1
├── dir2
├── dir3
├── dir4
│   └── dir4-1
```

🍓 rmdir

rmdir 〈디렉토리 이름〉

remove empty directory 명령어는 빈 디렉토리를 삭제합니다. 지정한 디렉토리에 파일이
존재하면 삭제되지 않습니다.

```
pi@raspberrypi:~ $ rmdir dir1
```

/home/pi 디렉토리에서 dir1 디렉토리에 파일이 존재하지 않으면 dir1 디렉토리를 삭제합니다.

```
pi@raspberrypi:~ $ rmdir dir2 dir3
```

삭제할 디렉토리를 여러 개 나열하여 같이 삭제할 수 있습니다.

```
pi@raspberrypi:~ $ rmdir dir1
pi@raspberrypi:~ $ rmdir dir2 dir3
pi@raspberrypi:~ $ tree
.
├── 2020-02-13-162054_1920x1080_scrot.png
├── 2020-02-13-162105_1920x1080_scrot.png
├── 2020-02-13-162211_1920x1080_scrot.png
├── Desktop
├── Documents
├── Downloads
├── MagPi
│   └── MagPi90.pdf
├── Music
├── Pictures
├── Public
├── Templates
├── Videos
└── dir4
    └── dir4-1
```

디렉토리를 삭제할 때 -p 옵션을 사용하면 상위 디렉토리도 함께 삭제할 수 있습니다.

```
pi@raspberrypi:~ $ rmdir -p dir4/dir4-1
```

```
pi@raspberrypi:~ $ rmdir -p dir4/dir4-1
pi@raspberrypi:~ $ tree
.
├── 2020-02-13-162054_1920x1080_scrot.png
├── 2020-02-13-162105_1920x1080_scrot.png
├── 2020-02-13-162211_1920x1080_scrot.png
├── Desktop
├── Documents
├── Downloads
├── MagPi
│   └── MagPi90.pdf
├── Music
├── Pictures
├── Public
├── Templates
└── Videos
```

위의 그림에서 /home/pi/MagPi 디렉토리 안에 MagPi90.pdf 파일이 존재하는 경우에 디렉토리를 삭제하려고 하면 삭제가 되지 않습니다.

```
pi@raspberrypi:~ $ rmdir MagPi
```

```
pi@raspberrypi:~ $ rmdir MagPi
rmdir: failed to remove 'MagPi': 디렉터리가 비어있지 않음
```

rmdir 명령어는 반드시 디렉토리가 비어 있어야 삭제가 가능합니다.

> **참고**
>
> 비어 있지 않은 디렉토리를 삭제하는 명령어가 별도로 있습니다.
> rm -r 〈디렉토리명〉
> rm 명령어에 -r 옵션을 사용하면 디렉토리와 함께 파일까지 삭제가 가능합니다. 이 명령어를 사용할 경우에는 주의해서 사용해야 합니다.

(3) 파일 위치 찾기 명령어

실행할 명령어의 위치한 디렉토리를 쉽게 찾을 수 있습니다.

🍓 which

which 〈명령어 이름〉

명령어가 설치된 디렉토리의 경로를 찾아 줍니다. 라즈비안 운영체제의 디렉토리 구조는 복잡하기 때문에 어느 디렉토리에 내가 실행시키려고 하는 명령어가 존재하는지 쉽게 찾을 수 있습니다.

```
pi@raspberrypi:~ $ which rmdir
```

```
pi@raspberrypi:~ $ which rmdir
/bin/rmdir
```

/bin 디렉토리에 rmdir 명령어가 있다는 것을 알 수 있습니다.

🍓 whereis

whereis 〈명령어 이름〉

명령어는 which 명령어보다 조금 더 자세하게 명령어의 실행 파일과 소스 파일, man 페이지의 파일 위치까지 찾을 수 있습니다.

```
pi@raspberrypi:~ $ whereis rmdir
```

```
pi@raspberrypi:~ $ whereis rmdir
rmdir: /bin/rmdir /usr/share/man/man2/rmdir.2.gz /usr/share/man/man1/rmdir.1.gz
```

옵 션	내 용
-b	바이너리(binary, 실행 파일) 파일 위치만 출력합니다.
-m	매뉴얼(manual) 파일의 위치만 출력합니다.
-s	소스(source) 파일 위치만 출력합니다.

```
pi@raspberrypi:~ $ whereis -b rmdir
```

```
pi@raspberrypi:~ $ whereis -b rmdir
rmdir: /bin/rmdir
```

-b 옵션을 사용해서 rmdir 명령어의 실행 파일 위치만 확인할 수 있습니다.

(4) 파일 만들기 명령어

터미널에서 명령어로 파일을 생성하거나 파일의 시간을 변경하는 경우에 사용합니다.

🍓 touch

touch 〈옵션〉〈파일 이름〉

옵션에 따라서 새로운 파일을 생성하거나 파일의 시간을 변경합니다.

```
pi@raspberrypi:~ $ touch test.txt
```

```
pi@raspberrypi:~ $ touch test.txt
pi@raspberrypi:~ $ ls
2020-02-13-162054_1920x1080_scrot.png   Desktop     MagPi      Public      test.txt
2020-02-13-162105_1920x1080_scrot.png   Documents   Music      Templates
2020-02-13-162211_1920x1080_scrot.png   Downloads   Pictures   Videos
```

test.txt 파일이 새로 생성되었습니다. stat 명령어를 사용하면 새로 생성된 파일의 자세한 정보를 확인할 수 있습니다.

```
pi@raspberrypi:~ $ stat test.txt
```

```
pi@raspberrypi:~ $ stat test.txt
  File: test.txt
  Size: 0            Blocks: 0          IO Block: 4096    일반 빈 파일
Device: b302h/45826d   Inode: 8318       Links: 1
Access: (0644/-rw-r--r--)  Uid: ( 1000/      pi)   Gid: ( 1000/      pi)
Access: 2020-03-22 17:58:34.509802310 +0900
Modify: 2020-03-22 17:58:34.509802310 +0900
Change: 2020-03-22 17:58:34.509802310 +0900
 Birth: -
```

위의 그림에서 Access, Modify, Change이 시간은 각각 아래의 표와 같습니다.

옵션	내용
atime	최종 접근 시각(access time)
mtime	최종 수정 시각(modify time)
ctime	최종 상태 변경 시각(change time)

(5) 파일 보기 명령어

파일의 내용을 터미널에서 간단하게 확인할 수 있습니다.

🍓 cat

cat 〈파일 이름〉

파일의 내용을 화면에 보여 줍니다. 편집할 필요 없이 간단하게 파일의 내용을 확인하는 데 주로 사용합니다.

```
pi@raspberrypi:~ $ cat /etc/crontab
```

```
pi@raspberrypi:~ $ cat /etc/group
root:x:0:
daemon:x:1:
bin:x:2:
sys:x:3:
adm:x:4:pi
```

/etc/group 파일의 내용을 출력합니다.

2.2 사용자와 권한

앞에서 이야기했듯이 라즈베리파이에서 사용하는 라즈비안 OS는 기본적으로 데비안 리눅스를 기반으로 만들어진 배포판입니다. 리눅스 운영체제는 하나의 하드웨어를 동시에 여러 사용자가 사용할 수 있도록 고안된 멀티 사용자 운영체제(OS)이기 때문에 사용자에 따라서 다른 접근 권한을 가지고 있습니다. 리눅스에서 작업을 하다 보면 접근 권한이 부족해서 작성한 프로그램이 제대로 실행되지 않는 경우가 발생합니다. 사용자를 추가하는 방법과 사용자 별로 권한을 설정하는 방법을 알아보도록 하겠습니다.

(1) 사용자 그룹

라즈비안 OS의 권한 관리는 크게 그룹(Group), 사용자(Owner), 기타 사용자(Other) 로 나누어서 관리됩니다. 라즈베리파이를 여러 사용자가 동시에 접근하는 서버 용도로 사용하는 경우는 거의 없기 때문에 그룹과 사용자 관리에 대한 명령어 사용법에 대해서만 간단하게 설명하도록 하겠습니다.

🍓 groups

groups 〈사용자〉

아래 명령어는 pi 사용자가 속한 그룹을 확인하는 명령어입니다.

```
pi@raspberrypi:~ $ groups pi
```

```
pi@raspberrypi:~ $ groups pi
pi : pi adm dialout cdrom sudo audio video plugdev games users input netdev spi
i2c gpio
```

pi 사용자가 속한 그룹들입니다. pi 사용자가 pi 그룹에만 속한 것이 아니라 여러 그룹에 소속되어 있는 것을 확인할 수 있습니다. pi 사용자가 속한 여러 그룹의 모든 권한을 사용할 수 있도록 하기 위해서 동시에 여러 그룹에 속하도록 설정한 것입니다.

🍓 groupadd

groupadd 〈그룹 이름〉

새로운 그룹을 추가하는 명령어입니다.

```
pi@raspberrypi:~ $ sudo groupadd group_1
```

groupadd 명령어 앞에 sudo를 사용하면 현재 명령어를 수행하는 사용자에게 명령어에 대해서 root 사용자의 권한을 부여합니다. groupadd 명령어는 root 권한이 필요하기 때문에 pi 사용자로 그룹을 추가하기 위해서는 명령어 앞에 sudo를 사용해야 합니다. groupadd 명령어로 추가한 그룹은 /etc/group 파일에 추가됩니다. cat /etc/group 명령어로 추가된 그룹을 확인합니다.

```
pi@raspberrypi:~ $ cat /etc/group
```

```
gpio:x:997:pi
lightdm:x:114:
systemd-coredump:x:996:
group_1:x:1001:
```

/etc/group 파일의 마지막에 group_1 그룹이 추가된 것을 확인할 수 있습니다.

gpasswd

gpasswd 〈옵션〉 〈사용자〉 〈그룹 이름〉

그룹에 암호를 설정하거나 그룹에 사용자를 추가할 수 있습니다.

```
pi@raspberrypi:~ $ sudo gpasswd -a pi group_1
pi@raspberrypi:~ $ groups pi
```

group_1 그룹에 pi 사용자를 추가하고 pi 사용자가 속한 그룹을 확인합니다.

```
pi@raspberrypi:~ $ sudo gpasswd -a pi group_1
사용자 pi을(를) group_1 그룹에 등록 중
pi@raspberrypi:~ $ groups pi
pi : pi adm dialout cdrom sudo audio video plugdev games users input netdev spi
i2c gpio group_1
```

pi 사용자가 group_1에 추가된 것을 확인할 수 있습니다.

groupdel

groupdel 〈그룹 이름〉

그룹을 삭제하는 명령어입니다.

```
pi@raspberrypi:~ $ sudo groupdel group_1
pi@raspberrypi:~ $ groups pi
```

```
pi@raspberrypi:~ $ sudo groupdel group_1
pi@raspberrypi:~ $ groups pi
pi : pi adm dialout cdrom sudo audio video plugdev games users input netdev spi
i2c gpio
```

group_1을 제거하고 pi 사용자가 속한 그룹에서도 group_1이 삭제된 것을 확인할 수 있습니다. /etc/group 파일에서도 같이 삭제됩니다.

(2) 사용자 관리

사용자를 추가하거나 삭제하고 비밀번호를 설정하는 방법을 알아보도록 하겠습니다. 참고로 모든 리눅스 운영체제는 Supervisor(수퍼 관리자)인 root라는 사용자를 기본으로 가지고 있고 라즈비안 OS를 설치하면 pi라는 기본 사용자 계정이 있습니다. pi 사용자의 패스워드는 라즈비안 설치 과정 중에 입력한 패스워드로 설정되고 root 사용자는 패스워드가 설정되지 않아서 사용할 수 없습니다. root 사용자는 특수한 계정으로 라즈비안 OS의 모든 자원에 접근 가능한 관리자입니다. 초기에는 패스워드 설정이 되어 있지 않아서 root 사용자 계정을 사용할 수 없습니다.

🍓 passwd

passwd 〈사용자 ID〉와 같이 사용하고 사용자에게 패스워드를 설정합니다.

```
pi@raspberrypi:~ $ sudo passwd root
```

```
pi@raspberrypi:~ $ sudo passwd root
새    암호:
새    암호 재입력:
passwd: 암호를 성공적으로 업데이트했습니다
pi@raspberrypi:~ $
```

passwd 명령어 입력 후 패스워드 입력과 또 한 번의 패스워드 확인 과정을 마치면 root 사용자에게 패스워드 설정이 완료되고 이제 root 사용자로 전환해서 root 사용자를 사용할 수 있습니다. root 사용자로 전환하는 명령어는 아래 su 명령어를 이용합니다.

🍓 su

su 〈사용자 ID〉와 같이 사용하고 〈사용자 ID〉로 사용자를 전환합니다. 사용자를 전환하게 되면 전환된 사용자로 모든 권한도 변경됩니다.

```
pi@raspberrypi:~ $ su root
```

```
pi@raspberrypi:~ $ su root
암호:
root@raspberrypi:/home/pi# exit
exit
pi@raspberrypi:~ $ ▮
```

root 사용자로 전환되고 프롬프트도 "pi@raspberrypi"에서 "root@raspberrypi"로 전환된 것을 확인할 수 있습니다. 이전 pi 사용자로 돌아가기 위해서는 exit 명령어를 사용하면 됩니다.

🍓 useradd

useradd 〈사용자 ID〉와 같이 사용하고 새로운 사용자를 추가합니다. 사용자를 추가 하기 위해서는 반드시 root 사용자 권한이 있어야 합니다.

```
pi@raspberrypi:~ $ sudo adduser user_01
```

```
pi@raspberrypi:~ $ sudo adduser user_01
Adding user `user_01' ...
Adding new group `user_01' (1001) ...
Adding new user `user_01' (1001) with group `user_01' ...
Creating home directory `/home/user_01' ...
Copying files from `/etc/skel' ...
```

```
새   암호 :
새   암호 재입력 :
passwd: 암호를 성공적으로 업데이트했습니다
user_01의 사용자의 정보를 바꿉니다
새로운 값을 넣거나, 기본값을 원하시면 엔터를 치세요
         이름 []:
         방 번호 []:
         직장 번화번호 []:
         집 전화번호 []:
         기타 []:
Is the information correct? [Y/n] Y
```

예전 버전의 라즈비안 OS에서는 단순히 user_01 사용자와 그룹 user_01를 자동으로 생성하고 패스워드만 설정하면 완료되었으나 최근 버전에서는 추가 정보도 같이 설정할 수 있습니다. 추가 정보 설정이 필요 없다면 계속 엔터를 입력하고 마지막에 "Y"를 입력하면 사용자를 추가할 수 있습니다. 새로 추가한 사용자 정보는 /etc/passwd 사용자 파일에 저장됩니다. adduser 명령어를 사용하면 사용자 추가와 함께 패스워드 설정을 하고 홈 디렉토리도 자동으로 생성됩니다.

```
pi@raspberrypi:~ $ cd /home
pi@raspberrypi:/home $ ls
pi  user_01
```

ls 명령어를 이용해서 /home 디렉토리에 user_01 디렉토리가 자동으로 생성된 것을 확인할 수 있습니다.

```
pi@raspberrypi:/home $ cat /etc/passwd
root:x:0:0:root:/root:/bin/bash
daemon:x:1:1:daemon:/usr/sbin:/usr/sbin/nologin
avahi:x:108:113:Avahi mDNS daemon,,,:/var/run/avahi-daemon:/usr/sbin/nologin
lightdm:x:109:114:Light Display Manager:/var/lib/lightdm:/bin/false
systemd-coredump:x:996:996:systemd Core Dumper:/:/usr/sbin/nologin
user_01:x:1001:1001:,,,:/home/user_01:/bin/bash
```

/etc/passwd 파일의 마지막에 user_01 사용자와 홈 디렉토리 등의 정보가 추가되었습니다.

🍓 userdel

userdel 〈사용자 ID〉와 같이 사용하고 지정한 사용자 계정을 삭제합니다.

```
pi@raspberrypi:~ $ sudo userdel user_01
```

user_01 사용자를 삭제합니다. /home/user_01 디렉토리는 그대로 남아 있습니다. 홈 디렉토리 등 사용자와 관련된 모든 내용을 삭제하기 위해 userdel 명령어에 -r 옵션을 사용합니다.

```
pi@raspberrypi:~ $ sudo userdel  -r user_01
```

(3) 파일, 디렉토리 권한

앞에서 언급한 것과 같이 리눅스를 기본으로 하고 있는 라즈비안 OS는 기본적으로 다수의 사용자들이 동시에 시스템에 연결해서 사용이 가능한 운영체제입니다. 그렇기 때문에 내 파일이나 디렉토리를 다른 사용자가 접근하지 못하도록 할 필요가 있습니다. 파일과 디렉토리에 대해서 읽기, 쓰기, 실행 등의 권한을 설정할 수 있습니다. ls 명령어를 이용해서 나열되는 파일과 디렉토리의 권한을 체크해 보도록 하겠습니다.

```
pi@raspberrypi:~ $ ls -l
```

```
pi@raspberrypi:~ $ ls -l
합계 5804
-rw-r--r-- 1 pi pi 2064816   2월  14 01:20 2020-02-13-162054_1920x1080_scrot.png
-rw-r--r-- 1 pi pi 1759669   2월  14 01:21 2020-02-13-162105_1920x1080_scrot.png
-rw-r--r-- 1 pi pi 2072012   2월  14 01:22 2020-02-13-162211_1920x1080_scrot.png
drwxr-xr-x 2 pi pi    4096   3월  14 17:29 Desktop
drwxr-xr-x 2 pi pi    4096   2월  14 01:16 Documents
drwxr-xr-x 2 pi pi    4096   2월  14 01:16 Downloads
drwxr-xr-x 2 pi pi    4096   2월  14 01:03 MagPi
drwxr-xr-x 2 pi pi    4096   2월  14 01:16 Music
drwxr-xr-x 2 pi pi    4096   2월  14 01:16 Pictures
drwxr-xr-x 2 pi pi    4096   2월  14 01:16 Public
drwxr-xr-x 2 pi pi    4096   2월  14 01:16 Templates
drwxr-xr-x 2 pi pi    4096   2월  14 01:16 Videos
-rw-r--r-- 1 pi pi      22   4월   4 21:12 test.txt
```

test.txt 파일에 대해서 -rw를 시작으로 파일 종류 및 권한, 링크 수, 사용자, 그룹, 파일 크기, 수정 시간, 파일 이름을 확인할 수 있습니다. 위 그림의 test.txt 파일에 대한 정보를 분석해 보도록 하겠습니다. "-rw-r--r-- 1 pi pi 22 4월 4 21:12 test.txt"

파일 유형	소유자(user)			그룹(group)			그 외 사용자(other)		
파일	읽기 (r)	쓰기 (w)	실행 (x)	읽기 (r)	쓰기 (w)	실행 (x)	읽기 (r)	쓰기 (w)	실행 (x)
-	r	w	-	r	-	-	r	-	-

🍓 파일 유형

파일 유형에 표시되는 문자에 따라서 7가지 종류로 나눌 수 있습니다. 파일 정보의 맨 앞이 "-" 문자로 표시가 되면 일반 파일입니다.

-	d	l	c	b	s	p
일반 파일	디렉토리	링크 파일	장치 파일 (캐릭터)	장치 파일 (블록)	소켓 파일	파이프

MagPi, Music등은 "d"로 시작하기 때문에 디렉토리입니다.

🍓 파일 권한

파일 유형 다음에는 "rw-", "r--", "r--" 3개의 그룹으로 나누어서 파일의 권한을 표시합니다. 첫 번째 "rw-"는 파일의 소유자(위의 그림에서는 pi)에 대한 접근 권한을 표시합니다. test.txt 파일에 대해서 소유자의 접근 권한이 "rw-"이면 pi 사용자는 읽기와 쓰기 권한이 있고 실행 권한은 없습니다. group, other에 대해서는 "r--"이기 때문에 읽기만 가능합니다. pi 사용자만이 test.txt 파일의 수정 권한이 있음을 알 수 있습니다. 물론 root 사용자는 수퍼 관리자이기 때문에 어떤 파일과 디렉토리, 장치에도 읽기, 쓰기, 실행이 가능합니다.

🍓 파일 사용자, 그룹

파일의 유형과 권한 이후에는 순차적으로 파일의 소유자, 그룹, 사이즈, 생성 시간, 이름으로 표시합니다.

파일 소유자	파일 그룹	파일 사이즈	파일 생성 시간	파일(디렉토리) 이름
pi	pi	22	4월 4 21:12	test.txt

파일의 정보에 대해서 알아보았고 파일의 사용 권한과 소유자, 그룹을 변경하는 명령어에 대해서 알아보도록 하겠습니다.

🍓 chmod

chmod 〈권한〉〈파일 이름〉과 같이 사용하고 파일을 지정한 권한으로 변경합니다.

```
pi@raspberrypi:~ $ chmod g+w test.txt
```

test.txt 파일의 권한이 -rw-r--r-- 에서 -rw-rw-r-- 로 변경 되었습니다. 즉 pi 그룹에 속한 모든 사용자에게도 쓰기 권한이 추가되었습니다.

```
pi@raspberrypi:~ $ chmod g+w test.txt
pi@raspberrypi:~ $ ls -l test.txt
-rw-rw-r-- 1 pi pi 22  4월   4 21:12 test.txt
```

pi 그룹에 추가된 쓰기 권한을 삭제해 보도록 하겠습니다.

```
pi@raspberrypi:~ $ chmod g-w test.txt
```

test.txt 파일의 권한이 -rw-rw-r-- 에서 -rw-r--r-- 로 변경되었습니다. 즉 pi 그룹에 속한 모든 사용자에게도 쓰기 권한이 추가되었습니다.

```
pi@raspberrypi:~ $ chmod g-w test.txt
pi@raspberrypi:~ $ ls -l test.txt
-rw-r--r-- 1 pi pi 22  4월   4 21:12 test.txt
```

pi 그룹에 추가된 쓰기 권한이 삭제되었습니다.

■ 현재 소유자에게 쓰기 권한 삭제

```
pi@raspberrypi:~ $ chmod u-w test.txt
```

■ 그 외 사용자(other)에게 읽기 권한 삭제

```
pi@raspberrypi:~ $ chmod o-r test.txt
```

■ 그룹에게 읽기, 쓰기, 실행 권한 추가

```
pi@raspberrypi:~ $ chmod g+rwx test.txt
```

■ 그룹과 소유자에게 읽기, 쓰기, 실행 권한 추가

```
pi@raspberrypi:~ $ chmod gu+rwx test.txt
```

■ 2진 숫자를 이용해서 소유자, 그룹, 그 외 사용자 동시에 권한을 설정할 수도 있습니다.

```
pi@raspberrypi:~ $ chmod 731 test.txt
```

731이 의미하는 바는 아래 표로 확인할 수 있습니다.

소유자(user)			그룹(group)			그 외 사용자(other)		
r	w	x	r	w	x	r	w	x
4	2	1	0	2	1	0	0	1
7			3			1		

3자리 2진수로 간단하게 user, group, other에 대해서 한 번에 파일의 속성을 지정할 수 있습니다.

🍓 chown

chown 〈사용자 ID〉〈파일 이름〉과 같이 사용하고 파일의 소유권을 지정한 사용자 ID로 변경합니다. chown 명령어는 root 권한이 필요하기 때문에 명령어 앞에 sudo를 추가해야 합니다.

```
pi@raspberrypi:~ $ sudo chown user_01 test.txt
```

```
pi@raspberrypi:~ $ sudo chown user_01 test.txt
pi@raspberrypi:~ $ ls -l test.txt
-r--r--r-- 1 user_01 pi 22  4월   4 21:12 test.txt
```

파일의 소유권이 pi에서 user_01로 변경됩니다. chown -R 옵션을 사용하면 지정한 디렉토리와 디렉토리 안의 모든 파일들의 소유자를 한 번에 변경할 수 있습니다.

```
pi@raspberrypi:~ $ mkdir tmp
pi@raspberrypi:~ $ touch tmp/test.txt
pi@raspberrypi:~ $ sudo chown user_01 tmp/test.txt
pi@raspberrypi:~ $ sudo chown -R pi tmp
```

mkdir 명령어로 tmp 디렉토리를 생성하고 touch 명령어로 test.txt 빈 파일을 생성한 이후에 tmp/test.txt 파일의 소유자를 user_01로 변경한 이후에 chown -R 옵션 명령어로 tmp 디렉토리와 디렉토리 안의 모든 파일들의 소유자가 pi로 변경되었는지 확인합니다.

🍓 chgrp

chmod 〈그룹 이름〉〈파일 이름〉과 같이 사용하고 파일의 그룹을 지정한 그룹 이름으로 변경합니다. chgrp 명령어는 root 권한이 필요합니다.

```
pi@raspberrypi:~ $ sudo chgrp user_01 test.txt
```

```
pi@raspberrypi:~ $ sudo chgrp user_01 test.txt
pi@raspberrypi:~ $ ls -l test.txt
-r--r--r-- 1 user_01 user_01 22  4월   4 21:12 test.txt
```

리눅스 운영체제 중에서도 데비안 리눅스를 기본으로 하는 라즈비안 OS는 다중의 사용자가 동시에 사용이 가능하다는 것을 명심해야 합니다. 명령어나 프로그램 수행 중에 올바르게 실행되지 않고 오류가 발생한다면 현재 로그인한 사용자나 실행을 하려는 사용자가 실행 이나 쓰기 권한이 있는지 체크해 보아야 합니다.

2.3 패키지 설치 및 관리도구

윈도 운영체제에서 새로운 프로그램을 설치할 때 간단하게 인터넷상에서 설치 파일을 다운로드 받아 설치하고 필요 없는 경우에는 제어판의 설치 관리자를 통해서 삭제할 수 있습니다. 라즈비안 OS에서도 동일한 작업을 apt-get 명령어를 통해서 할 수 있습니다. apt-get(Advanced Packaging Tool)은 우분투(Ubuntu)를 포함안 데비안(Debian) 계열의 리눅스에서 쓰이는 패키지 관리 명령어 도구입니다. 라즈비안 운영체제는 데비안 리눅스를 기본으로 하고 있기 때문에 동일하게 apt-get 명령어를 사용할 수 있습니다. apt-get 명령어는 root 권한을 필요로 합니다.

(1) 패키지 정보 업데이트

/etc/apt/sources.list 파일에 있는 저장소 위치에서 업데이트가 필요한 패키지의 정보를 얻습니다. 이 명령어를 수행한다고 해서 바로 설치된 패키지들이 업그레이드되는 것은 아니고 업그레이드할 패키지의 정보만 업데이트하는 것입니다.

```
pi@raspberrypi:~ $ cat /etc/apt/sources.list
deb http://raspbian.raspberrypi.org/raspbian/ buster main contrib non-free rpi
# Uncomment line below then 'apt-get update' to enable 'apt-get source'
#deb-src http://raspbian.raspberrypi.org/raspbian/ buster main contrib non-free
rpi
```

```
pi@raspberrypi:~ $ sudo apt-get update
```

/etc/apt/sources.list 파일의 저장소 위치를 참조로 해서 업데이트할 패키지의 목록을 다운
로드합니다.

```
pi@raspberrypi:~ $ sudo apt-get update
받기:1 http://archive.raspberrypi.org/debian buster InRelease [25.1 kB]
받기:2 http://raspbian.raspberrypi.org/raspbian buster InRelease [15.0 kB]
받기:3 http://archive.raspberrypi.org/debian buster/main armhf Packages [326 kB]
받기:4 http://raspbian.raspberrypi.org/raspbian buster/main armhf Packages [13.0
 MB]
내려받기 13.4 M바이트, 소요시간 11초 (1,230 k바이트/초)
패키지 목록을 읽는 중입니다... 완료
```

(2) 패키지 전체 설치

apt-get dist-upgrade 명령어로 apt-get update 명령어를 이용해서 얻은 패키지들을 실제로
라즈베리파이에 설치합니다.

```
pi@raspberrypi:~ $ sudo apt-get dist-upgrade
```

```
pi@raspberrypi:~ $ sudo apt-get dist-upgrade
패키지 목록을 읽는 중입니다... 완료
의존성 트리를 만드는 중입니다
상태 정보를 읽는 중입니다... 완료
업그레이드를 계산하는 중입니다... 완료
다음 패키지를 업그레이드할 것입니다:
  bluez firmware-atheros firmware-brcm80211 firmware-libertas
  firmware-misc-nonfree firmware-realtek libbluetooth3 libfm-data libfm-extra4
  libfm-gtk-data libfm-gtk4 libfm-modules libfm4 libgnutls30 libicu63
  libjavascriptcoregtk-4.0-18 libwebkit2gtk-4.0-37 pcmanfm python-motephat
  python3-motephat rpi-eeprom rpi-eeprom-images
22개 업그레이드, 0개 새로 설치, 0개 제거 및 0개 업그레이드 안 함.
38.6 M바이트 아카이브를 받아야 합니다.
이 작업 후 2,722 k바이트의 디스크 공간을 더 사용하게 됩니다.
계속 하시겠습니까? [Y/n] Y
```

apt-get dist-upgrade 명령어는 패키지들 간의 의존성을 체크해서 업그레이드합니다. apt-get upgrade 명령어를 사용할 수도 있지만 설치를 하고 나서 패키지 간의 의존성(버전 호환성)으로 인해서 문제가 발생하는 경우가 있습니다. 가능하면 apt-get dist-upgrade 명령어를 이용해서 패키지를 설치하는 것이 좋습니다.

(3) 패키지 설치

apt-get install 〈패키지 이름〉과 같이 사용하고 〈패키지 이름〉에 지정된 패키지를 설치합니다. apt-get upgrade 명령어는 설치된 모든 패키지들을 업그레이드하는 것이고 apt-get install은 지정한 패키지 이름에 해당하는 패키지만 설치하는 것입니다.

```
pi@raspberrypi:~ $ sudo apt-get install 〈패키지 이름〉
```

(4) 패키지 삭제

apt-get remove 〈패키지 이름〉과 같이 사용하고 〈패키지 이름〉에 지정된 패키지를 삭제 합니다. 패키지의 설정 파일까지 모두 삭제하려면 apt-get --purge remove 〈패키지 이름〉을 사용하면 모든 설정 정보까지 삭제할 수 있습니다.

```
pi@raspberrypi:~ $ sudo apt-get remove 〈패키지 이름〉
```

(5) 패키지 정보 보기

apt-cache show 〈패키지 이름〉과 같이 사용하고 〈패키지 이름〉에 지정된 패키지의 정보를 확인할 수 있습니다.

```
pi@raspberrypi:~ $ sudo apt-cache show python3
```

```
pi@raspberrypi:~ $ sudo apt-cache show python3
Package: python3
Source: python3-defaults
Version: 3.7.3-1
Architecture: armhf
```

2.4 vi 에디터

리눅스의 기본 에디터인 vi 에디터는 사용법을 알게 되면 매우 효율적이지만 윈도의 메모장처럼 사용 방법이 직관적이지는 않습니다. 처음 vi 에디터를 실행하고 방향키로 입력 커서를 이동하려고 할 때 생각처럼 움직이지 않는 것에서부터 당황스럽습니다. vi 에디터를 사용하려면 사용법에 대해서 어느 정도 공부를 해야 하고 vi 에디터의 독특한 사용 방법에 적응해야 합니다. vi 에디터를 사용하기 위해서는 명령 모드와 편집 모드의 차이를 알아야 합니다. 편집 모드는 메모장처럼 텍스트를 자유롭게 편집하는 모드이고, 명령 모드는 vi 에디터에 명령을 내리는 모드입니다. 처음 vi 에디터를 실행하면 명령 모드로 시작합니다. vi 에디터 명령 모드에서는 커서 이동, 복사, 붙여넣기, 문자열 검색 등을 수행할 수 있습니다.

```
pi@raspberrypi:~ $ vi test.txt
```

처음 vi 에디터를 실행하고 내용을 입력하려면 명령 모드에서 편집 모드로 전환해야 합니다. 전환하는 방법은 아래 표와 같이 다양한 방법이 있습니다.

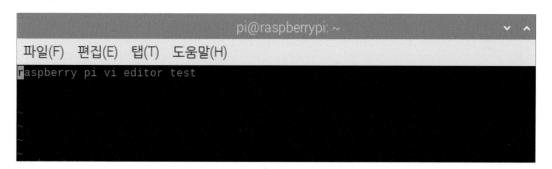

🍓 명령 모드에서 편집 모드로 전환

명령	내용
a	현재 커서 다음(오른쪽)부터 입력 모드 시작
A	행 마지막부터 입력 모드 시작
i	커서 앞(왼쪽)부터 입력 모드 시작
I	행 처음 부분에서 입력 모드 시작
o	커서 밑에 빈 행을 추가하여 입력 모드 시작
O	커서 위에 빈 행을 추가하여 입력 모드 시작
s	커서에 있는 글자를 지우고 입력 모드 시작

텍스트 내용을 편집하고 저장하거나 vi 에디터를 종료 하려면 명령 모드로 전환해야 합니다.

🍓 입력 모드에서 명령 모드로 전환

명령	내용
ESC	ESC 키를 누르면 무조건 명령 모드로 전환됩니다.

명령어 모드에서 사용할 수 있는 vi 에디터의 명령어들입니다. 명령 모드에서 :(콜론)과 함께 명령어를 입력하면 됩니다.

🍓 커서 이동 명령어

명령	내용
h, j, k, l	좌, 하, 상, 우 커서 이동 혹은 방향키로도 이동이 가능합니다.
w	다음 단어의 첫 글자로 커서 이동
b	이전 단어의 첫 글자로 커서 이동
G	마지막 행으로 커서 이동
:숫자	지정한 숫자 행으로 커서 이동. " :5 " – 5행으로 커서 이동

글자 삭제

명령	내용
x	커서에 있는 글자 삭제
X	커서 앞에 있는 글자 삭제
dw	커서를 기준으로 뒤에 있는 단어 글자 삭제 (커서 포함)
db	커서를 기준으로 앞에 있는 단어 글자 삭제
dd	커서가 있는 라인(줄) 삭제

복사, 붙여넣기

명령	내용
yw	커서를 기준으로 뒤에 있는 단어 글자 복사 (커서 포함)
yb	커서를 기준으로 앞에 있는 단어 글자 복사
yy	커서가 있는 라인(줄) 복사
p	커서 다음에 붙여넣기
P	커서 이전에 붙여넣기

되돌리기, 다시 실행

명령	내용
u	이전으로 되돌리기 (Undo)
Ctrl + r	다시 실행하기 (Redo)

저장, 종료하기

명령	내용
:q	vi 에디터를 종료합니다.
:q!	편집한 내용을 저장하지 않고 그냥 종료합니다.
:w	편집한 내용을 저장합니다.

:wq	편집한 내용을 저장하고 종료합니다.
:wq 파일이름	저장할 파일 이름을 변경하여 저장합니다. Save as와 동일합니다.

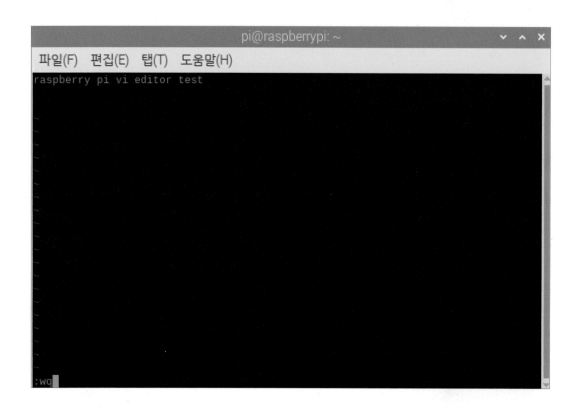

편집을 마치고 변경된 내용을 저장하고 종료하기 위해서 가장 많이 사용하는 명령어는 :wq 명령어입니다. ESC 키를 눌러서 명령 모드로 전환하고 :wq 명령을 입력하면 됩니다. 이 밖에도 찾기, 바꾸기 기능들이 있습니다. 인터넷에서 vi 에디터에 대한 내용을 쉽게 찾을 수 있습니다.

Chapter 03

파이썬 기초

03 파이썬 기초

3.1 파이썬 개요

수많은 프로그래밍 언어 중의 하나인 파이썬(Python)은 배우기 쉽고, 강력한 프로그래밍 언어입니다. 인터프리터 기반의 언어로 컴파일 과정을 거치지 않고도 코드를 작성하는 즉시 실행을 시킬 수 있습니다. 인터프리터 기반의 언어들은 컴파일 언어인 C, C++ 등의 프로그래밍 언어에 비해서 수행 속도는 느리지만 초보자가 접근하기에는 조금 더 쉽다고 할 수 있습니다. 파이썬은 효율적인 자료 구조들과 객체 지향 프로그래밍에 대해 간단하고도 효과적인 접근법을 제공합니다. 초보자가 접근하기 쉽다고 해서 전문적인 소프트웨어 개발을 할 수 없다는 것은 아닙니다. 구글에서 제작한 다수의 프로그램과 드롭박스(Dropbox)도 파이썬으로 개발되었습니다. 파이썬은 인터프리터 적인 특징들과 더불어 수많은 플랫폼과 다양한 문제 영역에서 빠른 응용 프로그램 개발에 이상적인 환경을 제공합니다.

웹 사이트 https://www.python.org/에서 풍부한 표준 라이브러리와 소스들을 무료로 제공되고 있고 자유롭게 배포할 수 있습니다. 라즈베리파이 환경에서도 C, C++보다는 파이썬을 많이 사용하고 있고 본 교재에서도 파이썬을 이용해서 다양한 실습을 진행합니다.

3.2 파이썬 시작하기

 라즈비안 OS를 설치하면 기본적으로 파이썬 2.x와 3.x 버전이 설치되어 있습니다. 아직까지는 파이썬 2.x가 많이 사용되고 있지만 앞으로는 3.x 버전의 사용이 늘어날 것이기 때문에 본 교재에서는 3.x 버전으로 실습을 하도록 하겠습니다. 참고로 본 교재를 집필하고 있는 2020년 4월 현재 파이썬 3.7 버전이 설치되어 있습니다. 파이썬 개발 환경(IDE)를 실행합니다.

(1) 파이썬 개발 환경(IDE) 실행하기

(2) 파이썬 코드 작성

 파이썬 설치가 제대로 되어 있는지 확인하기 위해서 파이썬 IDE 화면이 실행되면 모든 프로그래밍 언어 교재의 첫 번째 프로젝트인 "Hello World"를 프린트해 보도록 하겠습니다.

코드 입력이 되었으면 "Save" 아이콘을 클릭해서 파이썬 코드를 저장합니다.

pi 사용자의 홈 디렉토리에 저장하기보다는 "python3"라는 작업 폴더를 생성하고 작업 폴더에 파이썬 코드들을 저장하도록 하겠습니다. 앞으로 진행하는 모든 파이썬 실습 코드들은 모두 "python3" 작업 폴더에 저장하도록 합니다.

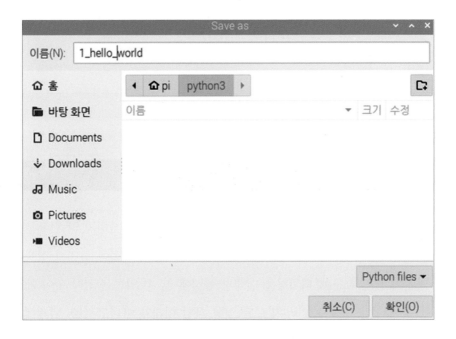

1_hello_world.py 파일 이름으로 저장합니다.

(3) IDE 환경에서 파이썬 코드 실행

```
Shell
Python 3.7.3 (/usr/bin/python3)
>>> %cd /home/pi/python3
>>> %Run 1_hello_world.py
 Hello World
```

파이썬 IDE 프로그램의 Shell 부분을 확인해 보면 "Hello World" 문자열이 프린트되어 있는 것을 확인할 수 있습니다. 앞으로 진행되는 모든 실습은 파이썬 IDE 환경에서 코드를 입력하고 실행하는 방식으로 진행합니다.

(4) Shell 프롬프트에서 파이썬 코드 실행

Shell 프롬프트에서 직접 파이썬 프로그램을 실행시킬 수도 있습니다.

```
pi@raspberrypi:~ $ python3 1_hello_world.py
```

```
pi@raspberrypi:~/python3 $ python3 1_hello_world.py
Hello World
```

파이썬 프로그램은 인터프리터 언어이므로 컴파일(빌드) 과정이 필요하지 않습니다. 텍스트 파일 형태의 파이썬 코드를 파이썬 인터프리터에 의해서 한 줄씩 해석을 하면서 실행됩니다. 사전 컴파일 과정이 없기 때문에 디버깅을 실행과 동시에 할 수 있는 장점이 있어 개발 시간을 크게 단축할 수 있지만, 반대로 미리 빌드된 실행 파일 형태가 아니고 실행 과정에서 코드를 해석하고 동시에 실행까지 해야 하므로 실행 시간이 느리다는 단점이 있습니다. 하지만 최근의 CPU 성능들이 과거에 비하면 비약적으로 발전하여 충분히 빠르기 때문에 크리티컬한 리얼타임 시스템이 아니라면 크게 문제없이 원하는 시스템 구축이 가능합니다.

3.3 윈도 파이썬 실습 환경

파이썬을 공부하는데 라즈베리파이에서 직접 코드를 작성하고 실행시켜 보는 것이 좋겠지만 라즈베리파이 하드웨어를 제어하는 코드가 아니고, 단순히 파이썬 언어를 공부하는 목적으로는 굉장히 비효율적입니다. 그래서 일반적으로 윈도 환경에 파이썬을 설치해서 코드를 작성하고 실행해 보는 것이 보다 효율적입니다. 3장에서 진행하는 모든 예제는 윈도 10 환경에서 진행하였습니다.

(1) 윈도용 파이썬 IDLE 설치

윈도용 파이썬을 설치하기 위해서 https://www.python.org/ 홈페이지를 방문해서 프로그램을 다운로드하고 설치합니다.

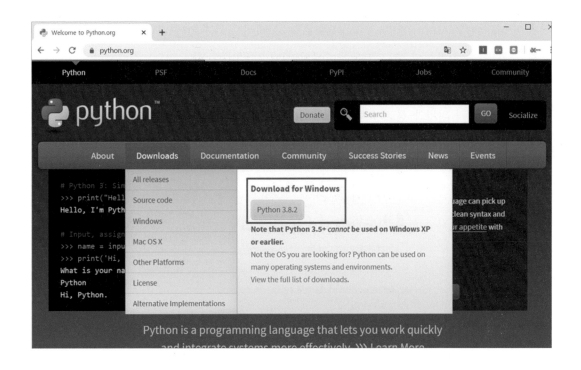

파이썬의 버전은 계속 업그레이드되고 있으므로 버전 번호는 특별히 신경 쓰지 안 해도 됩니다.

설치 과정에서 "Add Python 3.8 to PATH"는 선택해서 환경 변수 PATH에 파이썬 설치 경로를 추가해 주면 파이썬 프로그램이 파이썬 번역기가 없는 폴더에서도 실행시킬 수 있습니다. 그리고 반드시 "Customize installation"을 선택해서 설치를 시작합니다. 그렇지 않으면 파이썬의 기본 설치 위치의 경로가 너무 길어져서 PATH 환경 변수에 설치 경로를 추가하는 과정에서 PATH 환경 변수의 최대 길이를 초과한다는 메시지가 나올 수 있습니다.

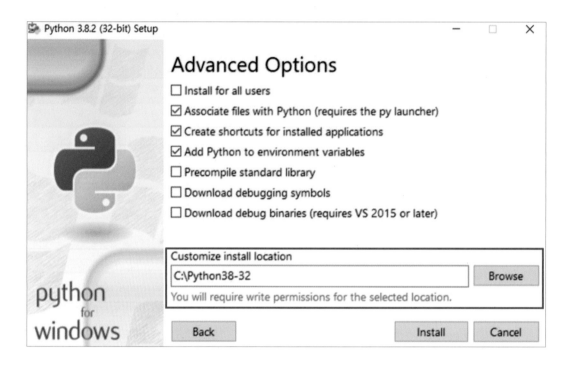

파이썬이 설치 경로를 수정합니다. 보통은 위의 경로처럼 설치 위치를 짧게 하는 것이 편리한 것 같습니다.

(2) 파이썬 프로그램 실행

시작 - 모든 프로그램 - IDLE (Python 3.x) 프로그램을 실행하고 File - New File을 클릭해서 새로운 파이썬 프로그램을 작성할 에디터 창을 추가합니다.

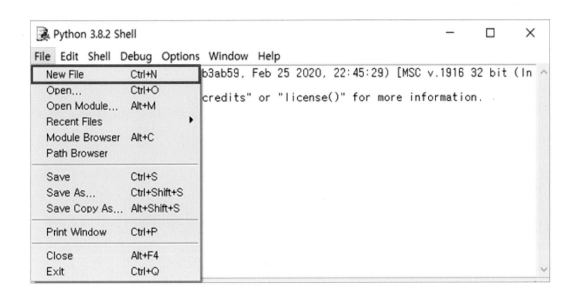

File - Save 메뉴로 작성한 파이썬 코드를 저장하고 Run - Run Module로 실행하거나 기능 키 "F5"를 눌러서 바로 실행시킬 수도 있습니다.

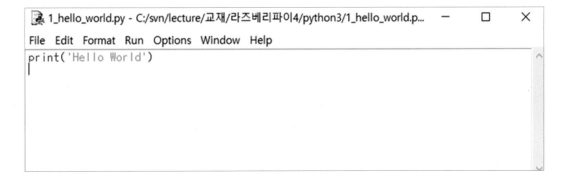

파이썬 코드가 실행되면 Python Shell 화면에 실행 결과가 표시됩니다.

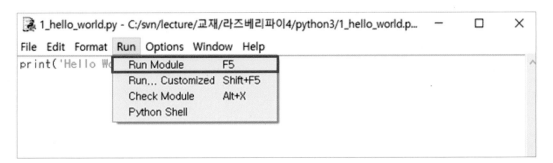

3.4 파이썬 자료형

파이썬에서 사용하는 숫자, 문자, 리스트 등의 여러 가지 자료형에 대해서 학습합니다. 프로그램 언어에 따라서 지원하는 자료형이 조금씩 다르기 때문에 프로그래밍 언어를 배울 때 가장 먼저 알고 있어야 하는 내용입니다.

(1) 숫자형 자료

정수 및 실수를 표현하는 자료로 사칙연산 등의 계산에 사용하는 자료형입니다.

🍓 정수형 자료

소숫점이 없는 숫자 타입입니다.

실습 파일 : examples/3.4.1_num.py

```
1    num = 2                # num 변수에 숫자 2를 저장
2    print(num)             # num 변수의 값을 출력
3    print(type(num))       # num 변수의 형식(int)을 출력
4    a = 1
5    b = 2
6    sum = a*b
7    print(sum)             # 1*2를 더한 값을 출력
```

〈실행 결과〉

```
2
<class 'int'>
2
```

🔴 실수형 자료

파이썬에서는 명시적으로 변수를 먼저 선언하지 않아도 대입이 되는 자료형에 따라서 자동으로 변수 할당이 됩니다. 편리한 기능이지만 C언어와 같은 컴파일 언어에 익숙한 사람이라면 약간 혼란스러울 수도 있습니다.

실습 파일 : examples/3.4.1_float.py

```
1    print (17/3)          # 17/3의 결과값에 대한 형식(float)을 출력
2    print (type(17/3))    # 형식(float)을 출력
3    print (17//3)         # 나눗셈 결과의 몫을 출력
4    print (17%3)          # 나눗셈 결과의 나머지 출력
```

〈실행 결과〉

```
5.666666666666667
<class 'float'>
5
2
```

🔴 복소수형 자료

a=1+3j처럼 실수부 + 허수부 j로 표현합니다. 수학에서 표현하는 i가 아니라 j를 사용하는 것에 주의하세요. 그리고 복소수에서 실수부의 값에 접근할 때는 .real을 사용하고 허수부에 접근할 때는 .imag를 사용합니다.

실습 파일 : examples/3.4.1_complex.py

```
1    a = 1+3j              # 실수부 : 1, 허수부 : 3
2    print (a.real, a.imag) # 실수, 허수를 출력
3    print (type(a))       # a 변수의 형식(complex)을 출력
```

〈실행 결과〉

```
1.0 3.0
<class 'complex'>
```

(2) 문자형 자료

작은따옴표(')나 큰따옴표(")로 둘러싸인 문자열입니다. 파이썬에서는 1개의 문자도 모두 문자열로 처리가 됩니다.

🐝 문자형 자료의 표현 방식

큰따옴표(")가 문자열의 일부로 구성된다면 문자열의 양단을 작은따옴표(')를 사용해야 하고, 작은따옴표(')가 문자열의 일부로 구성된다면 문자열의 양단을 큰따옴표(")를 사용해야 합니다. 문자열안에 큰따옴표(")나 작은따옴표(')를 그대로 표현하고 싶다면 이스케이프문자(\)를 사용해서 표현을 합니다.

실습 파일 : examples/3.4.2_string_1.py

```
1    print('"Isn\'t," they said.')   # 큰따옴표(")가 만자열의 일부로 구성
2    print("'Isn\'t,' they said.")   # 작은따옴표(')가 만자열의 일부로 구성
```

〈실행 결과〉

```
"Isn't," they said.
'Isn't,' they said.
```

🐝 문자형 자료의 줄 바꿈

문자열 내에서 줄 바꿈을 하고 싶다면 "\n"를 사용하면 되고, 이스케이프문자(\) 뒤에 나오는 문자가 특수 문자로 취급되게 하고 싶지 않다면 첫 따옴표 앞에 r을 붙여서 raw string을 만들 수 있습니다.

```
1    print('C:\some\name')              # \n이 줄 바꿈으로 해석
2    print(r'C:\some\name')             # 문자열 앞에 r을 붙여서 \n이 그냥 문자로 취급됨
```

〈실행 결과〉

```
C:\some
ame
C:\some\name
```

문자형 자료 연결 및 반복

문자열은 + 연산자로 이어 붙이고 * 연산자로 반복시킬 수 있습니다.

실습 파일 : examples/3.4.2_string_3.py

```
1    print("Py" + "thon")               # + 연산자로 문자열을 연결합니다.
2    print(3* "Py" + "thon")            # * 연산자로 문자열을 반복시킵니다.
```

〈실행 결과〉

```
Python
PyPyPython
```

문자형 자료 서브스크립트

문자열은 인덱스(서브 스크립트) 될 수 있습니다. 첫 번째 문자가 인덱스 0에 대응됩니다. 인덱싱
된 리턴값은 단순히 길이가 1인 문자열입니다.

실습 파일 : examples/3.4.2_string_4.py

```
1    str = 'Python'print( str[0] )    # 인덱스는 0부터 시작합니다. "P" 문자열 리턴
2    print( str[2] )
```

3	print(str[-1])	# -로 인덱스하면 문자열의 끝부터 리턴 "n" 문자열
4	print(str[-2])	

〈실행 결과〉
P
t
n
o

🐾 문자형 자료 슬라이싱

문자열 인덱싱에 더해 슬라이싱(slicing)도 지원됩니다. 인덱싱이 개별 문자를 얻는 데 사용되는 반면, 슬라이싱은 부분 문자열(substring)을 얻는 데 사용됩니다.

실습 파일 : examples/3.4.2_string_5.py

1	str = 'Python'	
2	print(str[0:2])	# characters from position 0 (included) to 2 (excluded)
3	print(str[2:5])	# characters from position 2 (included) to 5 (excluded)

〈실행 결과〉
Py
tho

🐾 문자형 자료의 길이

len() 함수를 사용하면 문자열의 길이를 구할 수 있습니다.

실습 파일 : examples/3.4.2_string_6.py

1	str = 'Python'	
2	print(len(str))	# 문자열 "Python" 이 길이 6을 리턴

(3) 리스트(List)

파이썬에서 리스트 자료형은 아주 강력한 구조로서 C언어의 배열과 아주 흡사하며 배열 인덱스의 자료형이 달라도 된다는 점입니다. 서로 다른 데이터형의 자료들을 1개의 리스트 안에 순차적으로 저장이 가능합니다.

🍓 리스트 자료의 표현 방식

대괄호 '[]' 안에 ',' 로 구분하여 자료들을 나열하면 됩니다.

실습 파일 : examples/3.4.3_list_1.py

```
1    L = ["Python", 1, 2, 3, 4, "Last"]      # 리스트에 숫자, 문자열이 동시에 존재
2    print ( L[0] )                          # 문자열 인덱싱과 동일하게 사용 가능
3    print ( L[2:6] )                        # 슬라이싱도 가능
4    print ( L[5][1] )                       # 리스트 자료형 L의 5번째 "Last" 자료를
                                               인덱싱하고 "Last" 문자열에서 2번째
                                               데이터인 문자열 "a"를 리턴합니다.
```

〈실행 결과〉

```
Python
[2, 3, 4, 'Last']
a
```

리스트에 새로운 항목을 추가할 수 있습니다. append() 메소드를 사용하면 리스트의 끝에 새 항목을 추가할 수 있고, insert() 메소드를 사용하면 리스트의 중간에 자료를 삽입할 수 있습니다. del 내장 함수를 사용하면 리스트에서 자료를 삭제할 수 있습니다. 이밖에도 리스트의 메소드에는 자료의 순서를 정렬하고, 관리할 수 있는 다양한 메소드와 내장 함수를 지원하고 있어 아주 유용하게 사용이 가능한 자료형입니다.

리스트에 요소 추가하기

■ append() 메소드

리스트 마지막에 요소 하나를 추가 합니다.

실습 파일 : examples/3.4.3_list_append.py

1	L = [1, 2, 3]	
2	L.append(4)	# 리스트 자료형 L에 요소 추가(4)
3	L.append(5)	# 리스트 자료형 L에 요소 추가(5)
4	print (len(L))	# 리스트의 크기를 출력
5	print (L)	# 리스트 자료형 L 전체를 출력

〈실행 결과〉

```
5
[1, 2, 3, 4, 5]
```

■ extend() 메소드

앞에서 설명한 append() 메소드는 요소를 하나씩 추가하는 방법이고 extend() 메소드를 이용하면 리스트에 여러 개의 요소를 한 번에 추가할 수 있습니다.

실습 파일 : examples/3.4.3_list_extend.py

1	L = [1, 2, 3]	
2	L.extend([4, 5])	# 요소 [4,5]를 한 번에 추가
3	print (len(L))	
4	print (L)	

〈실행 결과〉

```
5
[1, 2, 3, 4, 5]
```

■ insert(인덱스, 요소) 메소드

리스트 자료형의 특정 인덱스에 요소를 추가할 수 있습니다.

실습 파일 : examples/3.4.3_list_insert.py

```
1    L = ["a", "b", "c"]
2    L.insert(0,-1)              # 인덱스 [0], "a" 앞에 추가
3    L.insert(2,0)              # 인덱스 [2], "b" 앞에 추가
4    print ( len(L) )           # 리스트의 크기를 출력
5    print ( L )                # 리스트 자료형 L 전체를 출력
```

〈실행 결과〉

```
5
[-1, 'a', 0, 'b', 'c']
```

🍓 리스트에서 요소 삭제하기

■ pop(인덱스) 메소드

리스트에서 지정한 인덱스의 요소를 삭제한 뒤 삭제한 요소를 반환합니다.

실습 파일 : examples/3.4.3_list_pop.py

```
1    L = ["a", "b", "c", "d", "e"]
2    print( L.pop(1) )          # 인덱스[1] 요소 삭제하고 값을 반환
3    print ( len(L) )
4    print ( L )
```

〈실행 결과〉

```
b
4
['a', 'c', 'd', 'e']
```

■ remove(값) 메소드

pop() 메소드는 지정한 인덱스의 요소를 삭제하는데 반해, 리스트에서 원하는 값을 찾아서 삭제하고 싶을 수도 있습니다. 이런 경우에는 remove() 메소드를 사용합니다.

실습 파일 : examples/3.4.3_list_remove.py

```
1   L = ["a", "b", "c", "d", "e"]
2   L.remove("c")                    # "c" 값의 요소를 삭제
3   print ( len(L) )
4   print ( L )
```

〈실행 결과〉

```
4
['a', 'b', 'd', 'e']
```

■ clear() 메소드

리스트의 모든 요소를 삭제합니다.

실습 파일 : examples/3.4.3_list_clear.py

```
1   L = ["a", "b", "c", "d", "e"]
2   L.clear()                        # 리스트의 모든 요소를 삭제
3   print ( len(L) )
```

〈실행 결과〉

```
0
```

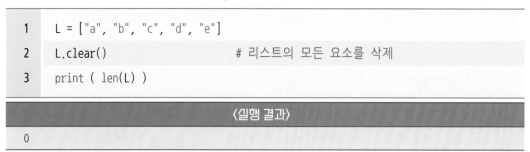 리스트에 요소 정렬하기

■ sort() 메소드

리스트 모든 요소를 오름차순(값이 작은 것부터 큰 순으로 정렬)으로 정렬합니다. C언어 등의 다른

프로그래밍 언어에서 이러한 정렬을 하기 위해서는 for, while 등과 if 비교문 등을 사용해서 해야 하는데, 파이썬은 참 편리하다는 생각을 하게 하는 메소드입니다.

실습 파일 : examples/3.4.3_list_sort_1.py

```
1   L = ["3", "1", "2", "5", "4"]
2   L.sort()                        # 리스트 자료형을 오름차순으로 정렬
3   print ( L )
```

〈실행 결과〉

```
['1', '2', '3', '4', '5']
```

실습 파일 : examples/3.4.3_list_sort_2.py

```
1   L = ["3", "1", "2", "5", "4"]
2   L.sort(reverse=True)            # 리스트 자료형을 내림차순으로 정렬
3   print ( L )
```

〈실행 결과〉

```
['5', '4', '3', '2', '1']
```

■ reverse() 메소드

reverse() 메소드는 sort() 메소드처럼 요소를 오름차순 or 내림차순으로 정렬을 하는 것은 아니고 리스트 내의 모든 요소의 순서를 반대로 뒤집습니다.

실습 파일 : examples/3.4.3_list_reverse.py

```
1   L = ["3", "1", "2", "5", "4"]
2   L.reverse()                     # 리스트의 모든 요소의 순서를 반대로
3   print ( L )
```

```
['4', '5', '2', '1', '3']
```

(4) 튜플(Tuple)

튜플은 리스트와 아주 유사하나 다른 점은 내용을 변경할 수 없다는 것입니다. 내용을 변경하는 append(), insert()와 같은 메소드는 사용할 수 없고, 요소의 정보를 구하는 메소드만 사용할 수 있습니다.

🍓 튜플 자료의 표현 방식

괄호 '()' 안에 ',' 로 구분하여 자료들을 나열하면 됩니다. 리스트의 대괄호 대신 소괄호를 사용하는 것 이외에 사용 방법이 동일합니다.

실습 파일 : examples/3.4.4_tuple_1.py

1	T = ("Python", 1, 2, 3, 4, "Last")	# 괄호 " ( ) " 안에 요소들을 " , " 구분하여 나열
2	print (T[0])	# 문자열 인덱싱과 동일하게 사용 가능
3	print (T[2:6])	# 슬라이싱도 가능
4	print (T[5][1])	# 튜플 자료형 T의 5번째 " Last " 자료를 인덱싱하고 " Last " 문자열에서 2번째 데이터인 문자열 " a "를 리턴합니다.

〈실행 결과〉

```
Python
(2, 3, 4, 'Last')
a
```

튜플의 사용 방법은 리스트와 완벽하게 동일하기 때문에 여기까지 간단하게만 설명하고 다음 자료 구조인 딕셔너리를 설명하도록 하겠습니다.

(5) 딕셔너리(Dictionary)

리스트와 튜플은 배열과 유사하게 다른 자료형을 순차적으로 저장하는 자료형입니다. 이에 반해서 딕셔너리는 키와 값들의 조합으로 구성해서 사용할 수 있습니다. 사전(dictionary)에서 단어를 찾듯이 키값을 가지고 키에 해당하는 값들을 가져올 수 있습니다.

🍓 딕셔너리 자료의 표현 방식

중괄호 '{}' 안에 ',' 로 구분하여 "키:값"의 조합으로 자료들을 나열하면 됩니다.

딕셔너리 = {"키1": 값1, "키2": 값2}

요소들의 키(Key)값은 중복될 수 없고 값(Value)은 중복이 가능합니다.

실습 파일 : examples/3.4.5_dictionary_1.py

```
1    SCORE = {"Math":80, "Eng":70, "Pi":100}  # Key:Value를 " , "로 구분하여 나열
2
```

〈실행 결과〉

```
100
```

SCORE["Pi"] 와 같이 Key값 "Pi"로 요소에 접근할 수 있습니다. 마치 리스트 자료형의 remove() 메소드 사용법과 유사합니다. 단지 요소의 값이 아니라 Key값으로 접근하는 것이 다릅니다.

🍓 딕셔너리 항목 추가

딕셔너리["키"] = 값

요소들의 키(Key)값은 중복될 수 없고 값(Value)은 중복이 가능합니다.

실습 파일 : examples/3.4.5_dictionary_2.py

```
1    SCORE = {"Math":80, "Eng":70, "Pi":100}  # Key:Value를 " , "로 구분하여 나열
2    SCORE["Kor"] = 90                         # Key=" Kor ", Value=90 추가
```

```
3    print ( SCORE["Kor"] )
```

```
90
```

🔴 딕셔너리 항목 삭제

del 딕셔너리["키"]

삭제하고자 하는 요소의 키(Key)값으로 요소 삭제가 가능합니다.

실습 파일 : examples/3.4.5_dictionary_3.py

```
1    SCORE = {"Math":80, "Eng":70, "Pi":100}  # Key:Value를 " , " 로 구분하여 나열
2    del SCORE["Math"]                        # " Math " 요소 삭제
3    print ( SCORE )
```

```
{'Eng': 70, 'Pi': 100}
```

🔴 딕셔너리 값 변경

딕셔너리["키"]=Value

"키"가 존재하면 "키"의 Value가 수정이 되고, 그렇지 않으면 새로운 요소가 추가됩니다.

실습 파일 : examples/3.4.5_dictionary_4.py

```
1    SCORE = {"Math":80, "Eng":70, "Pi":100}  # Key:Value를 " , " 로 구분하여 나열
2    SCORE["Math"]=100                        # " Math " 요소의 값 변경
3    print ( SCORE )
```

```
{'Math': 100, 'Eng': 70, 'Pi': 100}
```

3.5 파이썬 연산자

모든 프로그래밍 언어에 공통으로 존재하는 숫자를 계산하는 사칙연산, 숫자, 문자의 크기를 비교하는 비교 연산자, 기타 특수한 기능을 수행하는 연산자가 있습니다.

(1) 사칙연산

숫자 데이터 형식의 덧셈(+), 뺄셈(-), 나눗셈(/), 곱셈(*)을 하는 연산자입니다. 기본적인 내용이므로 몇 가지 예제를 바로 실행해 보도록 하겠습니다.

실습 파일 : examples/3.5.1_math_1.py

```
1    add = 4 + 2
2    sub = 4 - 2
3    mul = 4 * 2
4    div = 4 / 2
5    print("add=", add)
6    print("sub=", sub)
7    print("mul=", mul)
8    print("div=", div)
```

〈실행 결과〉

```
add= 6
sub= 2
mul= 8
div= 2.0
```

print() 함수는 콘솔 화면에 내용을 출력하는 파이썬 내장 함수입니다. 콤마(",")로 구분하여 문자열과 숫자를 동시에 출력할 수 있습니다.

(2) 정수만 구하는 나눗셈 연산자

나눗셈(/) 연산자는 소수점까지 값을 구하는 연산자이고 "//" 연산자는 나눗셈을 한 이후에 소수점은 버리고 정수만 구하는 연산자입니다.

실습 파일 : examples/3.5.2_math_2.py

```
1    div = 5 // 2
2    print(div, "= 5//2")
3    div = 5 / 2
4    print(div, "= 5/2")
```

〈실행 결과〉

```
2 = 5//2
2.5 = 5/2
```

소수점 이하 반올림이 아니라 소수점 이하를 무조건 버립니다. 반올림이 아님에 주의하시기 바랍니다.

(3) 나머지 연산자

나눗셈 결과의 몫이 아니라 나머지를 구하는 연산자입니다.

실습 파일 : examples/3.5.3_math_3.py

```
1    div = 5 / 2
2    print(div, "= 5/2")
3    div = 5 % 2
4    print(div, "= 5%2")
```

〈실행 결과〉

```
2.5 = 5/2
1 = 5%2
```

(4) 거듭제곱 연산자

A**B라고 연산을 하면 A를 B만큼 반복해서 곱하는 거듭제곱 연산자입니다.

실습 파일 : examples/3.5.4_math_4.py

```
1    print(2 ** 10, "=2 ** 10")
```

〈실행 결과〉

```
1024 =2 ** 10
```

2의 10승으로 결과는 1024입니다.

(5) 논리 연산자

논리 연산자에는 and, or, not 의 3가지가 있습니다.

연산 식(A)	연산자	연산 식(B)	결과
True	and	True	True
True	and	False	False
True	or	False	True
False	or	False	False
	not	False	True
	not	True	False

and 논리 연산자는 A와 B 연산식이 모두 True인 경우에만 결과가 True이고 or 논리 연산자는 A혹은 B 연산식의 결과가 True이면 결과가 True가 됩니다. not 논리 연산자는 논리값을 뒤집습니다. 그래서 not True는 False가 되고, not False는 True가 됩니다. 여기서 and, or, not 논리 연산자가 식 하나에 들어 있으면 not, and, or 순으로 판단합니다.

1	print(True and True)	# True and True = True
2	print(True and False)	# True and False = False
3	print(True or False)	# True or False = True
4	print(False or False)	# False and False = False
5	print(not False)	# not False = True
6	print(not True)	# not True = False

〈실행 결과〉
True
False
True
False
True
False

(6) 비교 연산자

숙자가 같거나 큰지 크기를 비교하기도 하고 문자나 문자열, 객체형의 데이터에 대해서도 크기를 비교하거나 데이터가 동일한지 비교하는데 사용합니다. 비교의 결과는 True 혹은 False를 반환하고 주로 조건문에서 많이 사용하게 됩니다.

연산 식(A)	연산자	연산 식(B)	결과
4	==	4	True
4	!=	4	False
4	>	4	False
4	>=	4	True
4	<=	4	True
4	<	4	False

🍓 숫자 비교하기

두 숫자가 같은지 또는 다른지 비교해 보겠습니다. 두 숫자가 같은지 비교할 때는 ==(equal), 다른지 비교할 때는 !=(not equal)을 사용합니다. 크기 비교 연산자와 같이 조합해서 실습을 합니다.

실습 파일 : examples/3.5.6_math_1.py

```
1    print(4 == 4)              # True
2    print(4 != 4)              # False
3    print(4 > 4)               # False
4    print(4 >= 4)              # True
5    print(4 <= 4)              # True
6    print(4 < 4)               # False
```

〈실행 결과〉

```
True
False
False
True
True
False
```

🍓 문자열 비교하기

문자열도 숫자와 같은 방식으로 비교할 수 있습니다. 이때 주의해야 할 사항은 문자열은 비교할 때 대문자와 소문자를 구분합니다. 단어가 같아도 대소문자가 다르면 다른 문자열로 판단합니다.

실습 파일 : examples/3.5.6_math_2.py

```
1    print('Python' == 'Python')     # True
```

```
2    print('Python' != 'Python')      # False
3    print('Python' == 'PYTHON')      # False
```

〈실행 결과〉

```
True
False
False
```

3.6 파이썬 제어문

일반적으로 프로그램은 코드를 작성한 순서대로 실행되지만 순차적으로 실행되는 프로그램의 실행 순서를 변경하거나 조건에 맞을 경우에만 실행해야 하는 일도 있고, 프로그램 수행을 반복시키거나 어떤 조건에 의해서 다른 코드를 실행해야 하는 경우도 있습니다. 예를 들어 1부터 1,000까지 더하는 프로그램을 작성하는데 순차적으로 코드를 작성하면 1,000번의 덧셈 연산이 필요합니다. 굉장히 효율적이지 못하지요. 1씩 더하면서 1,000번을 반복시키는 while 문을 사용하면 힘들이지 않고 동일한 결과를 만들 수 있습니다. 이러한 프로그램의 흐름을 제어하는 if, for, while 사용법에 대해서 알아보도록 하겠습니다.

(1) if 문

if 문은 제어문 중에서 기본이 되는 명령문으로 명령 흐름을 if 〈조건〉의 결과에 따라서 if 문 뒤의 코드를 실행할지를 판단합니다.

🐞 if 〈조건식〉

```
if 〈조건식〉:
    수행코드-1    ⎫
    수행코드-2    ⎬  〈조건〉이 참인 경우에만 코드-1, 2가 실행
```

if 〈조건식〉을 지정하고 :(콜론)을 붙이고, 다음 행에 실행할 코드가 옵니다. 수행할 코드는 1개 혹은 2개 이상이 올 수도 있습니다. 이때 실행할 코드는 반드시 들여쓰기를 해야 합니다.

실습 파일 : examples/3.6.1_if_1.py

```
1   x = 3
2   if x == 3:                    # x가 3이면 if문 이하 실행
3       print("x == 3")
```

〈실행 결과〉

```
x == 3
```

조건식에서 "A == B"는 A와 B의 값이 같은지를 비교하는 연산자로 C언어와 동일합니다. "A = B"처럼 사용하지 않도록 주의합니다.

🐞 if 〈조건식〉, else

```
if 〈조건식〉:
    수행코드-1        ┐
    수행코드-2        ┘  〈조건〉이 참인 경우에만 코드-1, 2가 실행
else:
    수행코드-3        ┐
    수행코드-4        ┘  〈조건〉이 거짓인 경우에만 코드-3, 4가 실행
```

if 〈조건식〉이 참이면 if 문 이하를 수행하고, 그렇지 않으면 else 문 이하를 수행합니다. else 다음에 :(콜론)을 붙이고, 다음 행에 실행할 코드가 옵니다. 수행할 코드는 1개 혹은 2개 이상이 올 수도 있습니다. 이때 실행할 코드는 반드시 들여쓰기를 해야 합니다.

실습 파일 : examples/3.6.1_if_2.py

```
1   x = 3
2   if x != 3:                    # x가 3이 아니면 if 문 이하 실행
3       print("x != 3")
```

4	else: # x가 3이면 else문 이하 실행
5	print("x == 3")

〈실행 결과〉

x == 3

조건식에서 "A != B"는 A와 B의 값이 다른지를 비교하는 연산자로 C언어와 동일합니다.

if 〈조건식〉, elif 〈조건식〉, else

```
if 〈조건식〉:
    수행코드-1      }  〈조건〉이 참인 경우에만 코드-1, 2가 실행
    수행코드-2
elif:
    수행코드-3      }  〈조건〉이 거짓인 경우에만 코드-3, 4가 실행
    수행코드-4
else:
    수행코드-5      }  〈조건〉이 거짓인 경우에만 코드-5, 6이 실행
    수행코드-6
```

if 〈조건식〉이 참이면 if 문 이하를 수행하고, elif 〈조건식〉이 참이면 elif 문 이하를 수행하고, 그렇지 않으면 else 문 이하를 수행합니다. elif 〈조건식〉는 반복해서 여러 번 사용이 가능합니다.

실습 파일 : examples/3.6.1_if_3.py

1	x = 1
2	if x == 3: # x가 3이면 if 문 이하 실행
3	print("x == 3")
4	elif x == 4: # x가 4이면 elif 문 이하 실행
5	print("x == 4")
6	else: # x가 3이 아니고, 4도 아니면 else 문 이하 실행
7	print("x != 3 and x != 4")

```
x != 3 and x != 4
```

(2) for 반복문

for 문은 이하의 코드를 반복적으로 수행하고자 할 때 사용합니다. 예를 들면 1부터 10까지 더하는 프로그램을 반복문을 사용하지 않고 순차적인 프로그램 흐름으로 작성하면 100개의 코드를 작성해야 합니다.

```
1    sum = 0
2    sum = sum + 1
3    sum = sum + 2
4    .
5    .
6    sum = sum + 10
```

이런 식의 코드 작성은 굉장히 많은 시간이 소모되고, 코드를 알아보기도 쉽지 않습니다. for 반복문을 이용해서 위의 코드를 바꾸어 보도록 하겠습니다.

🍓 for 변수 in range(반복 횟수)

for 반복문은 range에 반복할 횟수를 지정하고 앞에 in과 변수를 입력합니다. 그리고 끝에 :(콜론)을 붙인 뒤 다음 줄에 반복할 코드를 넣습니다. 변수는 0부터 시작해서 1씩 증가하여 range() 안의 횟수보다 1이 적은 만큼 코드를 반복 수행합니다. 0부터 시작하기 때문에 결론 적으로는 range(횟수)만큼 반복 수행하게 됩니다.

실습 파일 : examples/3.6.2_for_1.py

```
1    sum = 0
```

```
2    for i in range(11):          # 0 ~ 10까지 11번 반복
3        sum = sum + i
4
5    print("i = ", i)
6    print("sum = ", sum)         # "sum =" 문자열과 함께 출력을 위해 "," 로 구분
```

〈실행 결과〉
i = 0
i = 1
i = 2
i = 3
i = 4
i = 5
i = 6
i = 7
i = 8
i = 9
i = 10
sum = 55

for 문에서 인덱스는 0부터 시작하고 range의 "반복 횟수" -1만큼 반복해서 실행합니다. print 내장함수에서 "sum =" 문자열과 정수형 변수 sum을 결합해서 출력하기 위해서 ","로 구분하여 출력하였습니다.

🍓 for 변수 in range(시작, 끝, 증가)

인덱스의 시작을 0이 아닌 수로 지정할 수 있습니다. 인덱스의 시작과 종료, 증가 폭을 지정해서 사용이 가능합니다. 1부터 10까지 홀수만 더해지도록 프로그램을 작성해 보도록 합니다.

실습 파일 : examples/3.6.2_for_2.py

```
1    sum = 0
2    for i in range(1, 11, 2):        # 1 ~ 10까지 2씩 증가하여 5회 반복
3        sum = sum + i
4        print("i = ", i)
5
6    print("sum = ", sum)              # "sum =" 문자열과 함께 출력을 위해 ","로 구분
```

〈실행 결과〉
i = 1
i = 3
i = 5
i = 7
i = 9
sum = 25

인덱스가 1부터 시작이 되고, 2씩 증가하여 인덱스가 11-1 까지 반복해서 수행하여 홀수만 더해지도록 하였습니다.

실습 파일 : examples/3.6.2_for_3.py

```
1    sum = 0
2    for i in range(10, 1, -2):       # 10 ~ 2까지 2씩 감소하여 5회 반복
3        sum = sum + i
4        print("i = ", i)
5
6    print("sum = ", sum)
```

〈실행 결과〉
i = 10
i = 8
i = 6

```
i = 4
i = 2
sum = 30
```

인덱스가 10부터 시작되고, 2씩 감소하여 5회 반복해서 짝수만 더해지도록 하였습니다.

for 변수 in 시퀀스 객체

range를 이용해서 반복시키는 방법 이외에 리스트, 튜플, 문자열 시퀀스 객체에도 반복문을 사용할 수 있습니다.

실습 파일 : examples/3.6.2_for_4py

```
1    score = [80, 90, 100]
2    sum = 0
3    for i in score:
4        sum = sum + i
5        print("i = ", i)
6
7    print("sum = ", sum)
```

〈실행 결과〉

```
i = 80
i = 90
i = 100
sum = 270
```

리스트 score의 처음부터 끝까지 요소를 인덱싱하며 덧셈을 합니다.

(3) while <조건식> 반복문

for 문은 range, 시퀀스 객체를 이용해서 자동으로 인덱스의 증가, 감소를 지정해서 사용을 했지만 while 문은 코드 내에서 <조건식>을 변화시켜서 while 반복문이 종료되도록 하는 것이 다릅니다.

sum 변수에 1부터 10까지 더해서 sum 변수를 출력하도록 코드를 작성해 보도록 하겠습니다.

실습 파일 : examples/3.6.3_while_1py

```
1   sum = 0
2   i = 1
3   while i<11:                    # i 변수를 1부터 시작해서 10까지 10번 반복
4       sum = sum + i
5       print("i = ", i)
6       i = i + 1
7
8   print("sum = ", sum)
```

〈실행 결과〉

```
i =  1
i =  2
i =  3
i =  4
i =  5
i =  6
i =  7
i =  8
i =  9
i =  10
sum =  55
```

반드시 while 조건문에서 사용하는 조건 변수를 증가시키거나 감소시켜서 while 조건문이 거짓이 되도록 변수를 변화시켜 주어야 합니다. 그렇지 않으면 while 반복문을 빠져나오지 못하고 무한 반복 실행하게 됩니다.

🐷 break로 반복문 끝내기

break를 사용하면 while 〈조건식〉이 참인 상태에서도 한 번에 while 반복문을 빠져나올 수 있습니다. 이전 예제를 조금 수정해서 1부터 5까지만 덧셈이 되도록 수정해 보도록 하겠습니다.

실습 파일 : examples/3.6.3_while_2.py

```
1    sum = 0
2    i = 1
3    while i<11:                  # i변수를 1부터 시작해서 10까지 10번 반복
4        sum = sum + i
5        print("i = ", i)
6        if( i == 5 ) : break     # 반복중에 i가 5가되면 while 루프를 빠져 나감
7        i = i + 1
8
9    print("sum = ", sum)
```

〈실행 결과〉

```
i = 1
i = 2
i = 3
i = 4
i = 5
sum = 15
```

break 문은 while 반복문뿐만이 아니라 for 문에서도 동일하게 사용됩니다.

continue로 반복문 처음으로 이동하기

continue를 사용하면 while 반복문 혹은 for 반복문의 실행 위치를 반복문의 처음으로 실행 위치를 이동할 수 있습니다. continue 문을 이용해서 1부터 10까지 덧셈이 되도록 하되 짝수인 경우에만 덧셈이 되도록 하겠습니다.

실습 파일 : examples/3.6.3_while_3py

```
1    sum = 0
2    i = 0
3    while i<11:                    # i변수를 1부터 시작해서 10까지 10번 반복
4        i = i + 1
5        if i % 2 == 0:             # 나머지 연산자 %, 2로 나누어서 나머지가 0이면 짝수
6            print("i = ", i)
7            sum = sum + i
8        else:
9            continue
10
11   print("sum = ", sum)
```

<실행 결과>

```
i =  2
i =  4
i =  6
i =  8
i =  10
sum =  30
```

continue 문은 while 반복 문 뿐만이 아니라 for 문에서도 동일하게 사용됩니다.

2의 10승으로 결과는 1024입니다.

3.7 사용자 입력 및 출력

　지금까지 우리는 프로그램 코드에 데이터를 직접 코딩하여 사칙연산을 수행하거나 비교해서 데이터를 출력해 보았습니다. 하지만 프로그램 수행 중에 사용자로부터 임의의 자료를 입력받고, 입력받은 자료를 처리해서 출력하면 조금 더 유연하게 다양한 자료를 처리할 수 있습니다.

(1) 사용자 입력

　input() 함수를 이용해서 사용자에게 데이터를 입력받습니다. 사용자가 입력을 완료할 때까지 프로그램은 중지 상태가 되고 입력이 완료되어야 다음으로 진행됩니다. 엔터키를 누르면 사용자 입력이 종료됩니다. 2개의 수를 입력받고 덧셈한 결과를 출력해 보도록 하겠습니다.

실습 파일 : examples/3.7.1_input_1.py

```
1    math = input("math=")
2    eng = input("eng=")
3    print(math+eng)
```

〈실행 결과〉
math=20
eng=30
2030

　20+30을 해서 50이 출력이 되었으면 좋겠지만 input()으로 입력받은 자료형은 숫자형이 아니고 문자형이기 때문의 2개의 문자열 "20" + "30" 결합이 되어 "2030"이 출력이 되었습니다. 올바른 결과가 나오도록 하기 위해서는 input()에서 입력받은 문자열을 숫자(정수)로 만들어 주어야 합니다.

```
1    math = int(input("math="))
2    eng = int(input("eng="))
3    print(math+eng)
```

〈실행 결과〉
math=20
eng=30
50

C언어의 타입캐스트와 유사한 방법입니다. float()를 사용하면 소수점이 있는 형식으로 입력받아서 float 형으로도 변환이 가능합니다.

(2) print() 함수 출력

C언어에서 printf() 함수를 이용해서 문자와 숫자 데이터를 다양한 형식으로 출력할 수 있는데 파이썬에서도 print() 함수를 이용하면 여러 가지 형식으로 데이터를 출력할 수 있습니다.

🍓 문자열 출력

문자열을 작은따옴표(')로 감싸거나 문자열과 변수를 같이 출력하기 위해서는 콤마(,)를 이용하면 됩니다.

실습 파일 : examples/3.7.2_print_1.py

```
1    print('Hello Python!')
2    print('Math=', 300)
```

〈실행 결과〉
Hello Python!
Math= 300

위의 결과를 보면 print() 함수를 사용할 때마다 자동으로 줄 바꿈이 됩니다.

🍓 sep 키워드

콤마(,)로 분리된 출력 항목들 사이에 sep 키워드를 이용해서 구분자를 삽입할 수 있습니다. 예제를 통해서 바로 실습해 보도록 하겠습니다.

실습 파일 : examples/3.7.2_print_2.py

1	`print('math', 'eng', 'kor', sep=',')`	# " , " 로 출력 항목 분리
2	`print('math', 'eng', 'kor', sep='\t')`	# TAB으로 출력 항목 분리
3	`print('math', 'eng', 'kor', sep='\n')`	# 줄 바꿈 문자(\n)로 항목 분리

〈실행 결과〉
math,eng,kor
math   eng   kor
math
eng
kor

'\t'로 출력 항목을 분리하면 엑셀과 같은 소프트웨어에서 탭으로 분리된 문자열을 쉽게 열어서 편집이나 분석을 할 수 있습니다.

🍓 end 키워드

print() 함수는 기본적으로 줄 바꿈 문자를 마지막에 자동으로 붙여 출력하도록 되어 있는데 end 키워드로 줄 바꿈 문자 대신에 다른 문자로 대체해서 출력할 수 있습니다.

실습 파일 : examples/3.7.2_print_3.py

1	`for i in range(0,5):`	
2	`    print(i, end='')`	# 줄 바꿈 문자 대신에 '' 출력
3	`print('')`	# 줄 바꿈 문자 출력

4	
5	`for i in range(0,4):`
6	`    print(i, end=',')` # 줄 바꿈 문자 대신에 ',' 문자 출력
7	
8	`print(4)` # 숫자 4와 줄 바꿈 문자 출력
9	
10	`for i in range(0,5):`
11	`    print(i, end='\n')` # 출력할 때마다 줄 바꿈 문자 출력

〈실행 결과〉

```
01234
0,1,2,3,4
0
1
2
3
4
```

(3) format 메소드

문자열 format 메소드 사용은 { }(중괄호) 안에 인덱스를 지정하고 format 메소드로 값을 넣습니다. '{인덱스}'.format(값) 형식입니다.

🍓 다양한 데이터 형식 지정

문자열과 숫자 형식을 동시에 지정해서 출력할 수 있습니다.

실습 파일 : examples/3.7.3_format_1.py

1	`print('math={0}, eng={1}'.format(95, 100))` # 숫자 인덱스 사용
2	`print('math={}, eng={}'.format(95, 100))` # 인덱스 번호 생략

3	`print('math={math}, eng={eng}'.format(math=95, eng=100))`	# 인덱스 번호 대신
		이름 지정

〈실행 결과〉
math=95, eng=100
math=95, eng=100
math=95, eng=100

인덱스 번호를 생략해도 왼쪽부터 순차적으로 적용되고, 인덱스 번호 대신에 이름을 지정
해도 사용할 수 있습니다.

🍇 format에 값 대신 변수 사용

format() 에 문자열이나 숫자값 대신에 변수를 사용해도 되고 연산식을 적용해도 됩니다.

실습 파일 : examples/3.7.3_format_2.py

1	`math=95`
2	`eng=100`
3	`print('sum {0}+{1}={2}'.format(math, eng, math+eng))` # 변수 사용

〈실행 결과〉
sum 95+100=195

3.8 파이썬 함수

대부문의 프로그래밍 언어에서는 함수(function)라는 기능을 제공하는데 파이썬에서도 파이썬이 기본으로 제공하는 함수뿐만 아니라 개발자가 직접 함수를 만들어서 사용을 할 수 있습니다. 함수의 기능은 보통 프로그램 내에서 반복적으로 사용되거나 유사한 기능을 쉽게 사용할 수 있도록 특정 용도의 코드를 한 곳에 모아 놓은 것이라고 생각하면 됩니다. 함수에는 매개변수를 통해서 데이터를 전달할 수 있고, 함수 내에서는 전달받은 데이터를 가지고 연산하거나 비교한 후 함수를 호출한 쪽으로 결과를 반환할 수 있습니다.

함수를 사용하면 좋은 점

- 코드를 재사용할 수 있니다.
- 반복되는 코드를 1개의 함수로 구현하면 프로그램의 크기를 줄일 수 있습니다.
- 유사한 기능을 함수로 구현해서 분리함으로써 프로그램의 가독성을 높일 수 있습니다.

예를 들어 지금까지 사용했던 print, input 등도 모두 파이썬에서 미리 만들어 둔 함수를 사용하였습니다. 만약 print() 기능을 함수로 만들어 놓지 않았다면 코드의 곳곳에 print() 함수의 기능을 구현해야 하고, 이렇게 되면 프로그램의 본래의 기능을 구현하는 데에 시간이 오래 걸리고 구조를 파악하는 것도 어려워질 수 있습니다.

(1) 함수의 정의

def 키워드 다음에 함수이름()을 지정하고 함수를 정의하는 마지막에 콜론(:)이 와야 합니다.

```
1   def 함수이름():
2       사용자 정의 코드
```

함수의 첫 번째 실습 예제로 hello()라는 함수를 만들고 hell() 함수에서는 단순히 "Hello Pi"라는 문자열을 출력해 주는 기능을 해보도록 하겠습니다.

실습 파일 : examples/3.8.1_function.py

```
1    def sum():
2        return (10+20)
3
4    print("sum=", sum())              # sum() 함수 호출
```

〈실행 결과〉

sum= 30

함수의 호출 방법은 함수이름() 형식으로 호출하면 됩니다.

파이썬 코드

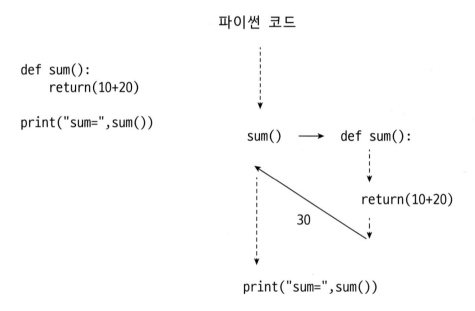

코드의 순서가 def sum() 함수가 먼저 있지만 함수는 호출을 하기 전까지는 실행되지 않습니다. 위의 실행 흐름도를 참조하세요.

(2) 함수의 인자와 리턴값

이전 예제에서는 sum() 함수에서 고정적인 10과 20을 더해서 리턴을 해주었다면 이번에는 2개의 숫자를 sum() 함수의 인자로 전달하여 sum() 함수에서 전달인 인자의 덧셈을 해서 리턴해 주도록 수정합니다.

실습 파일 : examples/3.8.2_function.py

```
1    def sum(math, eng):
2        return (math+eng)
3
4    print("sum=", sum(30, 40))        # sum(30, 40) 함수 호출
```

〈실행 결과〉

sum= 70

sum(30, 40)으로 함수 호출을 하면 순서대로 math=30, eng=40의 값으로 값이 전달됩니다. 이렇게 함수를 호출하면 조금 더 다양한 기능을 하는 함수를 만들어서 사용할 수 있습니다.

(3) 언패킹 인자값 전달

함수의 인자로 단순한 숫자나 문자뿐만 아니라 리스트, 튜플 형태의 자료 구조도 전달할 수 있습니다. 이때에 자료 구조에 있는 자료들을 순서대로 전달할 때 언패킹 선언을 해주어야 합니다. 함수를 호출할 때 함수명(*리스트) 형식으로 리스트나 튜플의 이름에 "*"을 붙여서 사용하면 됩니다.

실습 파일 : examples/3.8.3_function.py

```
1    def sum(math, eng, kor):
2        return (math+eng+kor)
3
4    score = [90, 80, 100]
5    print("sum=", sum(*score))        # sum(90, 80, 100)과 같음
```

〈실행 결과〉

sum= 270

(4) 가변 인자값 전달

함수의 인자로 전달할 자료의 수가 상황에 따라서 달라질 경우 함수에 가변적으로 인수를 전달하여 호출할 수 있습니다. 함수의 선언 방법은 리스트 자료형을 전달할 때와 마찬가지로 함수명(*이름) 형식입니다.

실습 파일 : examples/3.8.4_function.py

```
1   def sum(*scores):
2       sum = 0
3       for arg in scores:            # 가변 인자값은 for 문 사용해서
4           sum = sum + arg
5
6       return (sum)
7
8   print("sum=", sum(30,40,80,90))   # 4개의 인자 전달
9   print("sum=", sum(30,40,80))      # 3개의 인자 전달
```

〈실행 결과〉
sum= 240
sum= 150

(5) 여러 개의 값 리턴

일반적인 대부분의 프로그래밍 언어는 함수에서 return을 통해서 리턴할 수 있는 값의 개수는 1개입니다. 파이썬에서는 편리(특이)하게도 1개 이상의 값을 리턴할 수 있습니다. return 다음에 콤마(",") 로 구분해서 값을 전달하면 됩니다.

실습 파일 : examples/3.8.5_function.py

```
1   def sum_avg(*scores):             # 가변 인자로 넘어온 점수 합계 변수
2       sum = 0                       # 과목 점수 평균
```

```
3        avg = 0                          # 가변 인자(과목점수) 개수 카운트

4        count = 0

5        for arg in scores:

6            sum = sum + arg              # 전체 과목 점수 합계

7            count = count + 1            # 평균을 구하기 위해서 과목 수 카운트

8

9        avg = sum / count                # 평균값 구하기

10       return (sum, avg)                # 합계, 평균 리턴

11

12   ret_sum = 0

13   ret_avg = 0

14

15   ret_sum, ret_avg = sum_avg(30,40,80,90)      # 4개 과목의 합계와 평균

16   print("sum=", ret_sum, ", avg=", ret_avg)

17

18   ret_sum, ret_avg = sum_avg(30,40,80)         # 3개 과목의 합계와 평균

19   print("sum=", ret_sum, ", avg=", ret_avg)
```

<실행 결과>

```
sum= 240 , avg= 60.0
sum= 150 , avg= 50.0
```

함수에서 합계와 평균을 동시에 리턴을 해주니 편리합니다. 위의 예제를 여러 개의 리턴값을 사용하지 않고 구현이 가능할까요? 전역 변수를 사용하면 쉽게 가능합니다. 대부분의 프로그래밍 언어에는 변수의 사용 범위가 전역 변수와 지역 변수로 나누어서 사용이 가능합니다.

(6) 변수의 통용 범위

위의 예제에서 함수 sum_avg() 안에서 선언한 sum, avg, count는 sum_avg() 함수 안에서만 사용이 가능한 지역 변수입니다. 이번에는 sum, avg 변수를 전역 변수로 선언해서 동일한 기능을 구현해 보도록 하겠습니다.

```python
1    sum = 0                            # 전역 변수
2    avg = 0                            # 전역 변수
3
4    def sum_avg(*scores):
5        count = 0
6        global sum                     # 변수 앞에 global 키워드 사용
7        for arg in scores:
8            sum = sum + arg
9            count = count + 1
10
11       global avg                     # 변수 앞에 global 키워드 사용
12       avg = sum / count
13
14
15   sum = 0                            # sum 변수 초기화
16   sum_avg(30,40,80,90)
17   print("sum=", sum, ", avg=", avg)
18
19   sum = 0                            # sum 변수 초기화
20   sum_avg(30,40,80)
21   print("sum=", sum, ", avg=", avg)
```

〈실행 결과〉

```
sum= 240 , avg= 60.0
sum= 150 , avg= 50.0
```

함수 내부에서 변수 명 앞에 global 키워드를 사용하면 전역 변수를 사용하겠다는 의미입니다. sum, avg 변수를 sum_avg() 밖에서 선언한 전역 변수를 사용하고 있습니다. 여기서 주의해야 할 점은 전역 변수 sum 변수가 sum_avg() 함수가 호출될 때마다 계속 증가하고 있기 때문에 sum_avg() 함수를 호출하기 전에 반드시 0으로 초기화를 해주어야 합니다. 그렇지 않으면 2번째 sum_avg() 함수 호출부터 원하는 값이 출력되지 않습니다.

3.9 파이썬 클래스

파이썬은 객체 지향 프로그래밍(OOP, Object Oriented Programming)을 기본적으로 채택하고 있습니다. 공통된 기능을 함수로 구현하고 메인 프로그램에서 함수들을 호출하면서 순차적으로 프로그래밍을 하는 방법을 절차적 프로그래밍 방법이라고 합니다. 객체 지향이라는 의미는 함수와 다르게 데이터(멤버변수)와 데이터를 관리하는 함수(메소드) 들을 클래스라는 하나의 단위로 만들어 놓았다고 생각하면 됩니다. 예를 들어 고전 게임인 스타크래프트를 생각해 보면 게임 내에는 테란, 저그, 프로토스라는 3개의 종족이 존재하고 각 종족에 다양한 유닛이 있습니다. 사람과 유사한 종족인 테란은 머린, 벌처, 탱크 등의 유닛이 있습니다. 다시 머린 유닛은 체력, 스피드, 방어력, 공격력 등의 속성을 가지고 있고 이동, 공격, 분노(스팀) 등의 행동을 합니다.

테란이라는 클래스를 만들어 놓고

테란.체력 = 10

테란.스피드 = 20

테란.방어력 = 5

클래스.멤버변수 = 값 형식으로 속성을 설정하거나 읽고, 테란.이동() 형식으로 클래스 내의 메소드도 호출할 수 있습니다. 이렇게 클래스를 만들어서 객체의 모든 기능 클래스 내에 구현해서 사용을 한다고 이해하면 될 것 같습니다. 이렇듯 객체 지향 프로그래밍은 복잡한 문제를 잘게 나누어 추상화시켜서 문제를 해결합니다. 현실 세계의 복잡한 문제를 처리하는 데 유용하며 기능을 개선하고 발전시킬 때도 해당 클래스만 수정하면 되므로 유지 보수에도 효율적입니다.

(1) 클레스 정의

클래스는 함수 정의와 유사하게 class 키워드를 사용해서 class 클래스 이름:(콜론)을 붙이고 다음 줄부터 클래스 변수를 선언하고, def로 함수 작성과 동일하게 메소드를 작성하면 됩니다. 여기서 메소드는 클래스 안에 들어 있는 함수입니다.

```
1  class 클래스 이름:
2      클래스 변수-1(멤버변수)
3      클래스 변수-2(멤버변수)
4      ...
5      def 메소드()
6          사용자 코드
7          ....
```

(2) 클래스 사용

terran이라는 클래스를 만들고 클래스에 테란 유닛의 능력치를 부여하고 terran 테란 유닛의 움직임을 terran 클래스의 메소드로 만들어서 사용해 보겠습니다. 먼저 클래스를 선언합니다.

```
1  class terran:
2      hp = 30          # 멤버변수 : 체력
3      power = 10       # 멤버변수 : 공격력
4      atk = ""         # 멤버변수 : 공격 표시
```

```
5
6        def attack(self):
7            print(self.atk)
```

attack() 메소드(멤버 함수라고 하기도 함)의 self 인자는 파이썬에서 클래스는 함수와 다르게 여러 개의 인스턴스(클래스 객체)를 사용할 수 있기 때문에 메소드를 호출할 때 파이썬 내부에서 어떤 인스턴스 객체의 멤버 변수나 메소드에 접근해야 하는지 구분하기 위해서 사용됩니다. 자기 자신이 멤버 변수와 메소드에 접근하기 위해서는 self.멤버변수, self.멤버함수 형식으로 사용하면 됩니다.

실습 파일 : examples/3.9.2_class.py

```
1    class terran:
2        hp = 30
3        power = 10
4        atk = ""
5
6        def attack(self):
7            print(self.atk)
8
9
10   u1 = terran()                          # 클래스 인스턴스 생성
11   u2 = terran()                          # 클래스 인스턴스 생성
12
13   u1.atk = "---->"                       # u1 공격 동작
14   u2.atk = "<----"                       # u2 공격 동작
15
16   while u1.hp != 0 and u2.hp != 0:       # u1,u2의 hp가 0이 될 때까지 반복
17       at = input("attack(1 or 2):")     # "1"을 입력하면 u1이 공격
18       if at == "1":                     # "2"을 입력하면 u2가 공격
```

19	u1.attack()	
20	u2.hp = u2.hp - u1.power # 공격 방향에 따라서 hp 감소
21	elif at == "2":
22	u2.attack()
23	u1.hp = u1.hp - u2.power
24	
25	print("u1.hp=", u1.hp, ", u2.hp=", u2.hp) # 공격이 끝나고 나면 hp 표시
26	
27	if u1.hp == 0: # u1의 hp가 0이면 u2 승리
28	print("u2 win!")
29	elif u2.hp == 0: # u2의 hp가 0이면 u1 승리
30	print("u1 win!")

〈실행 결과〉

```
attack:2
<-
u1.hp= 20 , u2.hp= 30
attack:2
<-
u1.hp= 10 , u2.hp= 30
attack:1
->
u1.hp= 10 , u2.hp= 20
attack:1
->
u1.hp= 10 , u2.hp= 10
attack:2
<-
u1.hp= 0 , u2.hp= 10
u2 win!
```

클래스를 사용하려면 제일 먼저 u1 = terran()처럼 인스턴스를 생성해야 합니다. 그 이후로는 인스턴스이름.멤버변수, 인스턴스이름.멤버함수()와 같이 사용하면 됩니다. 위의 코드에서 u1, u2 인스턴스는 서로 독립적인 객체입니다. input()을 이용해서 "1"을 입력하면 u1 객체가 공격하고, "2"를 입력하면 u2가 공격합니다. 코드의 자세한 흐름은 주석을 참조하세요. 이밖에도 클래스에는 코드의 재사용성을 높여 주는 상속이라는 개념과 클래스 사용의 유연성을 높여주는 메소드 오버라이딩, 연산자 오버로드 등의 기능이 더 있습니다. 이러한 부분은 파이썬 전문 교재를 참조하시기 바랍니다. 본 교재에서는 파이썬에 대한 자세한 레퍼런스보다는 라즈베리파이라는 저렴하고 훌륭한 하드웨어를 이용해서 사물인터넷, 인공지능 등의 재미있는 기능들을 구현하는 것을 목적으로 하고 있습니다.

3.10 파이썬 모듈

프로그램의 기능이 많아지고 복잡해지면 하나의 파이썬 프로그램 파일에 복잡한 기능을 구현하는 것보다 함수와 유사하게 파이썬 프로그램 파일을 유사한 기능 단위로 묶어서 여러 개로 나누어서 작성하는 것이 관리하기가 편리합니다. 이런 경우에 다른 파일로 나누어진 각각의 파이썬 프로그램 파일을 모듈이라고 생각하면 됩니다. 각 모듈로 나누어진 변수들과 함수, 클래스들을 호출하는 절차와 방법에 대해서 알아보도록 하겠습니다.

(1) 파이썬 모듈화

모듈 테스트를 위해서 module_sum.py 파일을 생성하고 모듈에 클래스를 정의합니다.

실습 파일 : examples/module_sum.p

```
1   class class_sum:
2       math = 0
3       eng = 0
```

```
 4
 5          def set_score(self, math, eng):
 6              self.math = math
 7              self.eng = eng
 8              return
 9
10          def do_sum(self):
11              return (self.math+self.eng)
```

멤버 변수로 math, eng를 선언하고 set_score() 함수는 멤버 변수를 초기화합니다. 멤버 변수를 먼저 초기화하고 do_sum() 멤버 함수를 호출해서 math, eng를 더해서 리턴합니다. 이제 module_sum 모듈을 테스트하는 파이썬 코드를 작성합니다.

실습 파일 : examples/3.10.1_module_sum.py

```
 1     import module_sum            # import 〈모듈이름〉
 2
 3     sum = module_sum.class_sum()   # 모듈 초기화
 4
 5     sum.set_score(30, 80)
 6
 7     print("sum = ", sum.do_sum())
```

〈실행 결과〉
sum = 110

(2) 파이썬 내장 모듈

파이썬에는 수많은 기능을 이미 모듈화해서 제공합니다. 파이썬 내장 모듈 사용도 사용자가 작성한 모듈을 사용하는 것과 동일합니다.

import 모듈

import 모듈 as 사용할 모듈 이름

실습 파일 : examples/3.10.2_module_2.py

```
1   import math as m              # 수학 함수 가져오기
2
3   print(m.sqrt(2.0))
4   help('modules')              # 설치된 모든 모듈의 리스트 출력
```

〈실행 결과〉

```
1.4142135623730951


Please wait a moment while I gather a list of all available modules...


1_hello_world      asynchat          help_about         runscript
__future__         asyncio           history            sched
__main__           asyncore          hmac               scrolledlist
_abc               atexit            html               search
_ast               audioop           http               searchbase
_asyncio           autocomplete      hyperparser        searchengine
_bisect            autocomplete_w    idle               secrets
```

import math as m으로 모듈 이름 다음에 as를 사용해서 내부적으로 다른 이름으로 모듈을 사용할 수 있습니다. 모듈 이름이 긴 경우에 타이핑하기 편하도록 짧은 이름으로 다시 지정해서 사용하면 편리합니다. help('modules')는 시스템에 설치된 모든 사용 가능한 파이썬 모듈들의 이름을 나열해 줍니다. 참고로 파이썬에는 패키지라고 있는데 모듈들을 모아놓은 모듈이라고 생각하면 됩니다. 파이썬의 다양한 내장 모듈들은 파이썬 전문 서적이나 파이썬 문서 제공 사이트 https://docs.python.org/3/를 참조하세요.

라즈베리파이 GPIO 및 센서 활용

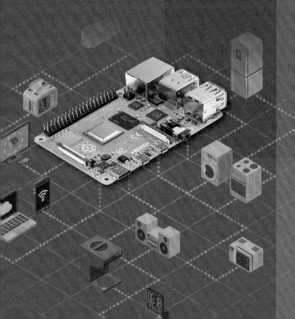

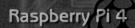

04 라즈베리파이 GPIO 및 센서 활용

라즈베리파이에는 아래 그림과 같이 40개의 GPIO(General Purpose Input Output)라는 핀을 가지고 있습니다.

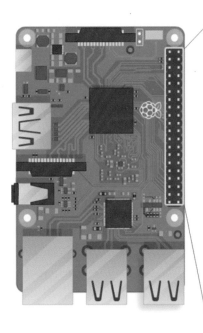

wPi	BCM	Pin	No	No	Pin	BCM	wPi
		3.3V	1	2	5V		
GPIO 08	GPIO 02	SDA1	3	4	5V		
GPIO 09	GPIO 03	SCL1	5	6	GND		
GPIO 07	GPIO 04		7	8	TXD	GPIO 14	GPIO 15
		GND	9	10	RXD	GPIO 15	GPIO 16
GPIO 00	GPIO 17		11	12		GPIO 18	GPIO 01
GPIO 02	GPIO 27		13	14	GND		
GPIO 03	GPIO 22		15	16		GPIO 23	GPIO 04
		3.3V	17	18		GPIO 24	GPIO 05
GPIO 12	GPIO 10	MOSI	19	20	GND		
GPIO 13	GPIO 09	MISO	21	22		GPIO 25	GPIO 06
GPIO 14	GPIO 11	SCLK	23	24	CE0	GPIO 08	GPIO 10
		GND	25	26	CE1	GPIO 07	GPIO 11
GPIO 30	GPIO 00	SDA0	27	28	SCL0	GPIO 01	GPIO 31
GPIO 21	GPIO 05		29	30	GND		
GPIO 22	GPIO 06		31	32		GPIO 12	GPIO 26
GPIO 23	GPIO 13		33	34	GND		
GPIO 24	GPIO 19		35	36		GPIO 16	GPIO 27
GPIO 25	GPIO 26		37	38		GPIO 20	GPIO 28
		GND	39	40		GPIO 21	GPIO 29

용어 그대로 일반적인 용도의 입력, 출력으로 사용할 수가 있는데 입력으로는 버튼, 조도 센서, 온도 센서 등이 있고, 출력으로는 LED, 모터 등을 연결해서 제어할 수 있습니다. GPIO 핀들은 입력 혹은 출력 전용으로 정해져 있지는 않고 소프트웨어(C, 파이썬)에 의해서 설정이 가능

합니다. 또한, GPIO 핀들은 단순히 입출력 이외에 I2C, SPI, UART 등의 통신 용도로 설정해서 사용할 수도 있습니다. 특별한 기능을 가지는 핀들은 하드웨어적으로 이미 정해져 있습니다. 자세한 사항은 앞으로 실습을 진행하면서 알아가도록 하겠습니다.

4.1 라즈베리파이 GPIO

(1) RPi.GPIO 설치

라즈베리파이의 GPIO 제어를 쉽게 제어할 수 있도록 여러 가지 GPIO 제어 라이브러리가 있습니다. 그중에서 가장 많이 이용되는 2가지 종류가 있습니다.

- RPi.GPIO : 파이썬 라이브러리
- wiringPi : C언어 라이브러리

본 교재에서는 파이썬을 기본으로 학습하고 있으므로 RPi.GPIO를 사용합니다. GPIO는 General Purpose Input Output의 줄임말로 입력이나 출력으로 설정하여 사용할 수 있는 핀입니다. 라즈베리파이 3/4에서 사용할 수 있는 GPIO 핀은 총 26개입니다. 모든 버전의 라즈베리파이 GPIO의 입출력 신호는 3.3V를 사용합니다. 외부 입력을 받을 때 3.3V 이상이 되는 전압이 인가되지 않도록 주의해야 합니다. 특히 5V 전용 센서들이 많이 있기 때문에 주의하세요. 3.3 이상 전압이 인가되면 라즈베리파이의 CPU와 GPIO핀 사이에는 어떠한 보호 회로도 없기 때문에 CPU 고장이 발생할 수 있습니다. apt-get 명령어로 RPi.GPIO 라이브러리를 설치합니다.

```
pi@raspberrypi:~ $ sudo apt-get install python-rpi.gpio
```

```
pi@raspberrypi:~ $ sudo apt-get install python-rpi.gpio
패키지 목록을 읽는 중입니다... 완료
의존성 트리를 만드는 중입니다
상태 정보를 읽는 중입니다... 완료
python-rpi.gpio is already the newest version (0.7.0~buster-1).
0개 업그레이드, 0개 새로 설치, 0개 제거 및 0개 업그레이드 안 함.
pi@raspberrypi:~ $
```

라즈베리파이 설치 과정에서 기본적으로 파이썬과 RPi.GPIO가 같이 설치되기 때문에 본 화면에서는 이미 설치되어 있다고 나오고 있지만, 만약 삭제되거나 설치되지 않았다면 설치 과정이 진행됩니다.

(2) GPIO 이해하기

GPIO 의 종류와 사용 범위에 대해서 설명합니다. 라즈베리파이의 40핀 포트 중에서 GPIO로 사용 가능한 포트는 모두 28개입니다.

🍓 일반 GPIO(General Purpose Input Output)

■ 출력 모드(Ouput Mode)

라즈베리파이와 연결된 센서나 출력 장치에 1(HIGH) 또는 0(LOW)을 출력하기 위한 모드로 핀을 설정합니다. 라즈베리파이에서 HIGH는 3.3V를 의미하고 LOW는 GND를 의미합니다. 출력 모드로 사용해야 하는 장치들은 주로 LED, 모터, 디스플레이 장치 등이 있습니다.

■ 입력 모드(Input Mode)

라즈베리파이와 연결된 센서나 입력 장치로부터 1(HIGH) 또는 0(LOW)을 읽기 위한 모드로 핀을 설정합니다. 입력 모드로 사용하는 장치들은 버튼, 온도 센서, 마이크 등이 있습니다. 초음파 센서와 같이 입력과 출력이 동시에 이루어지는 센서들도 있습니다.

🍓 통신 프로토콜용 GPIO(Alterfative Function GPIO)

28개의 GPIO 핀 중에서 통신 프로토콜(I_2C, SPI, UART)로 사용 가능한 핀들이 정해져 있습니다. 자이로 센서, 가속도 센서 등이 있습니다.

(3) GPIO HAT 소개

라즈베리파이 보드에 GPIO 실습을 하기 위해서는 보통은 빵판이라고 불리는 브레드보드에 점퍼선과 저항, LED 소자를 이용해서 라즈베리파이 40핀 헤더에 직접 선을 연결해서 사용해야 합니다. 하지만 이런 실습 방법은 파이썬을 이용해서 소프트웨어 작성을 하고 테스트를 할 때 소프트웨어의 문제인지 배선의 문제인지, 혹은 네트워크 문제인지 알기 위해서는 많은 디버깅 시간을 소모해야 합니다. 이러한 배선의 복잡성과 문제점을 없애고 소프트웨어와 실습에 집중할 수 있도록 본 교재의 모든 예제들은 GPIO HAT을 사용합니다. 일반적인 센서들과 입출력 장치들은 보통 VCC, GND, SIGNAL 3핀으로 구성되어 있습니다. GPIO HAT은 단순히 이러한 센서들과 입출력 장치들을 쉽게 연결할 수 있도록 40핀 배열을 3핀과 4핀으로 나누어서 배열되어 있습니다. 또한, 모든 라즈베리파이는 아날로그 입력(ADC) 핀이 없습니다. GPIO HAT SPI 타입의 MCP3008 아날로그 입력 기능이 내장되어 있어 아날로그 타입의 온도센서나 가변 저항 값들을 쉽게 읽을 수 있습니다.

라즈베리파이와 GPIO HAT 적층

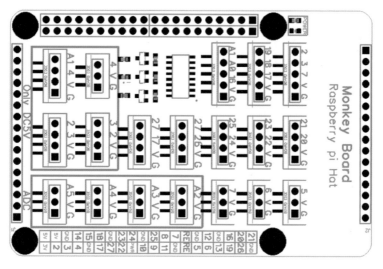

GPIO HAT

GPIO HAT은 라즈베리파이 wPi, BCM 중에서 BCM 핀 배열을 사용합니다.

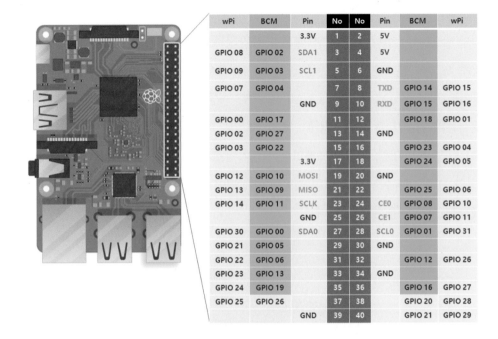

wPi	BCM	Pin	No	No	Pin	BCM	wPi
		3.3V	1	2	5V		
GPIO 08	GPIO 02	SDA1	3	4	5V		
GPIO 09	GPIO 03	SCL1	5	6	GND		
GPIO 07	GPIO 04		7	8	TXD	GPIO 14	GPIO 15
		GND	9	10	RXD	GPIO 15	GPIO 16
GPIO 00	GPIO 17		11	12		GPIO 18	GPIO 01
GPIO 02	GPIO 27		13	14	GND		
GPIO 03	GPIO 22		15	16		GPIO 23	GPIO 04
		3.3V	17	18		GPIO 24	GPIO 05
GPIO 12	GPIO 10	MOSI	19	20	GND		
GPIO 13	GPIO 09	MISO	21	22		GPIO 25	GPIO 06
GPIO 14	GPIO 11	SCLK	23	24	CE0	GPIO 08	GPIO 10
		GND	25	26	CE1	GPIO 07	GPIO 11
GPIO 30	GPIO 00	SDA0	27	28	SCL0	GPIO 01	GPIO 31
GPIO 21	GPIO 05		29	30	GND		
GPIO 22	GPIO 06		31	32		GPIO 12	GPIO 26
GPIO 23	GPIO 13		33	34	GND		
GPIO 24	GPIO 19		35	36		GPIO 16	GPIO 27
GPIO 25	GPIO 26		37	38		GPIO 20	GPIO 28
		GND	39	40		GPIO 21	GPIO 29

IO 사용 목적에 따라서 아날로그 센서 입력은 녹색 "A"로 시작하는 포트에 연결하고 디지털 입력/출력 센서들은 파란색 숫자로 시작하는 포트에 연결합니다.

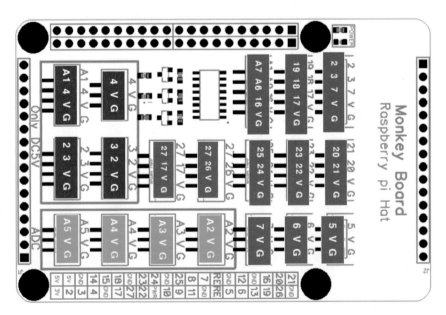

라즈베리파이 GPIO HAT GPIO 번호

라즈베리파이 GPIO HAT을 이용하면 다양한 센서들을 동시에 간편하게 연결할 수 있고, 배선이 실수를 줄여서 구현하고자 하는 프로젝트나 작업에 집중할 수 있습니다. 추가로 HAT 상단의 라즈베리파이 40핀 GPIO 포트를 이용하면 라즈베리파이 GPIO 핀을 직접 사용하는 것과 동일하게도 사용이 가능합니다.

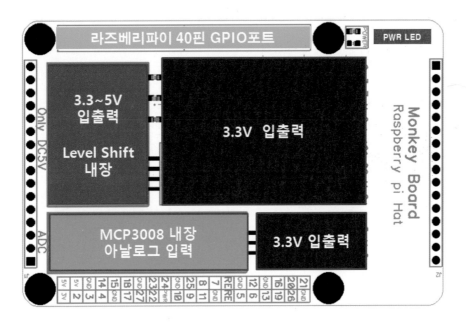

라즈베리파이 GPIO HAT은 추가적으로 디지털 출력은 3.3V와 5.0V 출력 2가지로 나누어서 사용이 가능합니다. 초음파 센서, 서보모터 등의 일부 센서와 모터들이 5V 전용이기 때문에 전압을 분리하였고 BSS138 레벨쉬프터를 내장하여 5.0 센서들의 출력신호를 자동으로 라즈베리파이 입력전압에 맞도록 3.3V로 낮추어 주고, 반대로 라즈베리파이 3.3V 출력은 센서 입력전압에 맞도록 5.0V 출력으로 높여 주어서 3.3 ~5.0V 센서들을 모두 사용이 가능하도록 하였습니다. 3.3V 전용 센서를 5V 출력 단자에 연결하면 센서가 고장이 날 수 있기 때문에 출력 포트를 잘 선택해서 사용해야 합니다. 라즈베리파이에는 기본적으로 아날로그 입력 포트가 존재하지 않지만 라즈베리파이 GPIO HAT에서는 MCP3008을 내장하여 SPI 통신으로 아날로그 입력을 처리할 수 있습니다.

4.2 디지털 출력

라즈베리파이에서 디지털 출력은 CPU의 하드웨어 핀을 출력으로 설정해서 소프트웨어에
의해서 전기적 신호를 HIGH(3.3V) 혹은 LOW(0V) 상태로 변경하는 것을 의미합니다. 첫 번째 디
지털 출력으로 LED를 1초에 한 번씩 켜고, 끄는 동작을 해보도록 하겠습니다. 이번 실습에서
사용할 부품들에 대해서 하나씩 알아봅시다.

🍓 실험에 필요한 준비물들

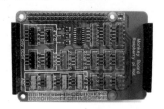

라즈베리파이 GPIO HAT

LED Red

(1) LED

LED 부품은 아노드(Anode)에 HIGH(3.3V) 전압을 연결하고 캐소드(Cathode)에 아노드보드 낮은
전압(대부분 LOW, 0V)을 연결하면 아노드에서 캐소드 쪽으로 전류가 흐르게 되어 LED가 켜지게
됩니다.

Cathode   Anode

LED 부품

Anode

Cathode

LED 회로 기호

(2) 저항

LED의 아노드에서 캐소드 쪽으로 많은 전류가 흐를수록 LED가 밝게 켜지지만 LED 부품
에 따라서 너무 큰 전류가 흐르게 되면 LED 부품이 고장이 나는 경우도 있으므로 저항을 연

결하여 적절하게 전류를 조절해 주어야 합니다. 저항(R)의 값이 크면 아노드에서 캐소드 쪽으로 흐르는 전류의 양이 작아지게 됩니다.

저항 부품   저항 회로 기호

이러한 현상을 옴의 법칙이라고 하고 전압(V), 전류(I), 저항(R)의 상관관계를 나타내는 공식입니다.
옴의 법칙 : 전류(I) = 전압(V)/저항(R)

위의 공식으로 보면 전류(I)를 줄이기 위해서는 분모인 저항(R)이 값을 높여 주면 된다는 것을 알 수 있습니다. LED 모듈에는 내부적으로 1K(1000)옴 저항을 사용하고 있습니다.

🍓 배선도 및 회로

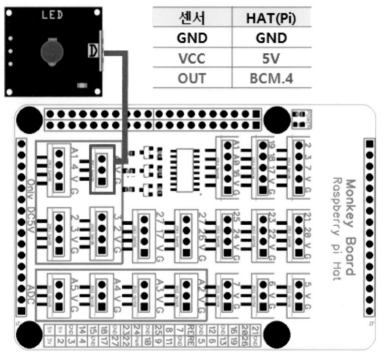

센서	HAT(Pi)
GND	GND
VCC	5V
OUT	BCM.4

라즈베리파이 GPIO HAt 연결

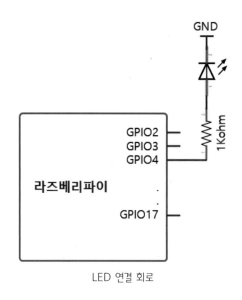

GND

GPIO2
GPIO3
GPIO4

1Kohm

라즈베리파이

GPIO17

LED 연결 회로

위 그림과 같이 GPIO HAT에 LED를 3핀 케이블로 연결하고 파이썬 코드를 작성합니다. 3핀 연결선(검정-빨강-파랑) 라인을 GPIO HAT의 G-V-4에 맞추어 연결합니다. 처음에 LED를 연결하면 자동으로 LED가 켜질 수 있습니다. 이러한 현상은 라즈베리파이의 GPIO 4번 포트가 기본적으로 HIGH(3.3V)를 출력할 수도 있고, LOW 상태일 수도 있습니다. 별도의 설정을 하지 않으면 HIGH/LOW도 아닌 Floating 상태로 있기 때문입니다. RPi.GPIO 패키지에서 setmode() 함수를 실행해서 Broadcom CPU의 GPIO 제어로 설정(BCM)해 줍니다. setup() 함수를 이용하여 GPIO 4번을 출력 모드(OUT)로 설정합니다. 그리고 output() 함수에 GPIO 번호와 함께 출력 값을 전달해 주면 됩니다. output() 함수에 True를 전달하면 GPIO에 High가 출력되어 LED가 켜지고, False를 전달하면 GPIO에 Low가 출력되어 LED가 꺼집니다.

/프로그램/개발/Thonny Python IDE 실행하고 4.2_led_1.py 파일을 열거나 프로그램을 입력합니다.

실습 파일 : examples/gpio/4.2_led_1.py

```
1    import RPi.GPIO as GPIO        # RPi.GPIO 패키지 사용
2    import time                    # 1초 지연을 위해서 time 사용
```

3		
4	LED=4 # LED포트를 4로 설정	
5		
6	GPIO.setmode(GPIO.BCM)	# BCM GPIO 사용으로 설정
7	GPIO.setup(LED, GPIO.OUT)	# BCM4 핀을 출력으로 설정
8	for i in range(1, 20):	# 20회 반복
9	GPIO.output(LED, True)	# LED 켜기
10	time.sleep(1)	# 1초 지연
11	GPIO.output(LED, False)	# LED 끄기
12	time.sleep(1)	# 1초 지연

〈실행 결과〉

1초에 1번씩 20회 LED가 깜빡입니다.

IO.output() 함수를 사용했을 때 라즈베리파이 GPIO 상태를 그림으로 표현해 보았습니다.

IO.output(4, True)를 실행하면 GPIO4번 포트가 LOW(0V, GND) 상태에서 HIGH(3.3V) 상태로 변경되고 LED가 켜집니다.

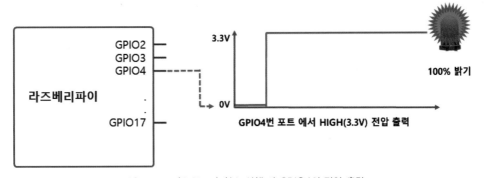

IO.output(4, True) 함수 실행 시 GPIO4의 전압 출력

IO.output(4, False)를 실행하면 GPIO 4번 포트가 HIGH(3.3V) 상태에서 LOW(0V, GND) 상태로 변경되고 LED가 꺼지게 됩니다.

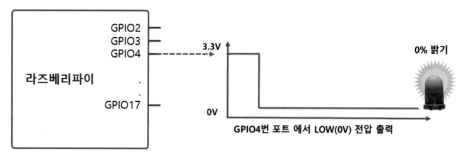

GPIO4번 포트 에서 LOW(0V) 전압 출력

IO.output(4, False) 함수 실행 시 GPIO4의 전압 출력

실행에 문제가 없다면 "Save" 아이콘을 눌러서 작성한 파일을 저장합니다.

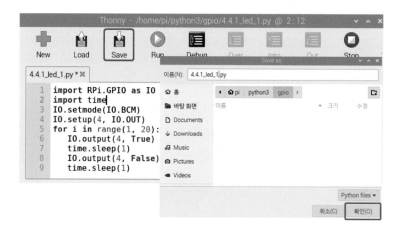

"Run" 아이콘으로 저장한 파이썬 코드를 실행합니다. 코드 작성이나 실행 중에 문제가 발생 한다면 Shell 영역에 자세한 설명이 표시되고 문제가 없으면 바로 실행이 됩니다.

1초에 한 번씩 LED가 켜지는 것을 확인 할 수 있습니다.

4.3 디지털 입력

디지털 입력은 CPU의 하드웨어 핀을 입력으로 설정해서 소프트웨어에 의해서 전기적 신호가 HIGH(3.3V) 혹은 LOW(0V) 상태로 변하는 것을 감지한다고 생각하면 됩니다. 디지털 입력 버튼을 이용해서 디지털 입력을 실습해 보도록 합니다.

🍓 실험에 필요한 준비물들

라즈베리파이 GPIO HAT

LED Red

버튼 Red

(1) 버튼(스위치)

GPIO 5번핀에 버튼을 연결하고 버튼을 누르면 GPIO 4번에 연결된 LED를 켜고 누르지 않으면 LED를 끄는 실습을 진행합니다. 3핀 연결선(검정-빨강-파랑) 라인을 GPIO HAT의 G-V-5 에 맞추어 연결합니다.

🍓 배선도 및 회로

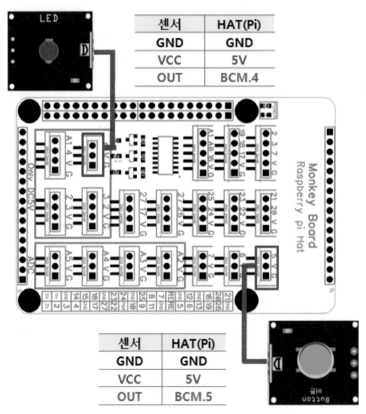

센서	HAT(Pi)
GND	GND
VCC	5V
OUT	BCM.4

센서	HAT(Pi)
GND	GND
VCC	5V
OUT	BCM.5

라즈베리파이 GPIO HAT 연결

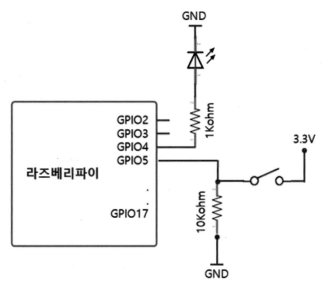

LED, 버튼 연결 회로

위의 회로를 보면 버튼을 누르고 있지 않으면 GPIO5-GND 연결이 되고 GPIO 5번은 LOW 상태가 되고 버튼을 누르면 GPIO5-3.3V 전원이 연결되어 HIGH 상태가 됩니다. 이러한 작동을 이해하고 파이썬 코드를 작성합니다.

GPIO 포트를 입력으로 사용하기 위해서는 RPi.GPIO 패키지에서 setmode() 함수를 실행해서 Broadcom CPU의 GPIO 제어로 설정(BCM)해 줍니다. setup() 함수를 이용하여 GPIO 5번을 입력 모드(IN)로 설정합니다. 그리고 input() 함수에 GPIO 번호에 연결된 입력값이 HIGH(3.3V)이면 output() 함수로 LED를 켜고, 그렇지 않으면 LED를 끄도록 코드를 작성합니다.

실습 파일 : examples/gpio/4.3_button_1.py

```
1   import RPi.GPIO as GPIO          # RPi.GPIO 패키지 사용
2   import time
3   LED = 4                          # LED포트를 4로 설정
4   KEY = 5                          # 버튼포트를 5로 설정
5
6   GPIO.setmode(GPIO.BCM)           # BCM GPIO 사용으로 설정
```

7	GPIO.setup(LED, GPIO.OUT)	# BCM.4 핀을 출력으로 설정
8	GPIO.setup(KEY, GPIO.IN)	# BCM.5 핀을 입력으로 설정
9		
10	try:	
11	while True:	# 무한 반복
12	if GPIO.input(KEY)==True:	# 5번핀 입력이 HIGH(버튼 눌림)
13	GPIO.output(LED, True)	# LED 켜기
14	elif GPIO.input(KEY)==False:	# 5번핀 입력이 HIGH(버튼 눌리지 않음)
15	GPIO.output(LED, False)	# LED 끄기
16	except KeyboardInterrupt:	
17	pass	
18	finally:	
19	GPIO.cleanup()	# 강제로 프로그램이 종료되는 경우에 GPIO 자원을 해제하기 위해 사용

〈실행 결과〉

버튼을 누르면 LED가 켜지고, 누르고 있지 않으면 LED가 꺼집니다.

버튼이 눌림 상태가 아니면 LOW 상태가 되어 IO.input(5)가 False가 읽어지고 버튼을 누르면 HIGH 상태가 되어 True가 읽어집니다.

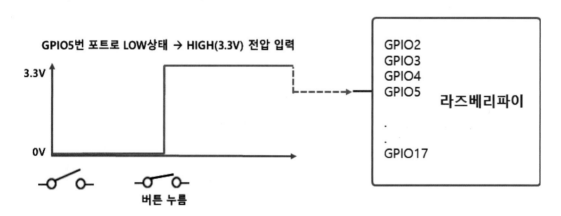

GPIO5번 포트로 LOW상태 → HIGH(3.3V) 전압 입력

이 코드의 한 가지 문제점은 파이썬 개발 환경에서 강제로 "Stop" 아이콘을 누르기 전까지 프로그램이 종료되지 않고, 무한 반복을 하는 동작을 합니다.

연습문제 examples/gpio/4.3_button_2.py

코드를 조금 개선해서 2번 이상 버튼을 누르면 While() 루프를 빠져나와서 프로그램이 종
료가 되도록 작성해 보세요.

연습문제 examples/gpio/4.3_button_3.py

버튼의 입력 상태 변수를 활용해서 버튼을 한 번 누르면 LED가 켜지고, 다시 한 번 누르
면 LED가 켜지도록 코드를 작성해 보세요.

4.4 인터럽트(이벤트) 입력

디지털 입력으로 버튼 입력을 감지하는 방법으로 GPIO 폴링(Polling)과 인터럽트(Interrup)로 처
리하는 2가지 방법이 있습니다. 4.2에서 사용한 방법은 While() 루프를 무한 반복하면서
GPIO 입력 상태를 감시하는 폴링 방법을 사용하였습니다. 사용하기는 간단하지만 단점으로
CPU의 자원을 계속 소모하고, 입력의 변화를 실시간으로 감지하기 어렵다는 단점이 있습니다.
라즈베리파이에는 GPIO 입력을 폴링으로 감시하는 방법 이외에 버튼이 눌렸을 때만 이벤트를
받아서 인터럽트로 처리하는 방법이 가능합니다.

🍓 실험에 필요한 준비물들

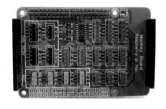
라즈베리파이 GPIO HAT

LED Red

버튼 Red

(1) 인터럽트(이벤트)

프로그램은 일반적으로 순차적으로 실행됩니다. 인터럽트는 설정을 통해서 특정 이벤트가 발생했을 때 CPU에서 처리하는 프로그램(메인루틴)을 잠시 중단하고 프로그램 흐름이 인터럽트를 요청한 인터럽트 서비스 루틴(Interrup Service Routine) 바로 실행 제어권을 넘기게 됩니다. 인터럽트 서비스 루틴 실행이 완료되면 다시 메인 루틴으로 복귀하기 위해서 기존에 수행되고 있는 프로그램의 수행 정보들(구체적으로는 레지스터 값)을 잠시 백업하고 인터럽트 서비스 루틴이 완료되면 백업되었던 레지스터 정보들을 다시 복구함으로써 정상적으로 메인 루틴에서 프로그램이 다시 시작하게 됩니다.

🍓 배선도 및 회로

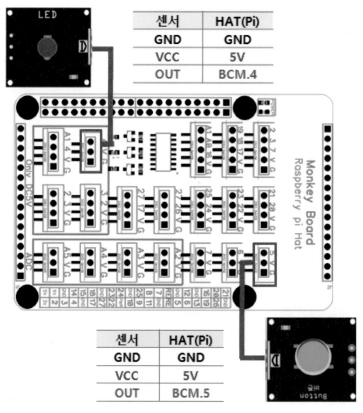

센서	HAT(Pi)
GND	GND
VCC	5V
OUT	BCM.4

센서	HAT(Pi)
GND	GND
VCC	5V
OUT	BCM.5

라즈베리파이 GPIO HAT 연결

위의 연결 회로를 보면 버튼을 누르면 GPIO.5의 상태가 LOW에서 HIGH 변화한다는 것을 알 수 있습니다.

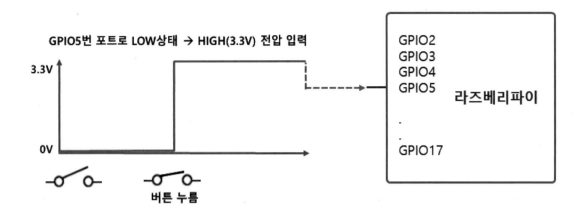

GPIO5번 포트로 LOW상태 → HIGH(3.3V) 전압 입력

버튼 누름

GPIO5의 상태가 LOW에서 버튼을 누르는 순간 HIGH로 변화하는 것을 인터럽트로 감지해서 처리를 하는 것입니다. 여기서 인터럽트를 설정하는 방법이 2가지가 있는데 라이징에지와 폴링에지로 설정할 수 있고 회로적인 설계에 따라서 선택적으로 사용해야 합니다.

🍓 라이징 에지(Rising Edge) Vs 폴링 에지(Falling Edge)

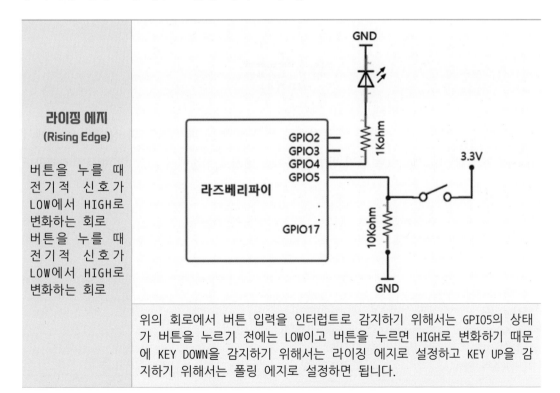

라이징 에지
(Rising Edge)

버튼을 누를 때 전기적 신호가 LOW에서 HIGH로 변화하는 회로 버튼을 누를 때 전기적 신호가 LOW에서 HIGH로 변화하는 회로

위의 회로에서 버튼 입력을 인터럽트로 감지하기 위해서는 GPIO5의 상태가 버튼을 누르기 전에는 LOW이고 버튼을 누르면 HIGH로 변화하기 때문에 KEY DOWN을 감지하기 위해서는 라이징 에지로 설정하고 KEY UP을 감지하기 위해서는 폴링 에지로 설정하면 됩니다.

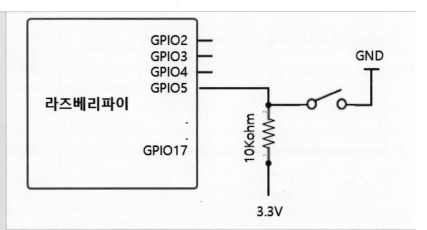

폴링 에지 (Falling Edge)	위의 회로에서 버튼 입력을 인터럽트로 감지하기 위해서는 GPIO5의 상태가 버튼을 누르기 전에는 HIGH이고 버튼을 누르면 LOW로 변화하기 때문에 KEY DOWN을 감지하기 위해서는 폴링 에지로 설정하고 KEY UP을 감지하기 위해서는 라이징 에지로 설정하면 됩니다.
버튼을 누를 때 전기적 신호가 HIGH에서 LOW로 변화하는 회로 버튼을 누를 때 전기적 신호가 HIGH에서 LOW로 변화하는 회로 버튼을 누를 때 전기적 신호가 HIGH에서 LOW로 변화하는 회로	

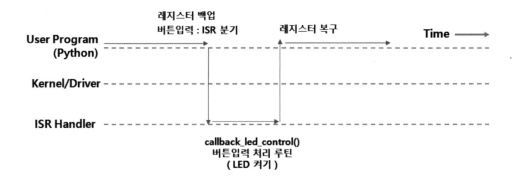

본 교재에서 사용하는 버튼은 회로적으로 버튼을 누를 때 GPIO5의 상태가 LOW에서 HIGH로 변화합니다. 인터럽트 감지 방법을 라이징 에지로 설정해서 KEY DOWN을 감지하도록 하겠습니다.

🍓 ISR(인터럽트 처리 함수) 등록

GPIO.add_event_detect(channel, edge, callback, boune_time)	
- channel	[핀 번호(여기서는 GPIO5)]
- edge	[GPIO.FALLING / GPIO.RISING]
- callback	[ISR 처리로 사용할 함수]
- bouncetime	[전기적 잡음을 처리하지 않고 무시할 시간 - msec 단위]

함수 파라미터 중에 bouncetime이라는 항목이 있는데 이러한 기능은 일반적이 마이크로프로세서에는 없는 기능으로 하드웨어적인 기능은 아니고 소프트웨어적으로 버튼 입력 처리를 할 때 오류를 줄여 주는 기법입니다. msec 단위로 지정을 할 수가 있습니다. 이러한 처리가 왜 필요한지는 아래 그림을 보면 알 수 있습니다.

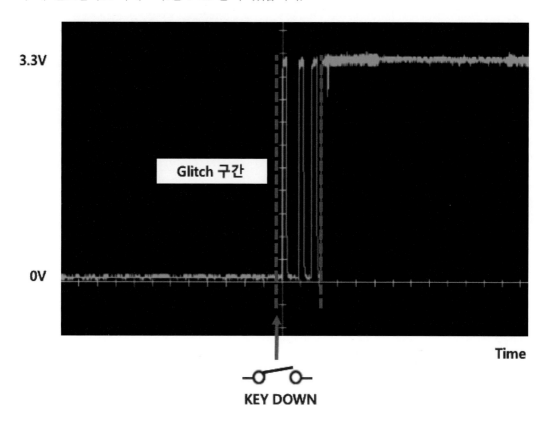

버튼을 누르면 3.3V에서 바로 0V(GND)로 깨끗하게 변경될 것 같은데 실제로는 위의 그림와 같이 약간의 노이즈가 발생할 수 있습니다. 이러한 현상을 글리치(Glitch) 현상이라고 하는데 bounce_time 파라미터를 이용해서 Glitch가 발생하는 시간만큼을 msec 단위로 지정하면 이 구간을 무시하고 인터럽트 처리를 하게 됩니다. bouncetime 기능이 없다면 버튼을 한 번만 눌렀을 때 KEY DOWN -> KEY UP 순으로 처리되어야 하는데 스코프 파형을 보면 KEY DOWN -> KEY UP -> KEY DOWN -> KEY UP 인터럽트가 여러 번 발생하는 오류가 발생할 수 있습니다.

while() 루프에서 무한 반복을 하면서 1초 단위로 터미널에 print() 함수를 이용해서 초를 표시하고 인터럽트 서비스 루틴에서 KEY DOWN 이벤트를 처리하도록 하겠습니다.

실습 파일 : examples/gpio/4.4_event_1.py

```
1    mport RPi.GPIO as GPIO                    # RPi.GPIO 패키지 사용
2    import time
3    LED = 4                                   # BCM.4 핀을 출력으로 설정
4    KEY = 5                                   # BCM.5 핀을 입력으로 설정
5
6    GPIO.setmode(GPIO.BCM)                    # BCM GPIO 사용으로 설정
7    GPIO.setup(LED, GPIO.OUT)                 # BCM.4 핀을 출력으로 설정
8    GPIO.setup(KEY, GPIO.IN)                  # BCM.5 핀을 입력으로 설정
9
10   def isr_key_event(pin):                   # 인터럽트 서비스 루틴 pin : BCM 핀 번호
11       print("Key is pressed [%d]" %pin)
12       if GPIO.input(LED)==True:             # LED가 켜져 있으면
13           GPIO.output(LED, False)           # LED 끄기
14       elif GPIO.input(LED)==False:          # LED가 꺼져 있으면
15           GPIO.output(LED, True)            # LED 켜기
16
17   # 인터럽트 서비스 루틴 추가
18   GPIO.add_event_detect(KEY, GPIO.FALLING, callback=isr_key_event, bouncetime=300)
19
20   sec = 0
21   try:
22       while True:                           # 무한 반복
23           print("sec = %d" %sec)            # 1초 단위 출력
24           sec = sec + 1
25           time.sleep(1)                     # 1초 지연
26   except KeyboardInterrupt:
27       pass
28   finally:
29       GPIO.cleanup()
```

〈실행 결과〉
sec = 3
sec = 4
sec = 5
Key is pressed [5]
sec = 6
sec = 7
Key is pressed [5]
sec = 8

연습문제 examples/gpio/4.4_event_2.py

위의 코드에서 폴링에지 이벤트를 추가하여 KEY DOWN과 KEY UP을 별도로 구분해서 터미널에 표시해 보세요.

4.5 초음파 센서

초음파 센서는 사람의 귀에는 들리지 않는 초음파를 발산하여 음파가 장애물에 반사되어 돌아오는 시간을 측정하여 거리를 계산하는 센서입니다.

🍓 실험에 필요한 준비물들

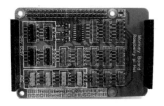

라즈베리파이 GPIO HAT

초음파 센서

(1) 초음파 센서 원리

초음파를 발산하는 Trig(송신수)와 반산되어 돌아오는 음파를 감지하는 Echo(수신부) 포트가 있습니다. 입력과 동시에 출력이 존재하는 센서입니다. 우리가 사용하는 HC-SR04라는 초음파 센서는 5cm~2m까지 거리를 감지할 수 있고 반사되는 각도는 약 15도 각 안에 음파를 반사하는 장애물이 있어야 합니다.

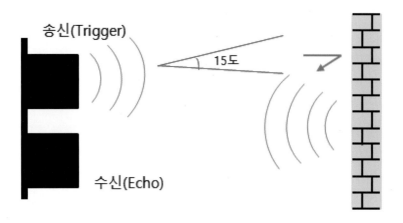

🍓 배선도 및 회로

HC-SR04 초음파 센서는 5V에서 동작을 하기 때문에 반드시 GPIO HAT의 5V 전용 포트에 연결합니다.

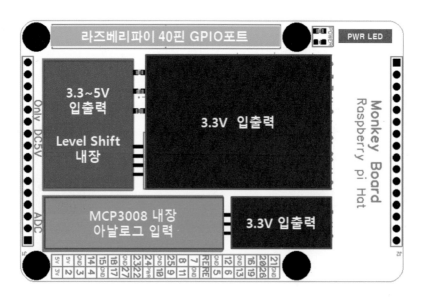

라즈베리파이 GPIO HAT에는 위의 그림과 같이 3.3V 전용 입출력 포트와 왼쪽 상단의 3.3
~ 5.0V 입출력을 할 수 있는 2종류의 입출력 포트를 지원하고 있습니다. 그래서 3.3V 전용 입
출력을 사용하는 센서와 반드시 5.0V를 사용해야 하는 센서를 구분하여 적당한 포트에 연결
을 하면 됩니다.

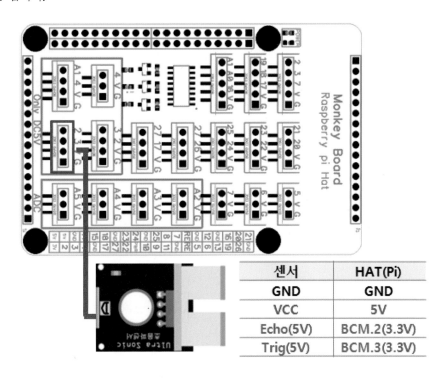

센서	HAT(Pi)
GND	GND
VCC	5V
Echo(5V)	BCM.2(3.3V)
Trig(5V)	BCM.3(3.3V)

여기서 한 가지 더 알아두어야 할 점은 위의 그림처럼 전원뿐만 아니라 Echo, Trig 신호의
입출력 레벨도 생각해 보아야 합니다. 라즈베리파이의 BCM.2 포트의 3.3V 출력 신호 레벨을
초음파 센서의 전압 레벨에 맞도록 5V로 승압이 되어서 출력되어야 하고, 반대로 초음파 센서
의 5V Echo 신호는 라즈베리파이의 3.3V GPIO 레벨에 맞추어서 강하가 이루어져야 합니다.
라즈베리파이 GPIO HAT의 3.3 ~ 5V 전용 입출력 포트들은 BSS138이라는 레벨 시프터(Level
Shifter)를 내장하고 있어 이러한 신호 레벨 변경을 자동으로 해주고 있습니다. 2번, 3번 포트가
어떻게 라즈베리파이와 초음파 센서 간의 신호 레벨을 자동으로 변경해 주는지는 아래 그림
을 참조하세요.

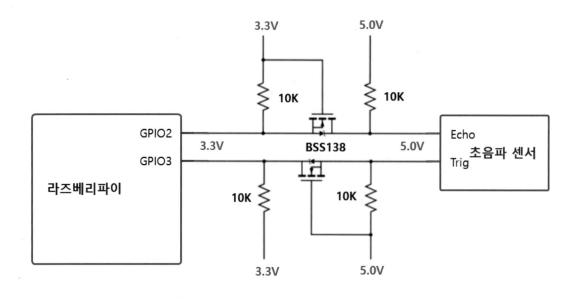

라즈베리파이 GPIO HAT의 3.3~5V 입출력 포트들은 위의 BSS138 회로를 내장하고 있어 편리하게 사용이 가능합니다. 라즈베리파이의 일반 3.3V 입출력 GPIO핀들을 이용해서 5V 센서들을 이용하려면 반드시 위와 같이 센서 공급 전압과 함께 신호 레벨을 변경해 주는 작업을 해주어야 합니다. 그렇지 않고 센서의 5V 전압 출력 신호 레벨을 바로 라즈베리파이의 GPIO 핀에 연결하면 라즈베리파이의 GPIO 포트가 고장이 날 수 있습니다. 주의하시기 바랍니다.

실습 파일 : examples/gpio/4.5_ultra_sound_1.py

1	`import RPi.GPIO as GPIO`	# RPi.GPIO 패키지 사용
2	`import time`	
3		
4	`GPIO.setmode(GPIO.BCM)`	# BCM GPIO 사용으로 설정
5		
6	`trig = 3`	# Trig 핀 설정
7	`echo = 2`	# Echo 핀 설정
8		
9	`GPIO.setup(trig, GPIO.OUT)`	# Trig 핀을 출력으로 설정
10	`GPIO.setup(echo, GPIO.IN)`	# Echo 핀을 입력으로

```
11
12    try :
13        while True :
14            GPIO.output(trig, False)                    # Trig 핀 초기 설정
15            time.sleep(0.5)                             # 0.5초 지연
16
17            GPIO.output(trig, True)                     # Trig 핀으로 펄스 출력
18            time.sleep(0.00001)                         # 시간지연
19            GPIO.output(trig, False)
20
21            while GPIO.input(echo) == 0 :               # Echo 핀 입력 없을 경우
22                pulse_start = time.time()               # 시간 저장
23
24            while GPIO.input(echo) == 1 :               # Echo 핀 입력 있을 경우
25                pulse_end = time.time()                 # 시간 저장
26
27            pulse_duration = pulse_end - pulse_start    # 시간 간격 저장
28            distance = pulse_duration * (340*100) / 2   # 거리 계산
29            distance = round(distance, 2)
30
31            print "Distance : ", distance, "cm"
32    except KeyboardInterrupt:
33        pass
34    finally:
35        GPIO.cleanup()
```

〈실행 결과〉

```
Distance :  4.66 cm
Distance :  4.58 cm
Distance :  4.59 cm
Distance :  4.3 cm
Distance :  5.68 cm
```

초음파 센서의 앞에 장애물을 위치시키면 라즈베리파이 터미널 화면에 cm 단위의 거리가 계속 표시됩니다.

(2) 초음파 센서 거리 계산

음파의 이동 속도는 340m/s, 즉 1초에 34000cm를 이동합니다.

Trig 포트로 음파 송신	GPIO.output(trig, True)
	time.sleep(0.00001)
	GPIO.output(trig, False)
Echo 포트로 음파가 수신되지 않는 시간	while GPIO.input(echo) == 0 :
	pulse_start = time.time()
Echo 포트로 반사되 어 돌아온 시간 저장	while GPIO.input(echo) == 1 :
	pulse_end = time.time()
거리 계산	- pulse_start 변수 : ECHO 포트의 입력이 False 상태일 때의 시간
	- pulse_end 변수 : ECHO 포트의 입력이 True 상태일 때의 시간
	- pulse_duration : 음파가 반사되어 돌아온 시간
	- distance = pulse_duration * (340*100) / 2
	반사되어 돌아오는 시간으로 거리를 계산하기 때문에 이동거리가 2배 가 되어 2로 나누어 주어야 합니다.

연습문제 examples/gpio/4.5_ultra_sound_2.py

초음파 센서로 거리를 측정하여 10cm 이내에 장애물이 있는 경우에 GPIO.4에 연결된 LED를 켜고 그렇지 않은 경우에 LED가 꺼지도록 코드를 작성해 보세요.

4.6 PWM 출력 LED 제어

GPIO 핀을 통해서 출력되는 주기적인 전기 펄스 신호의 주파수와 폭을 조절하는 것을 PWM 출력 제어라고 합니다. 디지털 출력은 LOW(0), HIGH(1) 둘 중에 한 가지로만 출력을 낼 수 있었습니다. PWM 출력을 이용하면 0~3.3V의 전압을 숫자 0~1023 사이의 값으로 표현하여 출력할 수 있습니다. 디지털 출력으로 LED를 제어할 수 있는 방법은 끄거나 최대 밝기로 켜는 것만 가능하지만 아날로그 출력은 0~1023 단계로 조절이 가능합니다.

🐵 실험에 필요한 준비물들

라즈베리파이 GPIO HAT

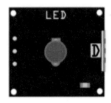

LED Red

(1) 펄스폭 변조(PWM: Pulse Width Modulation)

라즈베리파이로 PWM 출력 기능을 이용하면 일정한 주파수(Frequency)를 갖는 펄스 파형을 출력할 수 있습니다.

- 주파수 : 1초 동안에 반복되는 cycle의 개수로 단위는 Hz를 사용합니다.

  1Hz 주파수는 1초에 1회 반복하는 출력 신호

  100Hz 주파수는 1초에 100회 반복하는 출력 신호로 1Pulse 구간은 10msec가 됨.

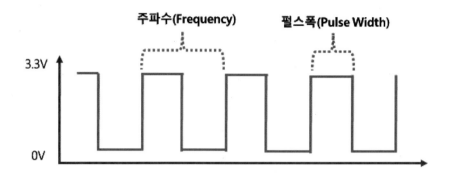

- PWM : 같은 100Hz의 주파수 파형이라고 하더라고 펄스 폭을 조절해서 LED의 밝기를 조절하거나 모터의 속도를 제어할 수 있습니다.

라즈베리파이 PWM은 주파수 제어도 가능하고 같은 주파수라고 하더라도 펄스의 폭도 제어가 가능합니다.

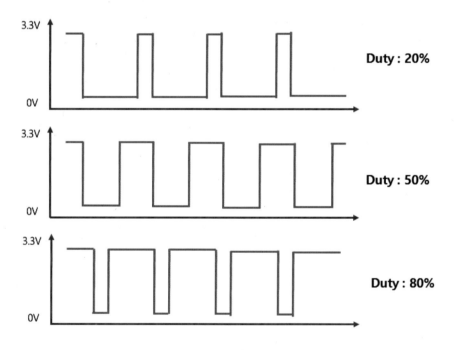

위의 그림은 펄스의 폭(Duty)이 20, 50, 80%로 제어했을 경우의 파형입니다. 결론적으로 말하면 이번 예제에서 PWM으로 특정 주파수를 출력시키고 Duty가 HIGH인 구간이 많을수록 LED가 밝게 켜지게 되는 것입니다. 같은 원리로 DC 모터의 속도 제어도 가능합니다. 스마트폰이나 노트북이 LED의 밝기도 동일한 방법으로 제어하고 있습니다.

🍓 배선도 및 회로

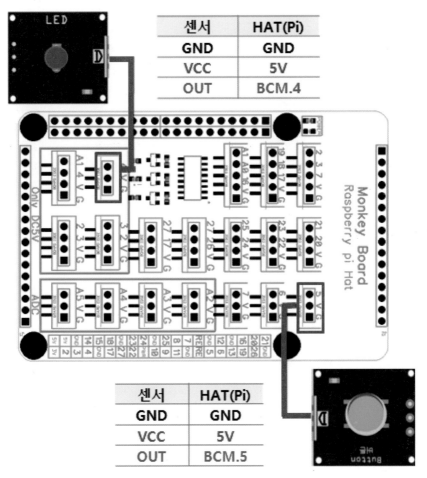

센서	HAT(Pi)
GND	GND
VCC	5V
OUT	BCM.4

센서	HAT(Pi)
GND	GND
VCC	5V
OUT	BCM.5

라즈베리파이 GPIO HAT 연결

LED가 10단계로 점점 밝아졌다가 꺼지기를 반복하도록 실습 합니다.

실습 파일 : examples/gpio/4.6_pwm_led_1.py

1	`import RPi.GPIO as GPIO`	# RPi.GPIO 패키지 사용
2	`import time`	
3		
4	`LED=4`	# LED 핀 정의
5		
6	`GPIO.setmode(GPIO.BCM)`	# BCM 모드로 설정
7	`GPIO.setup(LED, GPIO.OUT)`	# BCM4 핀을 출력으로 설정
8		
9	`try:`	
10	`    pwm = GPIO.PWM(LED, 100)`	# LED 핀으로 100Hz 출력
11	`    pwm.start(0)`	# Duty비 0으로 설정 : LED OFF
12	`    while True:`	
13	`        for i in range(10):`	
14	`            pwm.ChangeDutyCycle(i*10)`	# 0 ~100% 듀티비로 출력
15	`            time.sleep(1)`	
16	`except KeyboardInterrupt:`	
17	`    pass`	
18	`finally:`	
19	`    pwm.stop()`	
20	`    GPIO.cleanup()`	

〈실행 결과〉

LED가 10단계로 점점 밝아졌다가 꺼지기를 반복합니다.

주요 GPIO 함수 설명

GPIO.PWM([핀번호], [주파수(frequency)])

pwm.start([duty cycle]) : duty cycle은 0 ~100%까지 설정 가능합니다.

pwm.ChangeDutyCycle([duty cycle]) : duty cycle은 0 ~100%까지 설정 가능합니다.

pwm.stop() : PWM 출력을 종료합니다.

4.7 PWM 버저 제어

PWM 출력을 이용하면 LED의 밝기 제어뿐만 아니라 버저를 이용해서 음계를 출력할 수 있습니다. 우리가 실습에 사용할 버저는 압전 버저(Piezo buzzer)라고 하는 부품이 실장되어 있습니다.

🍓 실험에 필요한 준비물들

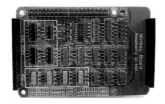

라즈베리파이 GPIO HAT

버저

압전 버저 내부에는 얇은 막이 존재하는데 전기 신호를 전달하면 이 막을 누르게 되고, 전기 신호를 전달하지 않으면 막이 눌리지 않는 현상이 발생합니다. 이 동작을 PWM 신호로 빠르게 제어를 하면 원하는 음계를 만들어 낼 수 있습니다.

🍓 배선도 및 회로

GPIO 4번 핀에 버저를 연결합니다.

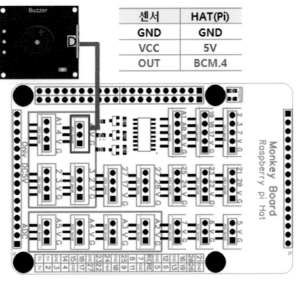

센서	HAT(Pi)
GND	GND
VCC	5V
OUT	BCM.4

라즈베리파이 GPIO HAT 연결

옥타브별 음계 정보입니다. PWM 출력으로 아래 표에 있는 주파수를 출력하면 비슷한 음계로 연주할 수 있습니다.

Tone#	3	4	5	6	7	8	9
B(시)	247	494	988	1976	3951	7902	
A#	233	466	932	1865	3729	7459	
A(라)	220	440	880	1760	3520	7040	14080
G#		415	831	1661	3322	6645	13290
G(솔)		292	784	1568	3136	6272	12544
F#		370	740	1568	3136	6272	12544
F(파)		349	698	1397	2794	5588	11176
E(미)		330	659	1319	2637	5274	10548
D#		311	622	1245	2489	4978	9956
D(레)		394	587	11175	2349	4699	9397
C#		277	554	1109	2217	4435	8870
C(도)		262	523	1047	2093	4186	8372

실습 파일 : examples/gpio/4.7_pwm_buzzer_1.py

```
1   import RPi.GPIO as GPIO
2   import time
3
4   GPIO.setmode(GPIO.BCM)
5
6   # BCM.4 번핀
7   buzzer_pin = 4
8
9   # 출력으로 설정
10  GPIO.setup(buzzer_pin, GPIO.OUT)
11
12  # 도레미파솔라시도
13  scale = [ 262, 394, 330, 349, 292, 440, 494, 523 ]
```

```
14
15    # 솔라솔라도레도레
16    list = [4, 5, 4, 5, 1, 2, 1, 2]
17    term = [0.4, 0.1, 0.4, 0.2, 0.4, 0.2, 0.4, 0.2]
18
19    try:
20        p = GPIO.PWM(buzzer_pin, 100)
21        p.start(100)
22        p.ChangeDutyCycle(90)
23
24        for i in range(8):
25            p.ChangeFrequency(scale[list[i]])
26
27            # 연주 중간에 지연 시간
28            time.sleep(term[i])
29
30        p.stop()
31    finally:
32        GPIO.cleanup()
```

음계를 연주하고 소리가 납니다.

4.8 PWM DC 모터 제어

PWM 출력 기능으로 DC 모터의 회전 방향과 속도를 제어해 보도록 하겠습니다. 라즈베리파이에서도 직접 모터를 제어할 수 있지만 라즈베리파이의 GPIO 출력 전류가 너무 약하기 때문에 일반적으로 모터드라이버를 별도로 사용합니다. 본 예제에서는 L9110 드라이버를 사용하였습니다.

🍓 실험에 필요한 준비물들

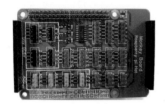

라즈베리파이 GPIO HAT

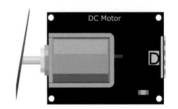

DC 선풍기 모터

(1) DC 모터의 구조

DC 모터는 직류(DC: Direct Current)를 전원으로 동작하는 전기모터로 직류 모터라고도 합니다. 외부의 고정된 부분(고정자)에 영구자석을 배치하고 내부의 회전체에 코일을 사용합니다. 회전체(회전자/전기자)에 흐르는 전류의 방향을 전환함으로써 발생하는 자기장과 자석 자기장의 상호 반발력을 이용하여 회전력을 얻습니다. DC 모터는 다른 구동장치에 비해 가볍고 구조가 간단하여 선풍기, 냉장고 등 여러 분야에서 광범위하게 사용되고 있습니다.

브러시	직류 전원이 인가되는 곳이며 정류자와 붙어 있습니다.
정류자	코일과 부착되어 있으며 중앙에는 축이 있습니다.
코일	축에 휘감아놓는 도선이며 옆에는 N극과 S극의 자석이 있습니다.
자석	N극, S극 자석을 대칭으로 코일 양쪽으로 고정합니다.

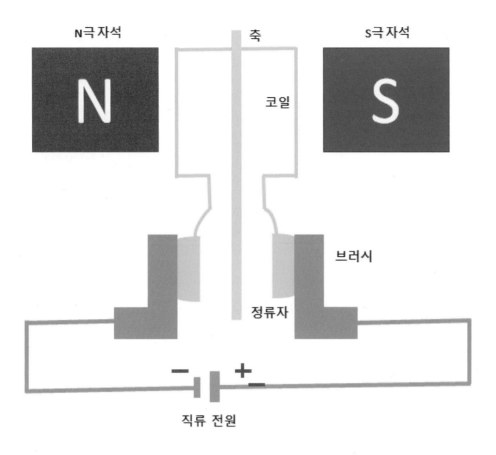

N극자석 　 축 　 S극자석

코일

브러시

정류자

－ ＋

직류 전원

(2) DC 모터 방향 제어

위의 그림에서 직류 전원의 극성을 바꾸어 주면 DC 모터의 회전 방향을 제어할 수 있습니다.

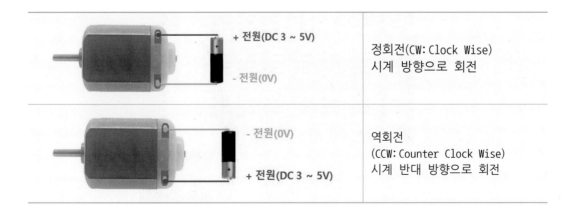

+ 전원(DC 3 ~ 5V) - 전원(0V)	정회전(CW: Clock Wise) 시계 방향으로 회전
- 전원(0V) + 전원(DC 3 ~ 5V)	역회전 (CCW: Counter Clock Wise) 시계 반대 방향으로 회전

(3) DC 모터 속도 제어

DC 모터의 한쪽 극성은 0V로 하고 반대쪽 극성의 전원 공급을 조절해서 DC 모터의 속도를 제어합니다.

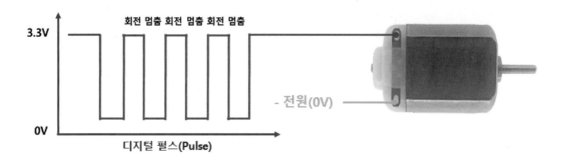

라즈베리파이의 GPIO 출력 기능과 PWM 출력으로 속도와 회전 방향을 제어할 수 있습니다.

🍓 배선도 및 회로

GPIO 5번 핀에 연결된 버튼을 누르면 모터를 정회전시키고 누르지 않으면 역회전을 하는 실습을 진행합니다.

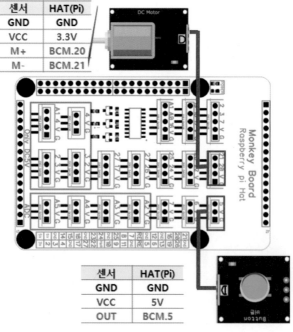

센서	HAT(Pi)
GND	GND
VCC	3.3V
M+	BCM.20
M-	BCM.21

센서	HAT(Pi)
GND	GND
VCC	5V
OUT	BCM.5

라즈베리파이 GPIO HAT 연결

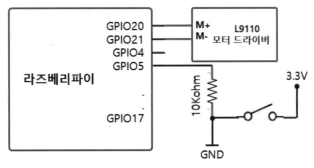

모터, 버튼 연결 회로

(4) L9110 모터 드라이버 기능

기능	L9110	라즈베리파이 코드
모터 정회전	M+ : PWM 출력 M- : 0V(GND)	pwm_p.ChangeDutyCycle(50) pwm_m.ChangeDutyCycle(0)
모터 역회전	M+ : 0V(GND) M- : PWM 출력	pwm_p.ChangeDutyCycle(50) pwm_m.ChangeDutyCycle(0)
모터 정지	M+ : 0V(GND) M- : 0V(GND)	pwm_p.ChangeDutyCycle(0) pwm_m.ChangeDutyCycle(0)

실습 파일 : examples/gpio/4.8_pwm_motor_1.py

```
1   import RPi.GPIO as GPIO              # RPi.GPIO 패키지 사용
2   import time
3   MOTOR_P = 20                         # L9110 M+핀 정의
4   MOTOR_M = 21                         # L9110 M-핀 정의
5   KEY = 5                              # 버튼 핀 정의
6
7   GPIO.setmode(GPIO.BCM)               # BCM 모드로 설정
8   GPIO.setup(KEY, GPIO.IN)             # BCM5 핀을 입력으로 설정
9   GPIO.setup(MOTOR_P, GPIO.OUT)        # BCM20 핀을 출력으로 설정
10  GPIO.setup(MOTOR_M, GPIO.OUT)        # BCM21 핀을 출력으로 설정
11
12  try:
```

```
13    pwm_p = GPIO.PWM(MOTOR_P, 100)        # MOTOR_P핀 100Hz 출력
14    pwm_m = GPIO.PWM(MOTOR_M, 100)        # MOTOR_M핀 100Hz 출력
15    pwm_p.start(0)                        # Duty비 0으로 설정
16    pwm_m.start(0)                        # Duty비 0으로 설정 --> 모터 정지
17    while True:
18        if GPIO.input(KEY)==True:        # 버튼 입력에 따라서 모터 최대
19            pwm_m.ChangeDutyCycle(0)      # 속도의 50%로 정회전과
20            pwm_p.ChangeDutyCycle(50)     # 역회전을 반복
21        elif GPIO.input(KEY)==False:
22            pwm_p.ChangeDutyCycle(0)
23            pwm_m.ChangeDutyCycle(50)
24        time.sleep(1)
25    except KeyboardInterrupt:
26        pass
27    finally:
28        pwm_m.stop()                      # 프로그램이 종료되었을 때 모터 정지
29        pwm_p.stop()
30        GPIO.cleanup()
```

〈실행 결과〉

버튼을 누르면 모터가 정회전(시계 방향)을 하고 버튼을 누르지 않으면 역회전을 합니다.

연습문제 4.8_pwm_motor_2.py

DC 모터의 회전 방향을 전환할 때 정회전에서 바로 역회전을 시키면 순간적으로 과도한 전류가 소모되거나 모터에 무리가 갈 수 있습니다. 회전 방향을 전환할 때 모터의 회전을 멈추고 방향이 전환되도록 수정해 보세요.

연습문제 4.8_pwm_motor_3.py

모든 모터는 멈춤 상태에서 갑자기 최대 속도를 내면 모터와 제어기에 모두 부하가 많이 걸리게 됩니다. DC 모터를 회전시킬 때 최소 속도 10~100%까지 Duty비를 천천히 늘려가면서 가속을 하도록 코드를 작성해 보세요.

4.9 PWM 서보모터 제어

서보모터(Servo Motor)는 PWM 신호를 통해 회전을 제어할 수 있는 모터입니다. 내부는 DC 모터와 모터 드라이버 칩으로 구성되어 있으며, 저항이나 엔코더를 포함하는 경우도 있습니다. 서보모터는 보통 0~270도의 회전각을 가지며, 펄스 폭을 통해 정밀한 위치 제어가 가능합니다. (펄스 폭에 따라 회전 위치가 변합니다.) 동작 범위가 제한적이지만 힘이 강하고 정확한 위치 제어가 가능하여 로봇 관절이나 차량의 방향타 등 여러 곳에 사용되고 있습니다. (360도 회전하는 서보모터도 있지만 아주 정밀한 위치 제어는 어렵습니다.)

🍓 실험에 필요한 준비물들

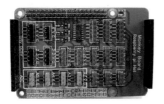

라즈베리파이 GPIO HAT

SG90 서보모터

(1) 서보모터의 제어 원리

본 교재에서 사용하고 있는 모터는 저가형 서보모터 중의 하나인 SG90이라는 모델입니다. SG90 모터의 제어 방법에 대해서 데이터 시트를 찾아보면 다음과 같습니다.

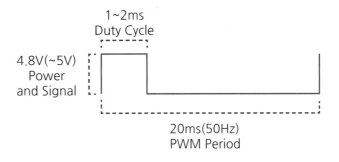

그림을 보면 20msec 시간 안에 4.8V ~ 5V를 가지는 펄스를 가지고 제어하는데 HIGH인 구간의 펄스 폭의 시간으로 각도를 제어할 수 있습니다.

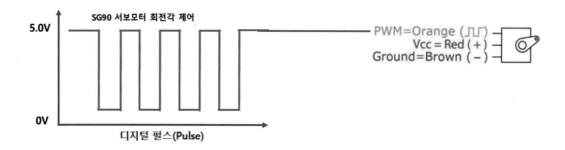

펄스 시간에 따른 자세한 각도 제어는 아래 그림을 참조해 보세요.

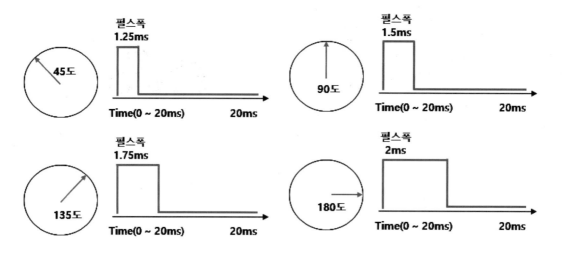

라즈베리파이에서 PWM 출력으로 SG90 서보모터의 회전각을 제어할 수 있습니다. 여기서 주의해야 할 사항은 서보모터의 종류와 모델에 따라서 각도를 제어하는 방법은 다를 수 있습니다. 모터가 달라지는 경우에는 모터에 대한 자세한 데이터 시트를 확인해야 합니다.

🐵 배선도 및 회로

GPIO 2번핀에 연결된 서보모터를 10 ~ 180도 까지 서서히 반복해서 제어합니다.

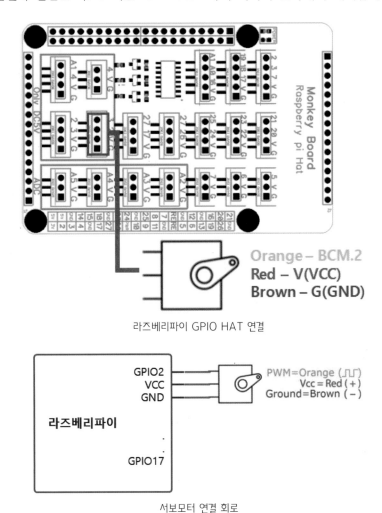

라즈베리파이 GPIO HAT 연결

서보모터 연결 회로

서보모터가 DC 4.5 5V를 사용해야 하므로 라즈베리파이 GPIO HAT의 왼쪽 위에 있는 연결 핀들을 사용하면 됩니다. 서보모터가 3선을 GPIO HAT의 "3 2 V G"에 G(GND)부터 3개의 핀에 연결하면 됩니다.

GPIO HAT	서보모터 연결선
2	PWM(Orange)
VCC(5.0V)	VCC(Red)
GND	GND(Brown)

```python
1   import RPi.GPIO as GPIO              # RPi.GPIO 패키지 사용
2   import time
3
4   servoPin = 2                        # 서보모터 2번 핀 정의
5   SERVO_MAX_DUTY = 12                 # 서보모터 최대 Duty비
6   SERVO_MIN_DUTY = 3                  # 서보모터 최소 Duty비
7
8   GPIO.setmode(GPIO.BCM)              # BCM 모드로 설정
9   GPIO.setup(servoPin, GPIO.OUT)     # BCM2 핀을 출력으로 설정
10
11  servo = GPIO.PWM(servoPin, 50)     # PWM 50Hz(20ms) 출력으로 설정
12  servo.start(0)                      # 초기에는 LOW 출력
13
14  def servo_control(degree, delay):   # 서보모터 제어 함수
15    if degree > 180:                  # 서보모터의 제어 각이 최대 180도
16      degree = 180
17
18    # 서보모터 회전각을 PWM Duty 비율로 계산
19    duty = SERVO_MIN_DUTY+(degree*(SERVO_MAX_DUTY-SERVO_MIN_DUTY)/180.0)
20    # 계산된 PWM Duty 비율과 제어 각 출력
21    print("Degree: {} to {}(Duty)".format(degree, duty))
22    servo.ChangeDutyCycle(duty)
23    time.sleep(delay)
24
25  try:
26    for i in range(1, 180, 10):       # 10 ~ 180도까지 10도씩 제어
27      servo_control(i, 0.1)
28
29  except KeyboardInterrupt:
30    pass
31  finally:
32    servo.stop()
33    GPIO.cleanup()
```

서보모터가 10 ~ 180도까지 서서히 반복해서 회전

Degree: 1 to 3.05(Duty)

Degree: 11 to 3.55(Duty)

Degree: 21 to 4.05(Duty)

Degree: 31 to 4.55(Duty)

Degree: 41 to 5.05(Duty)

Degree: 51 to 5.55(Duty)

Degree: 61 to 6.05(Duty)

Degree: 71 to 6.55(Duty)

Degree: 81 to 7.05(Duty)

Degree: 91 to 7.55(Duty)

실습 파일 : examples/gpio/4.4.7_pwm_servo_2.py

서보모터를 180도까지 회전하고 180~10도까지 10도씩 감소하면서 역으로 회전하도록 코드를 작성하세요.

```
1    import RPi.GPIO as GPIO
2    import time
3
4    servoPin = 2
5    SERVO_MAX_DUTY = 12
6    SERVO_MIN_DUTY = 3
7
8    GPIO.setmode(GPIO.BCM)
9    GPIO.setup(servoPin, GPIO.OUT)
10
11   servo = GPIO.PWM(servoPin, 50)
12   servo.start(0)
13
14   def servo_control(degree, delay):
15       if degree > 180:
```

```
16        degree = 180

17

18    duty = SERVO_MIN_DUTY+(degree*(SERVO_MAX_DUTY-SERVO_MIN_DUTY)/180.0)

19    print("Degree: {} to {}(Duty)".format(degree, duty))

20    servo.ChangeDutyCycle(duty)

21    time.sleep(delay)

22

23  try:

24    for i in range(180, 1, -10):

25      servo_control(i, 0.1)


26    time.sleep(1)

27

28    for i in range(180, 1, -10):

29      servo_control(i, 0.1)

30

31  except KeyboardInterrupt:

32      pass

33  finally:

34      servo.stop()

35      GPIO.cleanup()
```

연습문제 examples/gpio/4.4.7_pwm_servo_3.py

버튼을 BCM.5에 연결하고 폴링 방식으로 버튼을 한 번 누르면 10~180도까지 10도씩 증가하면서 회전하고 다시 버튼을 누르면 180~10도까지 10도씩 감소하면서 역으로 회전하도록 코드를 작성하세요.

연습문제 examples/gpio/4.4.7_pwm_servo_4.py

버튼을 BCM.5에 연결하고 인터럽트 방식으로 버튼을 한 번 누르면 10~180도까지 10도씩 증가하면서 회전하고 다시 버튼을 누르면 180~10도까지 10도씩 감소하면서 역으로 회전하도록 코드를 작성하세요.

## Chapter 05

시리얼 통신
(Serial Communication)

5.1 시리얼 장치

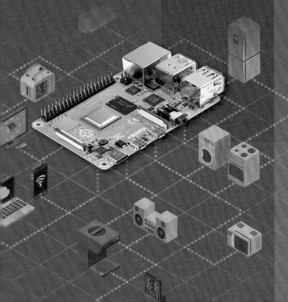

05 시리얼 통신(Serial Communication)

5.1 시리얼 장치

통신 분야에서 가장 널리 사용되고 있는 통신 중의 하나로 특히 임베디드 시스템에서는 빼놓을 수 없는 통신 방식 중에 하나입니다. RS232, RS485, UART 통신 등이 모두 시리얼 통신 방식을 사용합니다. UART, RS232, RS485 통신 모두 비동기 시리얼 통신 방식입니다. 즉 데이터 통신 라인에 클록이 존재하지 않고, 데이터의 시작과 끝을 알리는 약속된 신호를 수신하는 쪽에서 찾아내어 데이터를 구분해야 합니다. 시리얼 통신은 데이터를 비트 단위로 전송하는 방식을 의미합니다. 그래서 시리얼 통신 전송 속도의 단위로 BPS(Bit Per Second)를 사용합니다. 라즈베리파이와 PC와의 시리얼 통신으로 대문자 'A"를 전송하는 예를 들어 보겠습니다.

UART 비동기 시리얼 통신의 데이터 구조입니다.

비트	1	2	3	4	5	6	7	8	9	10	11
	Start Bit	데이터 비트(5~ 8비트)								Parity Bit	Stop Bit
Data	Start	D0	D1	D2	D3	D4	D5	D6	D7	Parity	Stop

데이터를 보내기 전에 항상 시작 비트(Start Bit)로 데이터를 전송한다는 신호를 먼저 보내야 합니다. 보내는 방식은 데이터 통신라인을 LOW --〉 HIGH로 바뀌는 시점입니다. 데이터의 시

작을 알리고 데이터를 시간 순서에 따라 비트 단위로 전송하고, 1바이트 데이터를 전부 보냈으면 패리티 비트(Parity Bit : 약속된 형태로 사용하지 않을 수도 있음), 정지 비트(Stop Bit)를 보냅니다.

문자	10진수	16진수	2진수(비트단위)
'A'	65	0x41	1000001

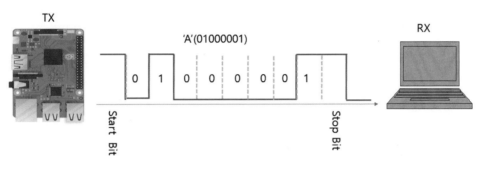

시리얼 통신 개념도

'A'(1000001)를 비트 단위로 쪼개서 데이터를 전송하면 위의 그림과 같이 2진수 '1' 데이터 전송을 위해서 HIGH, 2진수 '0'을 전송하기 위해서 LOW의 전기적인 신호를 시간 순서에 따라서 전송하게 됩니다. 위의 그림에서는 패리티 비트를 사용하지 않았을 때의 신호입니다. 이번 예제에서도 패리티 비트를 사용하지 않습니다. 데이터를 보내는 쪽을 TX, 받는 쪽을 RX라는 용어를 사용하고 전송 속도는 보레이트(Baudrate)로 표현합니다. 반드시 보내는 쪽과 받은 쪽은 동일한 보레이트로 통신해야 합니다. RS232 통신은 데이터를 보낼 때 클록과 데이터 라인을 별도로 사용하지 않는 대표적인 비동기 통신입니다.

> **참고**
>
> 시리얼 통신 용어 정리
> - 시작 비트 : 통신의 시작을 의미하며 1비트를 전송하는 시간만큼 유지 1비트를 전송하는 시간은 사용하는 보레이트(Baudrate)에 따라서 달라지면 당연히 통신 속도가 빠를수록 시간도 짧아지게 됩니다.
> - 데이터 비트 : 데이터 비트는 5~8비트를 정해서 사용할 수 있지만 보통은 8비트를 가장 많이 사용합니다.

- 패리티 비트 : 오류 검증을 위한 패리티 값을 생성해서 보낼 수 있습니다. 사용 안 함으로 설정하면 패리티 비트 자체를 전송하지 않습니다.
- 정지 비트ㅋ : 데이터 전송을 종료합니다.

(1) 라즈베리파이 시리얼 장치

라즈베리파이에는 4개의 USB 채널과 2개의 UART 채널을 가지고 있습니다. 교재에서는 USB 포트는 사용하지 않고 GPIO 확장 포트에 연결된 UART 채널만 사용합니다.

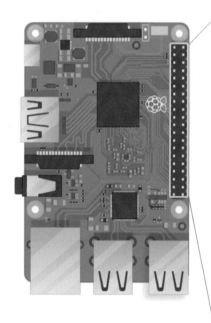

wPi	BCM	Pin	No	No	Pin	BCM	wPi
		3.3V	1	2	5V		
GPIO 08	GPIO 02	SDA1	3	4	5V		
GPIO 09	GPIO 03	SCL1	5	6	GND		
GPIO 07	GPIO 04		7	8	TXD	GPIO 14	GPIO 15
		GND	9	10	RXD	GPIO 15	GPIO 16
GPIO 00	GPIO 17		11	12		GPIO 18	GPIO 01
GPIO 02	GPIO 27		13	14	GND		
GPIO 03	GPIO 22		15	16		GPIO 23	GPIO 04
		3.3V	17	18		GPIO 24	GPIO 05
GPIO 12	GPIO 10	MOSI	19	20	GND		
GPIO 13	GPIO 09	MISO	21	22		GPIO 25	GPIO 06
GPIO 14	GPIO 11	SCLK	23	24	CE0	GPIO 08	GPIO 10
		GND	25	26	CE1	GPIO 07	GPIO 11
GPIO 30	GPIO 00	SDA0	27	28	SCL0	GPIO 01	GPIO 31
GPIO 21	GPIO 05		29	30	GND		
GPIO 22	GPIO 06		31	32		GPIO 12	GPIO 26
GPIO 23	GPIO 13		33	34	GND		
GPIO 24	GPIO 19		35	36		GPIO 16	GPIO 27
GPIO 25	GPIO 26		37	38		GPIO 20	GPIO 28
		GND	39	40		GPIO 21	GPIO 29

UART 채널	시리얼 포트	장치 이름	용도
UART0	serial0	/dev/ttyS0 or /dev/serial0	콘솔 or 시리얼 GPIO14(TXD) GPIO15(RXD)
UART1	serial1	/dev/ttyAMA0 or /dev/serial1	블루투스

(2) UART0 장치 활성화

라즈베리파이는 기본적으로 UART1 장치 사용이 Disable 되어 있습니다. 먼저 장치를 사용하기 전에 활성화를 해야 합니다. "/프로그램/기본 설정/Raspberry pi Configuration" 프로그램을 실행합니다.

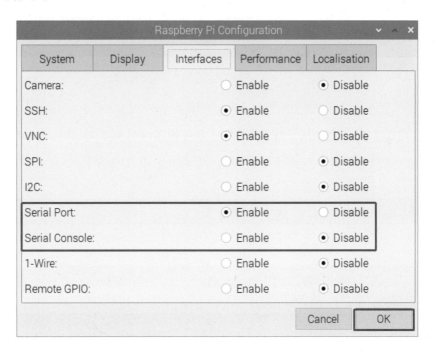

Serial Port를 Enable, Serial Console은 Disable을 선택하여 저장하고 재부팅합니다. Serial Console이 Enable 되어 있으면 일반 UART 통신으로 사용할 수 없고 콘솔 로그인 창으로만 사용이 가능합니다.

Serial Port	Enable
Serial Console	Disable

Raspberry pi Configuration GUI 환경에서 수정을 해도 되고 직접 /boot/cmdline.txt 파일을 수정해도 됩니다.

```
pi@raspberrypi:~ $ sudo vi /boot/cmdline.txt
```

"console=serial0,115200" 문자열 대신에 "console=tty1"으로 수정한 다음, 반드시 재부팅을 해야 반영됩니다.

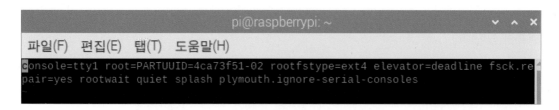

여기까지 수정을 완료하였다면, 라즈베리파이 터미널 창에서 다음과 같은 명령어를 실행하면 어떤 GPIO 포트에 시리얼 포트가 연결되었는지 확인할 수 있습니다.

```
pi@raspberrypi:~ $ raspi-gpio get 14-15
```

GPIO 14 : TXD, GPIO 15 : RXD로 매핑되어 있는 것을 확인할 수 있습니다.

🍓 실험에 필요한 준비물들

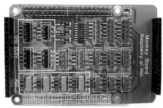
라즈베리파이 GPIO HAT

FT232 USB to Serial

미니 USB 케이블

라즈베리파이에서 시리얼 통신을 할 수 있는 준비가 되었으니 라즈베리파이와 PC 간의 통신을 해보도록 하겠습니다. 라즈베리파이의 UART 통신 신호 레벨은 3.3V이고 PC의 RS232 토인 레벨은 12V이기 때문에 바로 통신은 불가능합니다. 그래서 PC에 USB to 시리얼 장치를 연결하고 USB to Serial 장치의 RX, TX 통신 포트에 라즈베리파이를 연결하도록 하겠습니다.

🍓 배선도 및 회로

GPIO HAT에는 BCM 14, 15번 핀이 나와 있지 않기 때문에 HAT의 라즈베리파이 40핀 확장핀에 직접 연결합니다.

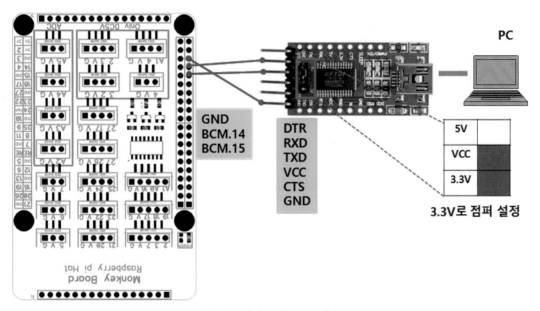

라즈베리파이 GPIO HAT 연결

라즈베리파이와 USB to Serial 장치의 연결은 암암 점퍼 케이블을 이용합니다. 추가로 USB to Serial 장치의 전원 설정하는 점퍼가 있는데 반드시 3.3V로 연결하고 사용하세요. 라즈베리파이의 기본적인 전압 레벨이 3.3V이기 때문입니다. USB to Serial 장치와 PC와의 연결은 미니 USB 케이블을 이용합니다.

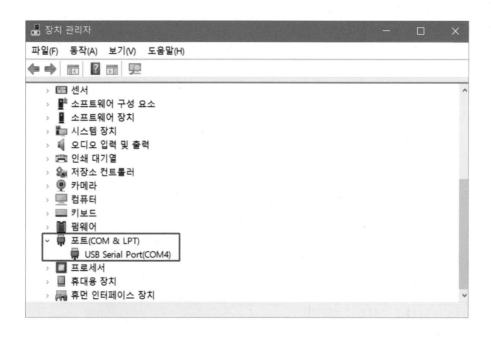

PC에 USB to Serial 장치를 연결하면 위의 그림과 같이 USB 장치 드라이버가 설정되고 가상 COM 포트가 추가됩니다. 만약 USB장치가 잘 올라오지 않는다면 아래 URL에서 FT232RL USB 드라이버를 다운로드하고 설치합니다.

https://www.ftdichip.com/Drivers/VCP.htm

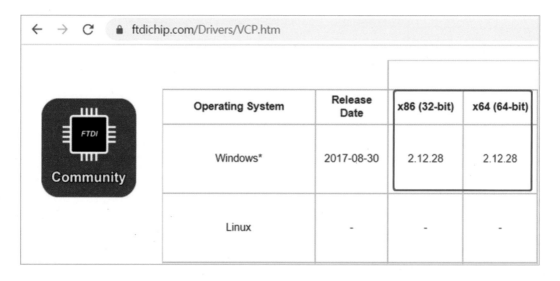

운영체제에 맞는 드라이버를 설치하면 됩니다.

(3) PY-SERIAL 라이브러리 설치

py-serial 라이브러리가 설치가 되어 있지 않다면 파이썬에서 serial 포트를 간단하게 제어하게 해주는 py-serial 라이브러리를 설치합니다. 일반적으로는 이미 설치되어 있습니다.

```
pi@raspberrypi:~ $ sudo apt-get install python-serial
```

(4) PC용 시리얼 프로그램 설치

PC에서도 시리얼 장치를 열고 데이터를 수신하거나 송신이 가능한 시리얼 프로그램이 있어야 합니다. 어떤 것을 사용해도 무방합니다. 본 교재에서는 SerialPortMon.exe 라는 공개 프로그램을 사용했습니다.

https://cafe.naver.com/codingblock/48 URL에서 다운로드 가능합니다.

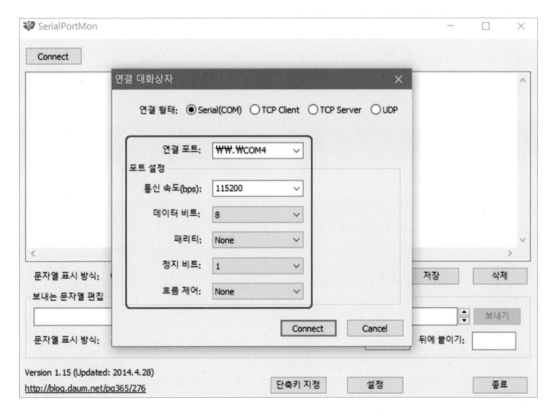

- 연결 형태 : Serial(COM)

- 연결 포트 : PC의 장치관리에 추가된 가상 시리얼 COM 포트 번호를 선택

- 통신 속도(bps) : 115200

프로그램을 실행하고 위와 같이 설정한 다음 "Connect" 합니다.

실습 파일 : examples/serial/5.1_serial_1.py

```
1   import RPi.GPIO as GPIO                          # RPi.GPIO 패키지 사용
2   import serial                                    # py-serial 패키지 사용
3
4   ser = serial.Serial('/dev/serial0', 115200)     # 115200bps 통신 속도로 설정
5   ser.close()                                      # 포트를 먼저 Close
6   ser.open()                                       # 시리얼 포트 Open
7
8   str = b'Python Serial Example\r\n'               # PC로 전송할 바이트 데이터
9   n = ser.write(str)                               # 바이트 데이터 전송
10
11  try:
12      while True:
13          if ser.readable():                       # PC로부터 받은 데이터가 있다면
14              response = ser.readline()            # \r\n 문자까지 읽기
15              ser.write(response)                  # 다시 PC로 데이터 전송
16              print(response)                      # 터미널 창에 받은 데이터 출력
17  except KeyboardInterrupt:
18      pass
19  finally:
20      ser.close()                                  # 시리얼 포트 Close
```

〈실행 결과〉

```
# PC로부터 전송받은 데이터를 출력
b'This is from HOST PCThis is from HOST PC\r\n'
```

(5) PC와 시리얼 통신

이제 파이썬 프로그램을 실행하면 PC 시리얼 프로그램에서 다음과 같이 표시됩니다.

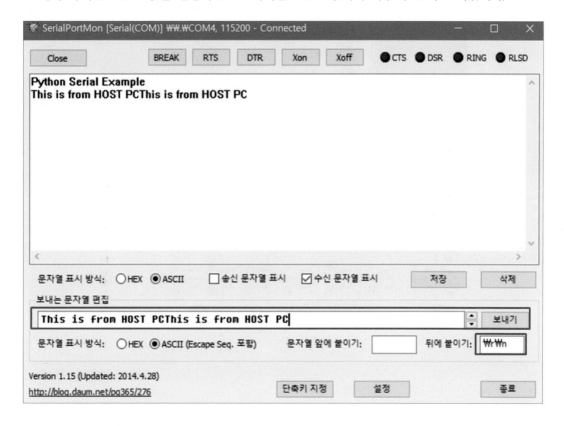

"Python Serial Example" 문자열이 시리얼 프로그램 창에 나타나고

- 보내는 문자열 편집 창 : This is from HOST PCThis is from HOST PC
- 뒤에 붙이기 : \r\n을 입력한 후 "보내기" 버튼을 누르면 라즈베리파이 파이썬 실행 창에 문자가 표시됩니다. 파이썬 코드에서 ser.readline() 함수를 사용했기 때문에 데이터를 읽을 때 "\r\n" 문자가 있는 부분까지 읽게 됩니다. 한 가지 더 재미있는 실험을 해보도록 하겠습니다.

윈도 PC에서 터미널 프로그램으로 라즈베리파이에 시리얼로 접속을 해서 라즈베리파이에 연결된 LED를 ON/OFF 하는 실습을 해보도록 하겠습니다.

배선도 및 회로

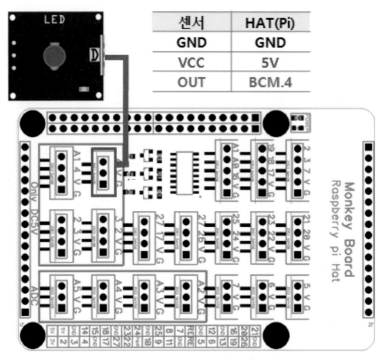

센서	HAT(Pi)
GND	GND
VCC	5V
OUT	BCM.4

라즈베리파이 GPIO HAT 연결

- "ON\r\n" 문자열 수신 : LED 켜기
- "OFF\r\n" 문자열 수신 : LED 끄기

실습 파일 : examples/serial/5.1_serial_2.py

1	`import RPi.GPIO as GPIO`	# RPi.GPIO 패키지 사용
2	`import serial`	# py-serial 패키지 사용
3		
4	`LED=4  # LED포트 정의`	
5	`GPIO.setmode(GPIO.BCM)`	# BCM 모드 사용
6	`GPIO.setup(LED, GPIO.OUT)`	# LED를 출력으로 설정
7		
8	`ser = serial.Serial('/dev/serial0', 115200)`	# 115200bps 통신 속도로 설정
9	`ser.close()`	# 포트를 먼저 Close

```
10      ser.open()                                  # 시리얼 포트 Open

11

12      str = b'Serial LED Control\r\n'             # PC로 전송할 바이트 데이터

13      n = ser.write(str)                          # 바이트 데이터 전송

14      try:

15          while True:

16              if ser.readable():                  # PC로부터 받은 데이터가 있다
                                                       면

17                  response = ser.readline()       # \r\n 문자까지 읽기

18                  if response == b'ON\r\n':       # "ON" 데이터 수신

19                      GPIO.output(LED, True)      # LED 켜기

20                  elif response == b'OFF\r\n':    # OFF 데이터 수신

21                      GPIO.output(LED, False)     # LED 끄기

22

23                  print(response)

24      except KeyboardInterrupt:

25          pass

26      finally:

27          ser.close()
```

〈실행 결과〉

```
# PC로부터 전송받은 데이터를 출력
b'OFF\r\n'
b'ON\r\n'
```

PC 시리얼 프로그램에서 "ON"과 "OFF" 문자열을 입력해서 LED가 제어가 되는지 확인합니다.

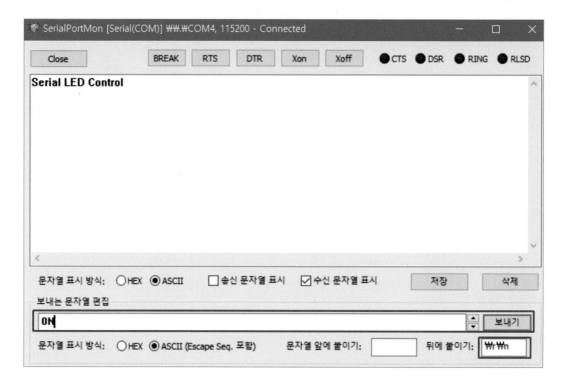

블루투스 통신
(Bluetooth Communication)

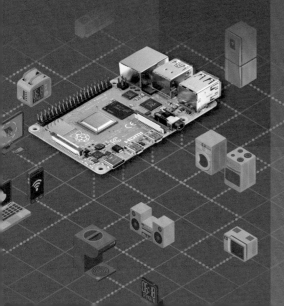

Raspberry Pi 4

블루투스 통신(Bluetooth Communication)

6.1 블루투스란?

블루투스란 휴대폰, 노트북, 이어폰 등의 휴대용 기기들을 서로 연결하여 정보를 교환하는 근거리 무선 기술입니다. 블루투스의 무선 시스템은 ISM(Industrial Scientific and Medical) 주파수 대역인 2400~2483.5MHz를 사용합니다. 라즈베리파이 4는 블루투스 5를 지원합니다. 블루투스 5에는 대역폭을 희생해 도달 거리를 늘리는 방식으로 사용하거나 거리는 줄이고 대역폭을 늘리는 새로운 인터페이스가 도입되어 사용하고자 하는 애플리케이션에 따라서 저전력으로 사용할 수도 있고 전송 속도와 먼 거리를 필요로 하는 애플리케이션도 유연하게 대응이 가능하게 되었습니다.

6.2 스마트폰과 블루투스 통신

안드로이드 기반의 스마트폰과 라즈베리파이와의 블루투스 연결을 하고 데이터 양방향으로 데이터 통신을 해보도록 하겠습니다.

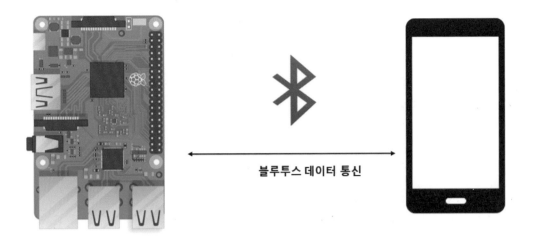

라즈베리파이 3부터 와이파이와 블루투스 기능이 기본적으로 포함되어 있습니다. 라즈베리파이 3에서는 와이파이, 블루투스 기능이 조금 불안한 부분이 있었지만 라즈베리파이 4부터는 조금 더 안정적으로 발전한 것 같습니다.

🍓 실험에 필요한 준비물들

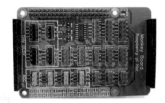

라즈베리파이 GPIO HAT

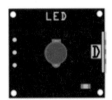

LED Red

(1) 라즈베리파이 블루투스 장치

라즈베리파이 4의 블루투스 장치는 내부적으로 CPU와 UART로 통신할 수 있도록 연결되어 있습니다.

UART 채널	시리얼 포트	장치 이름	용도
UART1	serial1	/dev/ttyAMA0 or /dev/serial1	블루투스

그래서 블루투스 장치를 사용하는 방법이 앞에서 배웠던 시리얼 장치의 사용 방법과 거의 동일하게 사용이 가능합니다. 하지만 시리얼 장치와 다른 점은 무선으로 연결할 장치와 페어 링이라는 과정과 연결 과정이 필요합니다. 한 가지 더 다른 점은 시리얼 장치 이름을 "/dev/serial1"으로 사용하지 못하고 "/dev/rfcomm0"라는 이름으로 사용합니다.

(2) 블루투스 장치 페어링

무선으로 라즈베리파이와 스마트폰이 통신을 하기 위해서는 먼저 페어링을 해야 합니다. 무선 장치이기 때문에 주변의 다양한 디바이스가 존재하기 때문에 연결하려고 하는 디바이스를 선택하고 PIN 번호(일종의 암호)를 입력해서 연결해야 합니다. PIN 번호를 물어보지 않는 경우도 있습니다. 페어링 과정은 라즈베리파이의 GUI 환경에서 비교적 쉽게 연결할 수 있습니다. 페어 링 과정은 1회만 필요하고 한 번 연결이 완료된 디바이스는 페어링 과정 없이 바로 연결이 가능합니다. 라즈베리파이에서 페어링과 연결 과정을 자세히 확인하기 이해서 블루투스 컨트롤 프로그램을 먼저 실행합니다.

```
pi@raspberrypi:~ $ bluetoothctl
```

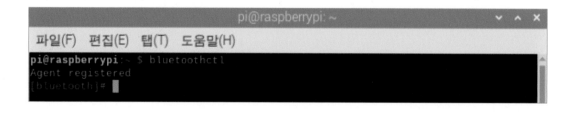

프롬프트가 "bluetooth"로 변경되고 이제 블루투스 제어 명령어를 실행할 수 있게 되었습니다. 스마트폰에서 블루투스 장치를 켜고 대기합니다.

```
[bluetooth]# scan on    -- 블루투스 장치 검색 시작
```

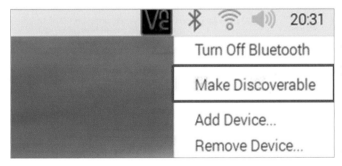

```
                        pi@raspberrypi: ~                      ⌄  ∧  ✕

파일(F)  편집(E)  탭(T)  도움말(H)

pi@raspberrypi:~ $ bluetoothctl
Agent registered
[bluetooth]# scan on
Discovery started
[CHG] Controller DC:A6:32:3B:89:AC Discovering: yes
[NEW] Device 4B:71:FD:DE:78:96 4B-71-FD-DE-78-96
[NEW] Device 64:CB:69:84:C0:DE 64-CB-69-84-C0-DE
[NEW] Device 75:10:DA:EB:AD:BF 75-10-DA-EB-AD-BF
[CHG] Device 75:10:DA:EB:AD:BF RSSI: -63
[NEW] Device 48:84:19:70:C0:BA 48-84-19-70-C0-BA
[CHG] Device 75:10:DA:EB:AD:BF RSSI: -55
[CHG] Device 75:10:DA:EB:AD:BF RSSI: -65
[bluetooth]#
```

첫 번째 줄의 Controller 옆의 6자리 16진수가 라즈베리파이의 블루투스 하드웨어 MAC 주소입니다. 모든 블루투스 장치의 하드웨어 MAC 주소는 중복되지 않은 고유한 주소를 가지고 있어서 디바이스를 연결하고 관리하는 데 사용이 됩니다.

```
[bluetooth]# scan off    -- 블루투스 장치 검색 중단
[bluetooth]# quit        -- bluetoothctl 명령어 종료
```

여기까지 문제없이 진행되었다면 라즈베리파이의 블루투스 장치에 문제가 없는 것입니다. 이제 라즈베리파이 GUI 환경에서 스마트폰과 연결해 보도록 하겠습니다.

라즈비안 OS 상단의 블루투스 아이콘을 클릭하고 "Make Discoverable"를 선택합니다. 이렇게 하면 스마트폰에서 라즈베리파이의 블루투스 장치를 검색할 수 있습니다.

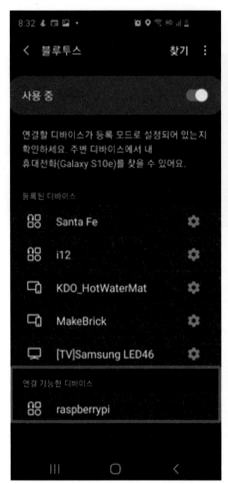

스마트폰에서 블루투스를 켜고 "찾기" 버튼을 누르면 연결 가능한 디바이스 목록에 "raspberrypi"가 나타나면 이 디바이스를 선택하고 연결합니다.

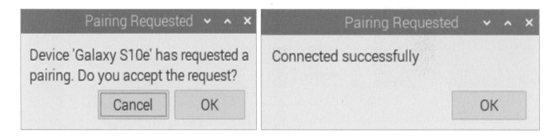

라즈비안 OS 화면에 위와 같은 페어링 연결 요청이 나오고 "OK" 버튼을 눌러서 페어링을 완료합니다.

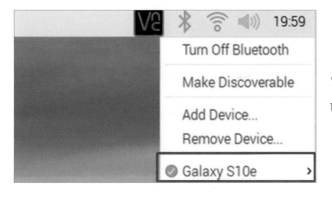

연결이 완료되면 왼쪽 그림과 같이 블루투스 디바이스 이름이 나타나게 됩니다.

스마트폰 디바이스와 페어링 및 연결이 완료되었습니다. 본 교재에서와 반대로 라즈베리파이에서 스마트폰을 먼저 연결 요청들 보낼 수도 있지만 여러 번 테스트 결과 스마트폰에서 먼저 연결 요청들 보내는 방식이 연결하는데 문제가 덜 발생하였습니다. 이제 라즈베리파이에서 UART 통신으로 스마트폰과 데이터 통신을 해보도록 하겠습니다.

(3) 안드로이드 디바이스용 블루투스 통신 앱 설치

앞에서 라즈베리파이와 안드로이드 스마트기기가 페어링 절차를 거쳐서 연결까지는 되었지만 라즈베리파이와 블루투스로 데이터를 주고받기 위해서 안드로이드 디바이스에 추가로 앱을 설치해야 합니다. 일반적으로 검색 사이트에서 찾아보면 BlueTerm이라는 앱을 많이 이용하고 있는데 2021년 1월 현재 최신 버전의 안드로이드 버전에서는 BlueTerm 앱이 제대로 동작하지 않습니다. 그래서 여러 앱을 테스트해 본 결과 "pi3 bluetooth manager"라는 앱이 라즈베리파이와 통신이 잘 되는 것을 확인하였습니다.

pi3 bluetooth manager 앱

앱을 설치하고 실행합니다. 물론 안드로이드 디바이스에서 앞에서 진행했던 라즈베리파이와
페어링 과정을 먼저 수행한 이후에 진행해야 합니다.

(4) 라즈베리파이와 블루투스 연결 및 데이터 통신

pi3 bluetooth manager 앱에서 라즈베리파이와 연결을 하기 전에 먼저 라즈베리파이에서
아래과 같이 "rfcomm watch all &" 명령어를 먼저 수행해야 합니다. 참고로 명령어의 마지막
에 붙은 "&"는 rfcomm watch all 명령어를 백그라운드로로 실행하라는 의미입니다.

```
pi@raspberrypi:~ $ sudo rfcomm watch all &
[1] 1593
pi@raspberrypi:~ $ Waiting for connection on channel 1
```

pi3 bluetooth manager 앱에서 아직 연결 요청을 하지 않았기 때문에 Waiting 상태에서 대기하고 있습니다. pi3 bluetooth manager 앱에서 페어링이 완료된 라즈베리파이와 연결합니다.

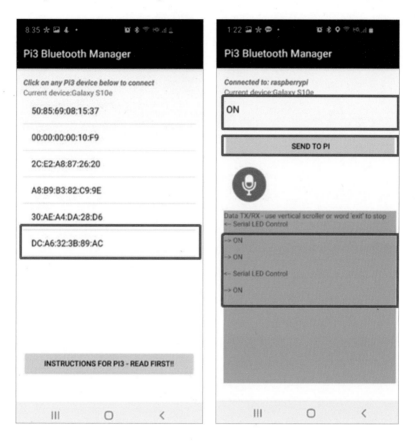

라즈베리파이의 블루투스 하드웨어 MAC 주소를 찾아서 터치하면 위의 2번째 그림과 같이 화면이 바뀌게 됩니다. 라즈베리파이의 하드웨어 MAC 주소는 다음의 명령어로 알 수 있습니다.

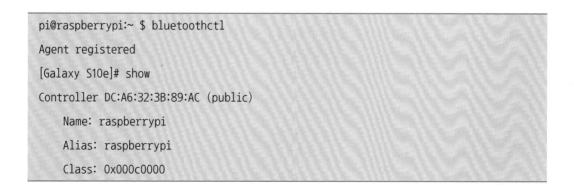

```
pi@raspberrypi:~ $ bluetoothctl
Agent registered
[Galaxy S10e]# show
Controller DC:A6:32:3B:89:AC (public)
    Name: raspberrypi
    Alias: raspberrypi
    Class: 0x000c0000
```

pi3 bluetooth manager 앱과 라즈베리파이가 정상적으로 연결되면 아래와 같이 연결된 블루투스 디바이스의 하드웨어 MAC 주소가 표시되고 "/dev/rfcomm0"라는 새로운 디바이스가 생성이 되고 연결이됩니다. 파이썬 코드에서는 단지 "/dev/rfcomm0" 디바이스와 시리얼로 연결하면 시리얼 통신과 동일하게 제어를 할 수 있습니다. 모든 리눅스 기반 운영체제의 장점으로 어떤 하드웨어 장치라도 마치 소프트웨어 입장에서는 파일을 다루듯이 사용할 수 있다는 것입니다.

```
pi@raspberrypi:~ $ sudo rfcomm watch all &
[1] 1593
pi@raspberrypi:~ $ Waiting for connection on channel 1
Connection from 64:7B:CE:6A:4E:2D to /dev/rfcomm0
Press CTRL-C for hangup
```

/dev/rfcomm0 장치가 존재해야 파이썬에서 serial.Serial('/dev/rfcomm0', 115200)와 같이 연결이 가능합니다. /dev/rfcomm0 장치는 존재하지 않다가 블루투스 디바이스와 연결이 완료되면 생성되고 연결이 종료되면 다시 사라지게 됩니다.

```
pi@raspberrypi:~ $ ls /dev/rfcomm0
/dev/rfcomm0
```

파이썬 코드를 작성하기 전에 반드시 /dev/rfcomm0 장치가 존재하는지 확인하고 진행하시기 바랍니다. 이제 pi3 bluetooth manager 앱에서 라즈베리파이에 블루투스로 접속을 해서 라즈베리파이에 연결된 LED를 ON/OFF 하는 실습을 해보도록 하겠습니다.

- "ON\n" 문자열 수신 : LED 켜기
- "OFF\n" 문자열 수신 : LED 끄기

🐵 배선도 및 회로

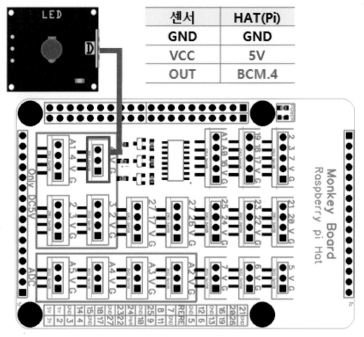

센서	HAT(Pi)
GND	GND
VCC	5V
OUT	BCM.4

라즈베리파이 GPIO HAT 연결

실습 파일 : examples/serial/6.2_bluetooth_1.py

```
1   import RPi.GPIO as GPIO          # RPi.GPIO 패키지 사용
2   import serial                    # py-serial 패키지 사용
3
4   LED=4 # LED포트 정의
5
```

```
6    GPIO.setmode(GPIO.BCM)                              # BCM모드 사용
7    GPIO.setup(LED, GPIO.OUT)                           # LED를 출력으로 설정
8
9    ser = serial.Serial('/dev/rfcomm0', 115200)         # 115200bps 통신 속도로 설정
10   ser.close()                                         # 포트를 먼저 Close
11   ser.open()                                          # 시리얼 포트 Open
12
13   str = b'Bluetooth LED Control\r\n'                  # PC로 전송할 바이트 데이터
14   n = ser.write(str)                                  # 바이트 데이터 전송
15
16   try:
17       while True:                                     # PC로부터 받은 데이터가 있다면
18           if ser.readable():                          # \r\n 문자까지 읽기
19               response = ser.readline()               # "ON" 데이터 수신
20               if response == b'ON\n':                 # LED 켜기
21                   GPIO.output(LED, True)              # OFF 데이터 수신
22               elif response == b'OFF\n':              # LED 끄기
23                   GPIO.output(LED, False)
24
25               print(response
26   except KeyboardInterrupt:
27       pass
28   finally:
29       ser.close()
```

<실행 결과>

```
# PC로부터 전송받은 데이터를 출력
b'OFF\n'
b'ON\n'
```

라즈베리파이로 전송할 문자열을 입력하고 "SEND TO PI" 버튼을 누르면 됩니다. 파이썬 코드에서 readline() 시리얼 데이터를 구분하기 때문에 텍스트를 입력할 때 "ON\n" 형식으로 입력해야 합니다. 참고로 "\n"을 입력하는 방법은 스마트기기 키보드에서 "엔터" 키를 입력하면 됩니다.

파이썬 코드를 보면 이전에 실습했던 시리얼 통신 테스트와 연결할 디바이스 이름이 바뀐 점이 외에는 동일합니다.

참고

블루투스 연결을 하기 위해서 먼저 "sudo rfcomm watch all &" 명령어를 수행해야 하는데 조금 불편합니다. 라즈베리파이가 부팅하면 자동으로 실행될 수 있도록 라즈비안 OS의 서비스에 등록해 놓는 것이 좋습니다.

vi 에디터로 "/lib/systemd/system/rfcomm.service" 파일을 새로 생성합니다.

```
pi@raspberrypi:~ $ sudo vi /lib/systemd/system/rfcomm.service
```

/lib/systemd/system/rfcomm.service 파일의 내용을 작성합니다.

```
[Unit]
Description=RFCOMM service
After=bluetooth.service


[Service]
ExecStart=/usr/bin/rfcomm watch all &


[Install]
WantedBy=multi-user.target
```

라즈비안 OS의 서비스에 등록합니다.

```
pi@raspberrypi:~ $ sudo systemctl enable rfcomm.service
```

이렇게 하면 라즈베리파이가 부팅하면 자동으로 서비스 형태로 실행됩니다. 재부팅 후에 ps 명령어로 정상적으로 실행되고 있는지 확인합니다.

```
pi@raspberrypi:~ $ ps -ef|grep 'rfcomm'
root       389     1  0 14:17 ?        00:00:00 /usr/bin/rfcomm watch all &
root       430     2  0 14:17 ?        00:00:00 [krfcommd]
pi        1047   983  0 14:21 pts/0    00:00:00 grep --color=auto rfcomm
```

Chapter

07

SPI 통신

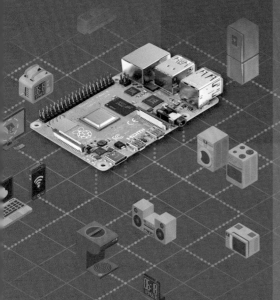

07 SPI 통신

7.1 SPI 통신 구조

SPI(Serial Peripheral Interface)는 시리얼 통신 방식 중의 한가지로 마이크로프로세서에서 I2C, UART와 같이 많이 사용되는 통신 방식 중의 한 가지로 1대 다수의 통신을 지원하는 특징이 있습니다. SD 메모리카드, 시리얼 메모리, 네트워크 통신 모듈 등과 데이터를 빠르게 주고받는 용도로 주로 사용이 많이 됩니다. 앞에서 배웠던 RS232, UART는 비동기 방식의 시리얼 통신 방식이고 SPI, I²C 등은 동기 방식의 시리얼 통신 방식입니다.

(1) 동기, 비동기 통신 방식

동기 방식과 비동기 방식을 구분하는 가장 쉬운 방식은 통신 라인에 클럭(Clock)이 있는지를 확인하는 것입니다. 동기 방식은 데이터 전송을 클럭에 동기화하여 데이터를 송수신하고 비동기 방식은 클럭이 존재하지 않고 통신의 시작과 끝을 알리는 신호로서만 데이터를 구분합니다.

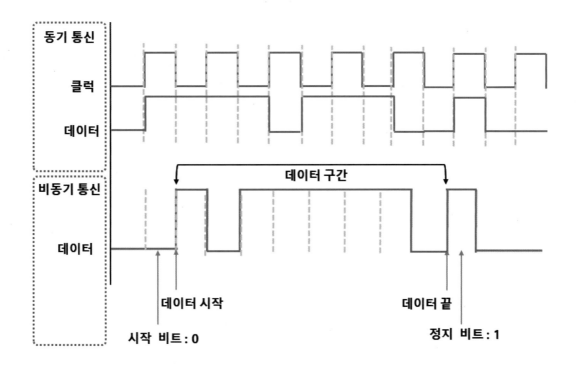

동기 통신

클럭

데이터

데이터 구간

비동기 통신

데이터

데이터 시작

데이터 끝

시작 비트 : 0

정지 비트 : 1

(2) SPI 통신 방식

앞에서 이야기했듯이 SPI 통신은 1개의 마스터(SPI Master) 디바이스와 여러 개의 슬레이브(SPI Slave) 디바이스가 통신이 가능한 클럭이 있는 동기 방식 시리얼 통신입니다.

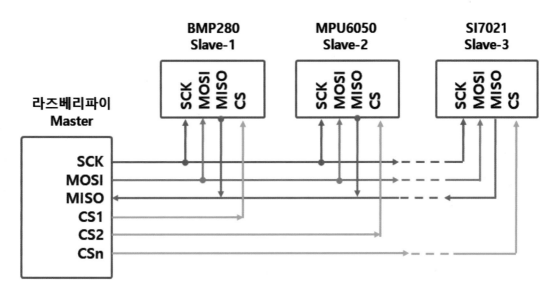

위의 그림을 보면 SPI 마스터 역할을 하는 라즈베리파이와 여러 개의 SPI 슬레이브 역할을 디바이스들이 통신을 하는 개략도입니다. 3개의 슬레이브 디바이스가 있는데 마스터 디바이스와 동시에 통신을 하는 것은 아니고 SPI 마스터에서 클럭을 공급하면서 CS(Chip Select) 신호로 마스터 디바이스가 SPI 통신을 하려고 하는 슬레이브 디바이스를 선택하는 방식입니다.

SCK(Clock)	동기화 통신을 위한 클럭 - 마스터에서 공급
MOSI(Master Out Slave In)	마스터에서 슬레이브로 데이터를 전송하는 신호
MISO(Master In Slave Out)	슬레이브에서 마스터로 데이터를 전송하는 신호
CS(Chip Select)	마스터에서 통신할 슬레이브를 선택하는 신호 연결된 디바이스당 1개의 CS 신호가 필요하고 통신하려고 하는 디바이스에 HIGH 신호를 보내고 나머지 디바이스에는 통신을 하는 동안 LOW를 유지합니다.

7.2 MCP3008 아날로그 입력

아두이노나 기타 다른 마이크로프로세서는 기본적으로 아날로그 입력(ADC)이 바로 가능합니다. 하지만 안타깝게도 모든 라즈베리파이는 아날로그 입력 포트가 존재하지 않습니다. 그래서 MCP3008과 같은 외부 ADC 변환 칩을 이용해야 합니다. MCP3008 이외에도 많은 종류의 아날로그 변환 칩들이 있지만 커뮤니티에서 가장 많이 사용하고 자료가 풍부한 MCP3008 변환 칩을 기준으로 설명하도록 하겠습니다.

(1) 아날로그 입력

아날로그 입력에 대해서는 이전에서 배웠던 GPIO 입력, 출력에서 다루어야 하지만 라즈베리파이에서 아날로그 입력 포트가 존재하지 않기 때문에 SPI 통신을 하는 MCP3008을 이용해서 다루어야 해서 SPI 통신 편에서 다루게 되었습니다.

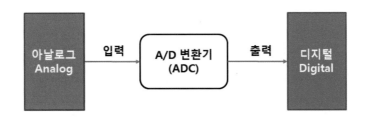

아날로그 입력은 현실에 존재하는 온도, 소리, 진동 등의 수많은 데이터를 디지털 세계에서 다루기 위해서 필요합니다. 디지털에서는 모든 데이터를 0과 1로 구분해야 하기 때문에 아날로그 신호를 먼저 디지털로 변환해야 할 필요가 있습니다. 그렇게 해주는 장치가 바로 ADC(Analog to Digital) 장치입니다. 위의 그림을 조금 더 정확하게 표현한다면 아래 그림과 같습니다.

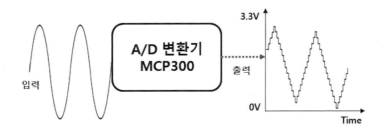

아날로그 신호를 디지털 변환 장치(MCP3008)로 넣어주면 0~3.3V 사이의 디지털 전압으로 출력해 줍니다. 여기서 디지털 변환 장치의 해상도(Resolution)가 좋을수록 계단 현상이 없이 더 아날로그 신호화 비슷한 모양으로 출력을 해줍니다. ADC 칩셋에 따라서 해상도는 보통 8~32 비트 정도입니다.

(2) MCP3008 회로 연결

MCP3008 변환기는 SPI 통신으로 10비트(2^{10} = 1024) 해상도의 데이터를 출력합니다. 즉 10비트 해상도는 아날로그 데이터를 0~1023 사이의 숫자로 출력을 해준다는 의미입니다.

- 해상도 : 10비트(2^{10}=1024, 0~1023)
- 통신 인터페이스 : SPI 인터페이스
- 채널 : 8채널
- 사용 전압 : DC 2.7~5.5V

MCP3008을 브레드보드와 저항, 캐패시터, 점프 와이어 등을 이용해서 배선을 하면 복잡하기 때문에 GPIO HAT을 이용해서 실험을 진행하도록 하겠습니다. GPIO HAT은 MCP3008을 내장하여 총 8개의 채널 중 4개를 쉽게 사용할 수 있도록 위의 그림처럼 만들어져 있습니다. 라즈베리파이와 GPIO HAT에 내장된 MCP3008의 회로 구성입니다.

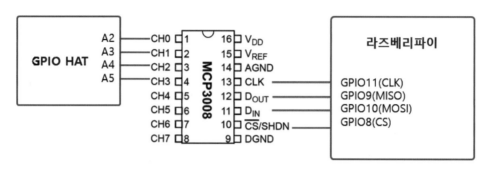

라즈베리파이	MCP3008	GPIO HAT
GPIO8	CS(Chip Select)	MCP3008 출력
GPIO9	MISO(Master In Slave Out)	Ch1 : A2
GPIO10	MOSI(Master Out Slave In)	Ch2 : A3
GPIO11	SCK(Clock)	Ch3 : A4
		Ch4 : A5

GPIO HAT의 왼쪽 아래 A2, A3, A4, A5 핀을 통해서 간단하게 SPI 통신으로 아날로그 입력을 받을 수 있습니다.

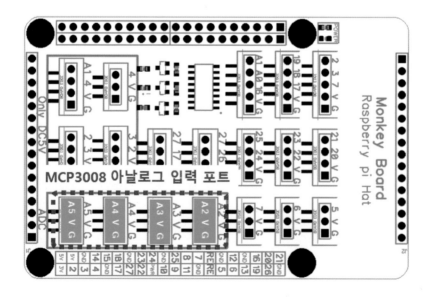

7.3 가변저항 입력

일반적인 저항은 고정된 값을 가지고 있지만 가변저항은 노브(Knob) 손잡이나 드라이버를 이용해서 가변적으로 저항의 값이 변경 가능한 저항입니다.

여러 가지 가변저항

🍓 실험에 필요한 준비물들

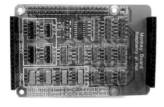

GPIO HAT

10K옴 가변저항

0~1K옴, 0~10K옴, 0~100K옴 등까지 모양과 용량이 다른 다양한 부품들이 있습니다. 교재에서 사용하는 가변저항은 0~10K옴까지 용량을 갖는 부품을 사용하였습니다.

배선도 및 회로

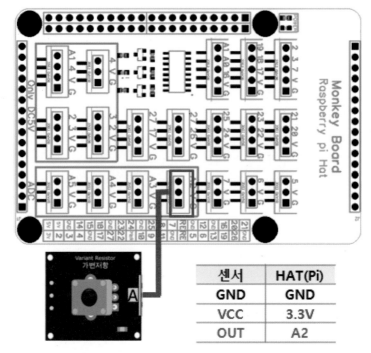

센서	HAT(Pi)
GND	GND
VCC	3.3V
OUT	A2

라즈베리파이 GPIO HAT 연결

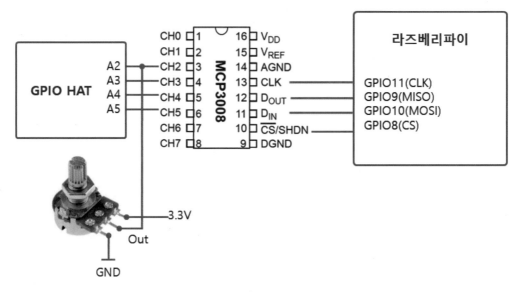

가변저항 회로 연결

라즈베리파이에서 MCP3008로 입력된 가변저항 전압을 SPI 통신으로 읽어서 10비트(0~1023) 사이의 값으로 표시하도록 코드를 작성해 보도록 하겠습니다.

(1) SPI 통신 활성화

라즈베리파이에서 SPI를 사용하기 위해서는 먼저 SPI 인터페이스를 활성화시켜야 합니다. 프로그램/기본 설정/Raspberry pi configuration에서 SPI 인터페이스를 Enable 하고 재부팅을 합니다.

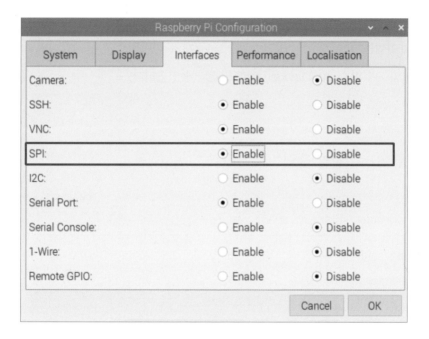

(2) spidev 라이브러리 설치

최신 버전의 라즈비안 OS가 설치되었다면 SPI 디바이스 제어용 파이썬 라이브러리가 이미 설치되어 있겠지만 만약 설치되어 있지 않다면 pip 명령어로 아이브러리를 먼저 설치합니다.

```
pi@raspberrypi:~ $ sudo pip install spidev
```

라즈베리파이에서 사용 가능한 SPI 인터페이스는 2개가 존재합니다. ls 명령어로 /dev에 있는 SPI디바이스 목록을 확인합니다.

```
pi@raspberrypi:~ $ ls /dev/spi*
/dev/spidev0.0   /dev/spidev0.1
```

디바이스 이름	SPI BUS, Device
/dev/spidev0.0 [spidevBUS.Device]	BUS : 0 Device : 0
/dev/spidev0.1 [spidevBUS.Device]	BUS : 0 Device : 1

라즈베리파이에는 0번 BUS에 연결된 0과 1의 2개의 디바이스가 존재합니다. GPIO HAT은 라즈베리파이의 SPI 버스 : 0, Device : 0과 연결되어 있습니다.

(3) 가변저항 ADC, 전압 출력

실습 파일 : examples/gpio/7.3_variant_res_1.py

```
1   import spidev                              # SPI 디바이스 패키지 사용
2   import time                                # 타이머 패키지 사용
3
4   def analog_read(channel):                  # SPI 읽기 함수 정의
5       r = spi.xfer2([1, (0x08+channel)<<4, 0])   # 버스0에 연결된 SPI 채널 읽기
6       adc_out = ((r[1]&0x03)<<8) + r[2]
7       return adc_out
8
9   spi = spidev.SpiDev()                      # SPI디바이스 인스턴스
10  spi.open(0,0)                             # spi.open(bus, device)
11  spi.max_speed_hz = 1000000               # set SPI speed
12  try:
13      while True:
14          adc = analog_read(2)             # SPI 채널 2번(A2) 읽기
15          voltage = adc*3.3/1023           # 아날로그 값을 전압으로 계산
16          print("ADC = %d  Voltage = %.3fV"   # ADC 값과 전압값 표시
17                      % (adc, voltage))
```

18	time.sleep(0.5)	
19	except KeyboardInterrupt:	
20	pass	
21	finally:	
22	spi.close()	# SPI 디바이스 닫기

〈실행 결과〉
# 아날로그값과 전압값 표시
ADC = 140 Voltage = 0.452V
ADC = 633 Voltage = 2.042V
ADC = 936 Voltage = 3.019V
ADC = 1023 Voltage = 3.300V
ADC = 590 Voltage = 1.903V

라즈베리파이에서 가변저항으로 3.3V 전압을 공급하고 있기 때문에 ADC 값을 전압으로 변환하는 공식은 아래와 같습니다.

전압 = ADC 값*공급전압(3.3)/ADC최댓값(1023)

voltage = adc*3.3/1023

실습 파일 : examples/gpio/7.3_variant_res_2.py

가변저항 값이 0~1023 사이의 값으로 읽어질 때 서보모터를 0~180도로 제어되도록 코드를 작성하세요.

7.4 LM35 온도 센서

LM35는 온도의 변화를 전압값으로 출력해 주는 아날로그 온도 센서입니다. LM35 온도 센서는 패키지(외형)에 따라서 몇 가지가 있는데 우리가 사용하는 타입은 센서의 머리가 반원형인 3핀 TO-92패키지 타입입니다.

- 사용 전압 : 4V to 30V

- 온도 범위 : 0 ~ 100 Degree

- LM35 linear scale : 10.0 mV/°C

같은 LM35 온도 센서라도 패키지 타입에 따라서 사용이 조금씩 다르고 TO-92 패키지는 0 ~ 110도 사이의 온도 측정이 가능합니다.

🐵 실험에 필요한 준비물들

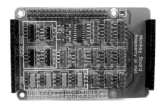

GPIO HAT

LM35 온도센서

🐵 배선도 및 회로

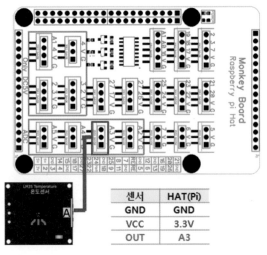

센서	HAT(Pi)
GND	GND
VCC	3.3V
OUT	A3

라즈베리파이 GPIO HAT 연결

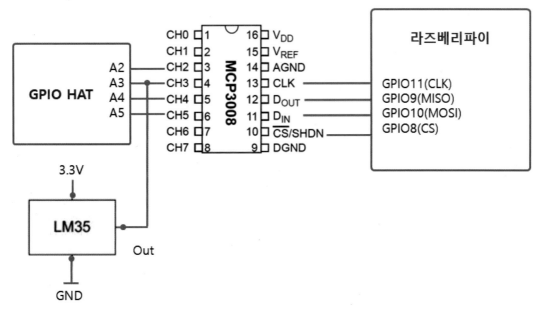

MCP3008, LM35 회로 연결

이번 실험에서는 MCP3008의 출력 채널 3번에 연결된 포트를 사용하였으니 주의하시기 바랍니다. LM35의 Out 핀에 연결된 SPI 채널 3번의 ADC 값을 읽어서 온도 값을 계산하면 됩니다. 앞에서 LM35의 주요 사양에 아래와 같은 linear scale이라는 값이 있습니다.

LM35 linear scale : 10.0 mV/°C

LM35의 출력전압이 10mV 변할 때 온도가 1도씩 변한다는 것입니다. 이것을 표로 만들어 보면 다음과 같습니다.

LM35 출력전압	온도
10mV(0.01A)	0°C
20mV(0.02A)	1°C
30mV(0.03A)	2°C
…	…
1000mV(1A)	100°C

실습 파일 : examples/gpio/7.4_lm35_1.py

```python
1    import spidev                                   # SPI 디바이스 패키지 사용
2    import time                                     # 타이머 패키지 사용
3
4    def analog_read(channel):                       # SPI 읽기 함수 정의
5        r = spi.xfer2([1, (0x08+channel)<<4, 0])    # 버스0에 연결된 SPI 채널 읽기
6        adc_out = ((r[1]&0x03)<<8) + r[2]
7        return adc_out
8
9    spi = spidev.SpiDev()                           # SPI 디바이스 인스턴스
10   spi.open(0,0)                                   # spi.open(bus, device)
11   spi.max_speed_hz = 1000000                      # set SPI speed
12
13   try:
14       while True:                                 # SPI 채널 2번(A2) 읽기
15           adc = analog_read(3)                    # 아날로그값을 전압으로 계산
16           voltage = adc*(3.3/1023/5)*1000         # ADC 값과 전압값 표시
17           temperature = voltage / 10.0
18           print ("%4d/1023 => %5.3f V => %4.1f
19               °C" % (adc, voltage, temperature))
20           time.sleep(0.5)
21   except KeyboardInterrupt:
22       pass                                        # SPI 디바이스 닫기
23   finally:
24       spi.close()
```

⟨실행 결과⟩

```
# 아날로그값 => 전압값 => 온도
 429/1023 => 0.277 V => 27.7 °C
 430/1023 => 0.277 V => 27.7 °C
 428/1023 => 0.276 V => 27.6 °C
 427/1023 => 0.275 V => 27.5 °C
```

SPI로 읽어온 ADC 값을 먼저 전압(mV)으로 변환합니다.

전압(voltage:mV) = adc*(3.3/1023)*1000   # ADC 값을 mV로 변환하기 위해서 *1000

변환된 전압으로 온도를 계산합니다.

온도(temperature) = 전압(voltage) / 10.0   # 10mV마다 1도가 변화하는 계산식

일부 모듈화된 LM35 온도 센서의 경우 LM35의 최대 출력전압의 범위가 0 ~ 1V(100° C인 경우)밖에 되지 않기 때문에 온도 계산을 더 정밀하게 하기 위해서 전력 증폭을 하는 경우가 있습니다. 아두이노에서 사용할 경우에는 5배 전력 증폭을 하는 경우가 있습니다. 그런 경우에는 전압 계산을 할 때 증폭한 만큼 전력을 나누어서 계산해야 합니다.

전압(voltage) = adc*(3.3/1023/5)*1000   # 5배 전압 증폭을 한 경우

라즈베리파이에서 사용을 하는 경우 온도 센서 제품을 만들 때 라즈베리파이 전압에 맞도록 3배로 증폭해서 사용하는 것이 조금 더 정밀한 온도를 얻을수 있을 것입니다.

Chapter 08

I²C 통신

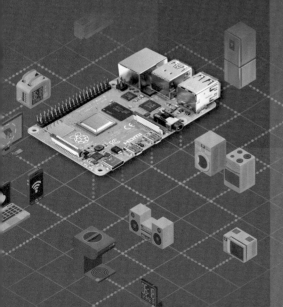

08 ▶ I²C 통신

8.1 I²C 통신 구조

I²C(Inter-Integrated Circuit)는 필립스사에서 개발한 동기식 시리얼 통신 방식입니다. 앞에서 배웠던 SPI 통신보다는 신호선이 적은 2개의 신호선만 연결하면 되는 비교적 간단한 통신 방식입니다.

(1) I²C 통신 방식

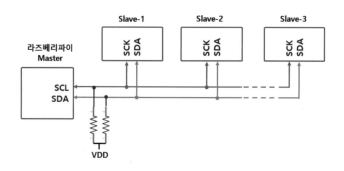

동기 방식 시리얼 통신이므로 데이터 송수신 동기화를 위한 클록(SCK) 신호선과 데이터를 주고받는 데이터(SDA) 라인이 필요합니다. 하나의 마스터와 최대 127개의 슬레이브 디바이스가 주솟값으로 구분하여 통신이 가능합니다. 데이터 송수신은 마스터가 주도하며 데이터를 전송하거나 읽어오기 전 반드시 슬레이브의 주소를 명시해 준 후 통신을 시작해야 하기 때문에 긴 데이터 통신보다는 짧은 데이터 통신에 주로 사용됩니다. 시리얼 통신과 비교했을 때 I²C 통신 동기화 통신 방식이기 때문에 데이터의 전송 타이밍을 맞추는데 RS232 통신처럼 통신 속도가 따로 정해지지 않아도 된다는 점입니다.

(2) I²C 통신 읽기, 쓰기

마스터 디바이스에서 슬레이브 디바이스를 데이터를 읽고 쓰는 예제를 통신 신호 그림으로 확인해 보도록 하겠습니다.

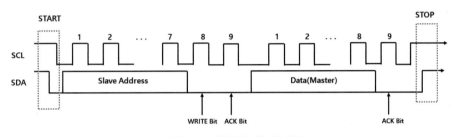

마스터에서 슬레이브로 데이터 쓰기

마스터에서 슬레이브로 데이터를 전송하는 순서입니다. SCL과 SDA 신호가 HIGH인 상태에서 마스터에서 SDA 신호를 LOW로 떨어뜨리며 I²C 통신의 시작을 알리고 SCL 라인에 클럭 신호를 만들어서 슬레이브로 보냅니다. 이후에 마스터에서 SDA 신호에 통신할 슬레이브 디바이스의 I²C 주소를 보내고 8번째 클록이 HIGH를 유지하는 시간 동안에 SDA 신호를 LOW로 하면 마스터에서 슬레이브로 데이터를 WRITE 하겠다는 신호입니다. 8비트까지 슬레이브에서 수신을 완료한 이후에 마스터 쪽으로 ACK 신호를 보내고 마스터에서는 ACK 신호를 확인하고 데이터를 전송합니다. 슬레이브에서 데이터를 수신을 완료하면 다시 마스터 쪽으로 ACK 신호를 전송하고 마스터에서 ACK 신호를 확인하면 슬레이브 쪽으로 STOP 신호를 보내서 I²C 통신을 종료합니다.

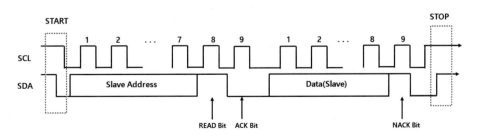

이번에는 슬레이브로부터 데이터를 읽어 오는 순서입니다. SCL과 SDA 신호가 HIGH인 상태에서 마스터에서 SDA 신호를 LOW로 떨어뜨리며 I²C 통신의 시작을 알리고 SCL 라인에 클럭 신호를 만들어서 슬레이브로 보냅니다. 이후에 마스터에서 SDA 신호에 통신할 슬레이브 디바이스의 I²C 주소를 보내고 8번째 클럭이 HIGH를 유지하는 시간 동안에 SDA 신호를 HIGH로 하면 마스터에서 슬레이브로부터 데이터를 READ 하겠다는 신호입니다. 8비트까지 슬레이브에서 수신을 완료한 이후에 마스터 쪽으로 ACK 신호를 보내고 마스터에서는 ACK 신호를 확인한 다음 데이터를 수신합니다. 마스터에서는 NACK 신호를 확인하면 슬레이브 쪽으로 STOP 신호를 보내서 I²C 통신을 종료합니다. ACK 신호는 항상 LOW여야 하는데 슬레이브에서 마스터 쪽으로 데이터 전송을 완료한 경우에는 슬레이브에서 SDA 신호를 HIGH로 유지시키면 NACK 상태가 되는 것입니다. 최종적으로 마스터에서 SDA 신호를 LOW로 떨어뜨리고 다시 HIGH를 만들어서 슬레이브 쪽으로 STOP 신호를 보내면 I²C 통신이 완료됩니다.

8.2 MPU9250 지자기/자이로/가속도 센서 I²C 통신

MPU9250은 가속도, 자이로, 지자기 센서가 하나로 합쳐진 센서입니다. 더 정확하게 표현하자면 MPU6050(자이로+가속도 센서)과 AK8963(지자기 센서) 센서가 1개로 합쳐진 것입니다. 그래서 MPU9250에는 MPU6050과 AK8963 센서 2개의 I²C 주소가 존재합니다. 더 자세한 내용은 배선 및 회로에서 설명하도록 하겠습니다.

🍓 실험에 필요한 준비물들

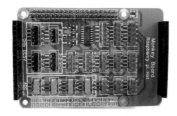

GPIO HAT

MPU9250 센서

🍓 배선도 및 회로

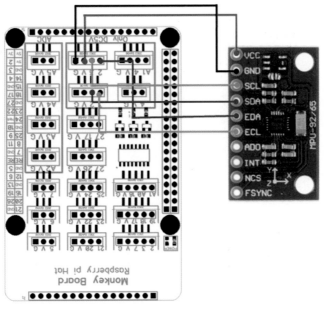

라즈베리파이 GPIO HAT 연결

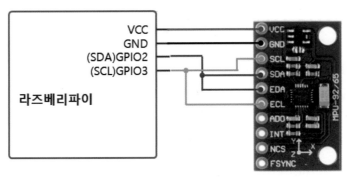

MPU9250 회로 연결

MPU9250은 원래 3.3V에서 동작을 합니다. 위의 배선도를 보면 5V 전원에 연결하였습니다. 하지만 MPU9250 모듈 자체 내에 3.3 〈--〉 5.0를 자동으로 변환해 주는 레벨 시프터와 3.3V 전원 레귤레이터가 내장되어 있어서 5V 전원과 신호선을 사용해도 무방합니다.

(1) I²C 통신 활성화

라즈베리파이에서 SPI를 사용하기 위해서는 먼저 I²C 인터페이스를 활성화시켜야 합니다. 프로그램/기본 설정/Raspberry pi configuration에서 I²C 인터페이스를 Enable 하고 재부팅을 합니다.

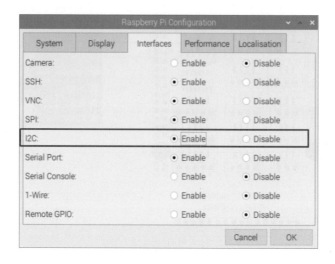

(2) I²C 디바이스 주소 확인

라즈베리파이에서 사용가능한 I²C 인터페이스를 위한 디바이스를 확인합니다. ls 명령어로 /dev에 있는 I²C 디바이스 목록을 확인합니다.

```
pi@raspberrypi:~ $ ls -al /dev/i*
crw-rw---- 1 root i2c  89, 1  1월 10 15:50 /dev/i2c-1
```

라즈베리파이에는 I²C-0과 I²C-1, 2개의 하드웨어 인터페이스가 있지만 기본적으로 I²C-1만 활성화가 되어 있습니다. I²C-0을 활성화하는 방법은 /boot/config.txt 파일을 수정해서 "dtparam=i2c_vc=on" 문구를 추가하고 다시 부팅을 하면 I²C-0도 사용이 가능합니다.

배선 연결이 잘 되었는지 확인합니다.

```
pi@raspberrypi:~ $ sudo i2cdetect -y 1
```

I²C-1에 연결된 디바이스의 주소를 확인할 수 있습니다.

- MPU6050 I²C 주소: 0x68

- AK8963 I²C 주소: 0x0C

2개의 주소가 모두 표시되어야 배선이 정확하게 된 것입니다.

(3) I²C 통신 속도 변경

/boot/config.txt 파일을 수정해서 I²C의 통신 속도를 1Mbps로 설정합니다. 1Mbps로 수정해도 MPU9250에서 받아오는 실제 속도는 400Hz~500Hz 정도가 됩니다.

```
pi@raspberrypi:~ $ sudo vi /boot/config.txt
```

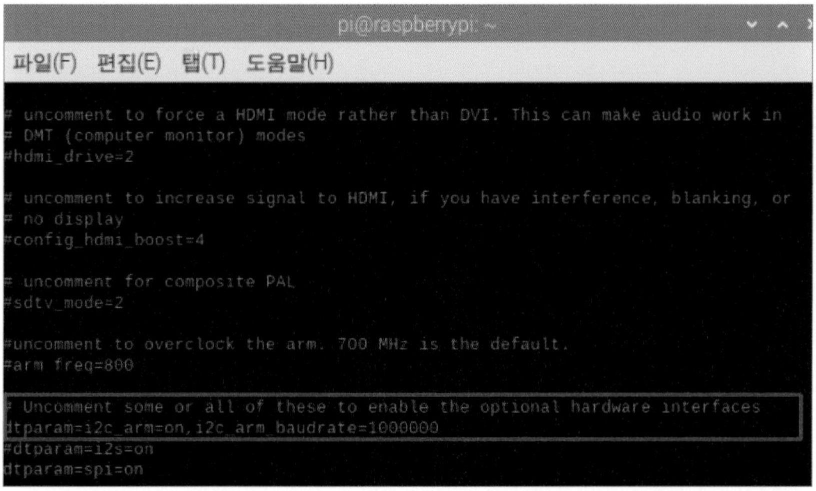

/boot/config.txt 파일에서 "dtparam=i2c_arm=on" 뒤에 속도를 추가합니다.

```
dtparam=i2c_arm=on,i2c_arm_baudrate=1000000
```

(4) 자이로/가속도/지자기 데이터 출력

실행 코드를 작성하기 전에 mpu9250_i2c.py 모듈을 먼저 작성합니다. 뒤에서 작성하는 mpu9250/mpu9250_test.py 파일과 같은 디렉토리에 있어야 합니다. MPU9250 모듈의 레지스터를 설정하고 실제로 데이터를 읽어 오는 파이썬 코드입니다. MPU9250 사용을 쉽게 하기 위한 모듈입니다.

실습 파일 : examples/gpio/mpu9250/mpu9250_i2c.py

```
1    # this is to be saved in the local folder under the name "mpu9250_i2c.py"
2    # it will be used as the I2C controller and function harbor for the project
3    # refer to datasheet and register map for full explanation
4
5    import smbus,time
6
7    def MPU6050_start():
8        # alter sample rate (stability)
9        samp_rate_div = 0 # sample rate = 8 kHz/(1+samp_rate_div)
10       bus.write_byte_data(MPU6050_ADDR, SMPLRT_DIV, samp_rate_div)
11       time.sleep(0.1)
12       # reset all sensors
13       bus.write_byte_data(MPU6050_ADDR,PWR_MGMT_1,0x00)
14       time.sleep(0.1)
15       # power management and crystal settings
16       bus.write_byte_data(MPU6050_ADDR, PWR_MGMT_1, 0x01)
17       time.sleep(0.1)
```

```
18      #Write to Configuration register
19      bus.write_byte_data(MPU6050_ADDR, CONFIG, 0)
20      time.sleep(0.1)
21      #Write to Gyro configuration register
22      gyro_config_sel = [0b00000,0b010000,0b10000,0b11000] # byte registers
23      gyro_config_vals = [250.0,500.0,1000.0,2000.0] # degrees/sec
24      gyro_indx = 0
25      bus.write_byte_data(MPU6050_ADDR, GYRO_CONFIG, int(gyro_config_sel[gyro_indx]))
26      time.sleep(0.1)
27      #Write to Accel configuration register
28      accel_config_sel = [0b00000,0b01000,0b10000,0b11000] # byte registers
29      accel_config_vals = [2.0,4.0,8.0,16.0] # g (g = 9.81 m/s^2)
30      accel_indx = 0
31      bus.write_byte_data(MPU6050_ADDR, ACCEL_CONFIG, int(accel_config_sel[accel_indx]))
32      time.sleep(0.1)
33      # interrupt register (related to overflow of data [FIFO])
34      bus.write_byte_data(MPU6050_ADDR, INT_ENABLE, 1)
35      time.sleep(0.1)
36      return gyro_config_vals[gyro_indx],accel_config_vals[accel_indx]
37
38  def read_raw_bits(register):
39      # read accel and gyro values
40      high = bus.read_byte_data(MPU6050_ADDR, register)
41      low = bus.read_byte_data(MPU6050_ADDR, register+1)
42
43      # combine higha and low for unsigned bit value
44      value = ((high << 8) | low)
45
46      # convert to +- value
47      if(value > 32768):
48          value -= 65536
```

```
49      return value
50
51  def mpu6050_conv():
52      # raw acceleration bits
53      acc_x = read_raw_bits(ACCEL_XOUT_H)
54      acc_y = read_raw_bits(ACCEL_YOUT_H)
55      acc_z = read_raw_bits(ACCEL_ZOUT_H)
56
57      # raw temp bits
58      ## t_val = read_raw_bits(TEMP_OUT_H) # uncomment to read temp
59
60      # raw gyroscope bits
61      gyro_x = read_raw_bits(GYRO_XOUT_H)
62      gyro_y = read_raw_bits(GYRO_YOUT_H)
63      gyro_z = read_raw_bits(GYRO_ZOUT_H)
64
65      # convert to acceleration in g and gyro dps
66      a_x = (acc_x/(2.0**15.0))*accel_sens
67      a_y = (acc_y/(2.0**15.0))*accel_sens
68      a_z = (acc_z/(2.0**15.0))*accel_sens
69
70      w_x = (gyro_x/(2.0**15.0))*gyro_sens
71      w_y = (gyro_y/(2.0**15.0))*gyro_sens
72      w_z = (gyro_z/(2.0**15.0))*gyro_sens
73
74      ## temp = ((t_val)/333.87)+21.0 # uncomment and add below in return
75      return a_x,a_y,a_z,w_x,w_y,w_z
76
77  def AK8963_start():
78      bus.write_byte_data(AK8963_ADDR,AK8963_CNTL,0x00)
79      time.sleep(0.1)
```

```python
80      AK8963_bit_res = 0b0001 # 0b0001 = 16-bit
81      AK8963_samp_rate = 0b0110 # 0b0010 = 8 Hz, 0b0110 = 100 Hz
82      AK8963_mode = (AK8963_bit_res <<4)+AK8963_samp_rate # bit conversion
83      bus.write_byte_data(AK8963_ADDR,AK8963_CNTL,AK8963_mode)
84      time.sleep(0.1)
85
86  def AK8963_reader(register):
87      # read magnetometer values
88      low = bus.read_byte_data(AK8963_ADDR, register-1)
89      high = bus.read_byte_data(AK8963_ADDR, register)
90      # combine higha and low for unsigned bit value
91      value = ((high << 8) | low)
92      # convert to +- value
93      if(value > 32768):
94          value -= 65536
95      return value
96
97  def AK8963_conv():
98      # raw magnetometer bits
99
100     loop_count = 0
101     while 1:
102         mag_x = AK8963_reader(HXH)
103         mag_y = AK8963_reader(HYH)
104         mag_z = AK8963_reader(HZH)
105
106         # the next line is needed for AK8963
107         if bin(bus.read_byte_data(AK8963_ADDR,AK8963_ST2))=='0b10000':
108             break
109         loop_count+=1
110
```

```python
111         # convert to acceleration in g and gyro dps
112         m_x = (mag_x/(2.0**15.0))*mag_sens
113         m_y = (mag_y/(2.0**15.0))*mag_sens
114         m_z = (mag_z/(2.0**15.0))*mag_sens
115
116         return m_x,m_y,m_z
117
118     # MPU6050 Registers
119     MPU6050_ADDR = 0x68
120     PWR_MGMT_1   = 0x6B
121     SMPLRT_DIV   = 0x19
122     CONFIG       = 0x1A
123     GYRO_CONFIG = 0x1B
124     ACCEL_CONFIG = 0x1C
125     INT_ENABLE   = 0x38
126     ACCEL_XOUT_H = 0x3B
127     ACCEL_YOUT_H = 0x3D
128     ACCEL_ZOUT_H = 0x3F
129     TEMP_OUT_H   = 0x41
130     GYRO_XOUT_H  = 0x43
131     GYRO_YOUT_H  = 0x45
132     GYRO_ZOUT_H  = 0x47
133     #AK8963 registers
134     AK8963_ADDR   = 0x0C
135     AK8963_ST1    = 0x02
136     HXH           = 0x04
137     HYH           = 0x06
138     HZH           = 0x08
139     AK8963_ST2   = 0x09
140     AK8963_CNTL  = 0x0A
141     mag_sens = 4900.0 # magnetometer sensitivity: 4800 uT
```

```
142
143    # start I2C driver
144    bus = smbus.SMBus(1) # start comm with i2c bus
145    gyro_sens,accel_sens = MPU6050_start() # instantiate gyro/accel
146    AK8963_start() # instantiate magnetometer
```

mpu9250_i2c.py 코드에 대한 자세한 사항은 mpu9250 데이터 시트에 대한 내용을 모두 알
아야 하기 때문에 교재에서 모두 설명하기는 어렵습니다. 교재에 대한 코드는 미리 제공하므
로 라즈베리파이에 복사해서 실행이 잘 되는지 테스트까지만 해보도록 합니다.

실습 파일 : examples/gpio/mpu9250/mpu9250_data.py

```
1     # MPU6050 9-DoF Example Printout
2
3     from mpu9250_i2c import *
4
5     time.sleep(1)     # delay necessary to allow mpu9250 to settle
6
7     print('recording data')
8     while 1:
9       try:
10        ax,ay,az,wx,wy,wz = mpu6050_conv()     # read and convert mpu6050 data
11        mx,my,mz = AK8963_conv()     # read and convert AK8963 magnetometer data
12      except:
13        continue
14
15    print('{}'.format('-'*30))
16    print('accel [g]: x = {0:2.2f}, y = {1:2.2f}, z {2:2.2f}= '.format(ax,ay,az))
17    print('gyro [dps]:  x = {0:2.2f}, y = {1:2.2f}, z = {2:2.2f}'.format(wx,wy,wz))
18    print('mag [uT]:   x = {0:2.2f}, y = {1:2.2f}, z = {2:2.2f}'.format(mx,my,mz))
```

```
19    print('{}'.format('-'*30))
20    time.sleep(1)
```

```
>>> %Run mpu9250_test.py
recording data
------------------------------
accel [g]: x = -1.31, y = 0.21, z 0.28=
gyro [dps]:  x = 3.81, y = 47.55, z = -10.17
mag [uT]:    x = 22.13, y = 55.93, z = 78.36

------------------------------

------------------------------
accel [g]: x = -1.32, y = 0.21, z 0.27=
gyro [dps]:  x = 3.84, y = 47.67, z = -10.60
mag [uT]:    x = 22.58, y = 55.48, z = 78.21

------------------------------
```

가속도, 자이로, 지자기 센서의 데이터들이 텍스트 형태로 출력됩니다. MPU9250 모듈을 뒤집거나 움직여 보면 각 센서들의 출력값들이 변화하는 것을 확인할 수 있습니다.

https://makersportal.com/blog/2019/11/11/raspberry-pi-python-accelerometer-gyroscope-magnetometer 사이트를 참조 하였습니다.

(5) OpenGL 3D 랜더링

텍스트로만 출력이 되기 때문에 센서가 움직였을 때 값들이 어떤 것들을 의미하는지 알기가 어렵습니다. 시각적으로 표현이 OpenGL을 설치하여 3D모션으로 표현해 보도록 하겠습니다. 먼저 라즈베리파이에서 OpenGL사용을 활성화 해야 합니다. 라즈베리파이 기본 설정을 실행 합니다.

```
pi@raspberrypi:~ $ sudo raspi-config
```

🍓 6. Advanced Options 선택

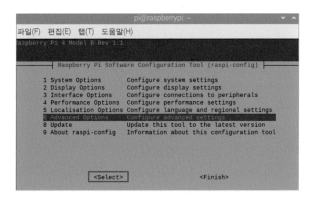

🍓 A2. GL Driver 선택

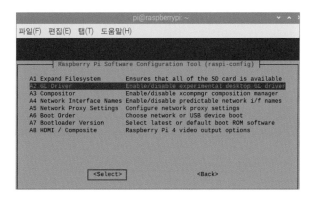

🍓 G2 GL (Fake KMS) 선택

여기까지 설정을 하고 라즈베리파이를 재부팅 합니다. OpenGL과 추가로 필요한 패키지를 설치 합니다.

```
pi@raspberrypi:~ $ pip3 install PyOpenGL
pi@raspberrypi:~ $ pip3 install pygame
```

실습파일 : examples/gpio/mpu9250/mpu9250_3d.py

```
1    import pygame
2    import math
3    import sys
4    from mpu9250_i2c import *
5    from OpenGL.GL import *
6    from OpenGL.GLU import *
7    from pygame.locals import *
8
9    time.sleep(1)            # delay necessary to allow mpu9250 to settle
10
11   class Cube(object):
12
13       def __init__(self, position, color):
14           self.position = position
15           self.color = color
16
17       # Cube information
18       num_faces = 6
19
20       vertices = [ (-1.0, -0.05, 0.5),
21                    (1.0, -0.05, 0.5),
22                    (1.0, 0.05, 0.5),
23                    (-1.0, 0.05, 0.5),
```

```
24                        (-1.0, -0.05, -0.5),
25                        (1.0, -0.05, -0.5),
26                        (1.0, 0.05, -0.5),
27                        (-1.0, 0.05, -0.5) ]
28
29      normals = [ (0.0, 0.0, +1.0),        # front
30                  (0.0, 0.0, -1.0),        # back
31                  (+1.0, 0.0, 0.0),        # right
32                  (-1.0, 0.0, 0.0),        # left
33                  (0.0, +1.0, 0.0),        # top
34                  (0.0, -1.0, 0.0) ]       # bottom
35
36      vertex_indices = [ (0, 1, 2, 3),     # front
37                         (4, 5, 6, 7),     # back
38                         (1, 5, 6, 2),     # right
39                         (0, 4, 7, 3),     # left
40                         (3, 2, 6, 7),     # top
41                         (0, 1, 5, 4) ]    # bottom
42
43   def render(self):
44       then = pygame.time.get_ticks()
45       glColor(self.color)
46
47       vertices = self.vertices
48
49       # Draw all 6 faces of the cube
50       glBegin(GL_QUADS)
51
52       for face_no in range(self.num_faces):
53           glNormal3dv(self.normals[face_no])
54           v1, v2, v3, v4 = self.vertex_indices[face_no]
```

```
55              glVertex(vertices[v1])
56              glVertex(vertices[v2])
57              glVertex(vertices[v3])
58              glVertex(vertices[v4])
59          glEnd()
60
61    def dist(a,b):
62        return math.sqrt((a*a)+(b*b))
63
64    def get_y_rotation(x,y,z):
65        radians = math.atan2(x, dist(y,z))
66        return -math.degrees(radians)
67
68    def get_x_rotation(x,y,z):
69        radians = math.atan2(y, dist(x,z))
70        return math.degrees(radians)
71
72    SCREEN_SIZE = (800, 600)
73    SCALAR = .5
74    SCALAR2 = 0.2
75
76    def resize(width, height):
77        glViewport(0, 0, width, height)
78        glMatrixMode(GL_PROJECTION)
79        glLoadIdentity()
80        gluPerspective(45.0, float(width) / height, 0.001, 10.0)
81        glMatrixMode(GL_MODELVIEW)
82        glLoadIdentity()
83        gluLookAt(0.0, 1.0, -5.0,
84                  0.0, 0.0, 0.0,
85                  0.0, 1.0, 0.0)
```

```python
86
87  def init():
88      glEnable(GL_DEPTH_TEST)
89      glClearColor(0.0, 0.0, 0.0, 0.0)
90      glShadeModel(GL_SMOOTH)
91      glEnable(GL_BLEND)
92      glEnable(GL_POLYGON_SMOOTH)
93      glHint(GL_POLYGON_SMOOTH_HINT, GL_NICEST)
94      glEnable(GL_COLOR_MATERIAL)
95      glEnable(GL_LIGHTING)
96      glEnable(GL_LIGHT0)
97      glLightfv(GL_LIGHT0, GL_AMBIENT, (0.3, 0.3, 0.3, 1.0));
98
99  # 여기부터 main
100 pygame.init()
101 screen = pygame.display.set_mode(SCREEN_SIZE, HWSURFACE | OPENGL | DOUBLEBUF)
102 resize(*SCREEN_SIZE)
103 init()
104 clock = pygame.time.Clock()
105 cube = Cube((0.0, 0.0, 0.0), (255., 0., 0.))
106 angle = 0
107
108 print('recording data')
109 while 1:
110     try:
111 # read and convert mpu6050 data
112         ax,ay,az = mpu6050_raw_data()
113     except:
114         continue
115
116     accel_xout_scaled = ax / 16384.0
```

```
117    accel_yout_scaled = ay / 16384.0
118    accel_zout_scaled = az / 16384.0
119
120    then = pygame.time.get_ticks()
121    for event in pygame.event.get():
122        if event.type == QUIT:
123            sys.exit(1)
124        if event.type == KEYUP and event.key == K_ESCAPE:
125            sys.exit(1)
126
127    # mpu6050 data 데이터 가공
128    x_angle = get_x_rotation(accel_xout_scaled, accel_yout_scaled, \
                                                   accel_zout_scaled)
129    y_angle = get_y_rotation(accel_xout_scaled, accel_yout_scaled, \
                                                   accel_zout_scaled)
130
131    glClear(GL_COLOR_BUFFER_BIT | GL_DEPTH_BUFFER_BIT)
132
133    glColor((1.,1.,1.))
134    glLineWidth(1)
135    glBegin(GL_LINES)
136
137    for x in range(-20, 22, 2):
138        glVertex3f(x/10.,-1,-1)
139        glVertex3f(x/10.,-1,1)
140
141    for x in range(-20, 22, 2):
142        glVertex3f(x/10.,-1, 1)
143        glVertex3f(x/10., 1, 1)
144
145    for z in range(-10, 12, 2):
146        glVertex3f(-2, -1, z/10.)
```

```
147        glVertex3f( 2, -1, z/10.)
148
149    for z in range(-10, 12, 2):
150        glVertex3f(-2, -1, z/10.)
151        glVertex3f(-2,  1, z/10.)
152
153    for z in range(-10, 12, 2):
154        glVertex3f( 2, -1, z/10.)
155        glVertex3f( 2,  1, z/10.)
156
157    for y in range(-10, 12, 2):
158        glVertex3f(-2, y/10., 1)
159        glVertex3f( 2, y/10., 1)
160
161    for y in range(-10, 12, 2):
162        glVertex3f(-2, y/10., 1)
163        glVertex3f(-2, y/10., -1)
164
165    for y in range(-10, 12, 2):
166        glVertex3f(2, y/10., 1)
167        glVertex3f(2, y/10., -1)
168
169    glEnd()
170    glPushMatrix()
171    glRotate(float(x_angle), 1, 0, 0)
172    glRotate(-float(y_angle), 0, 0, 1)
173    cube.render()
174    glPopMatrix()
175    pygame.display.flip()    # 전체 화면을 업데이트
```

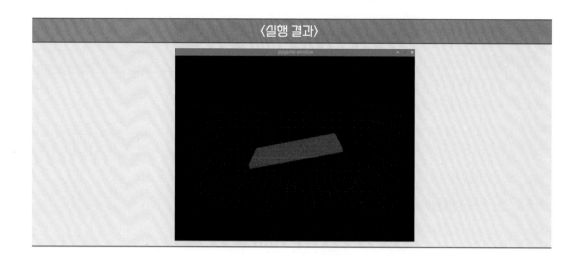

〈실행 결과〉

http://blog.bitify.co.uk/2013/11/3d-opengl-visualisation-of-data-from.html

　본 예제 코드는 위의 사이트를 참조하여 작성하였고 WebPi로 작성해서 OpenGL이 설치된 원격지의 데스크톱 리눅스에서 결과를 확인하는 코드를 라즈베리파이에 직접 OpenGL을 설치해서 동작하도록 수정하였습니다. OpenGL 화면에서 ESC 키를 누르면 프로그램을 종료할 수 있습니다. OpenGL에 대한 설명까지는 교재의 범위를 벗어나는 것 같아 자세한 설명은 생략 합니다.

　더 자세한 사항은 코딩카페(https://cafe.naver.com/codingblock)를 참조해 주시기 바랍니다.

플라스크 웹 서버

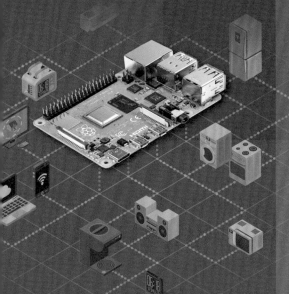

09 플라스크 웹 서버

9.1 웹 서버 역할

웹 서버(Web Server)의 역할은 웹을 통해서 서버 역할의 하드웨어에서 구동되는 서비스 프로그램을 의미합니다. 구체적으로 이야기하면 서버 컴퓨터의 메모리에 상주하면서 웹 브라우저와 같은 클라이언트 프로그램에서 요청한 HTTP(HyperText Transfer Protocol) 프로토콜에 대해서 응답을 하는 프로그램이라고 생각하면 됩니다.

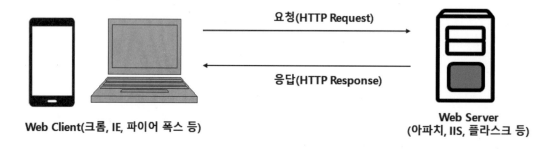

Web Client(크롬, IE, 파이어 폭스 등)   요청(HTTP Request)   Web Server
                                        응답(HTTP Response)   (아파치, IIS, 플라스크 등)

웹 서버의 역할을 하는 소프트웨어는 다양한 종류가 많이 있습니다. 라즈베리파이에서는 주로 플라스크(Flask)와 장고(Django)라는 소프트웨어를 많이 사용하는 것 같습니다. 2개를 비교하다가 본 교재에서는 라즈베리파이 하드웨어의 제한된 메모리와 저장 공간에서 사용하기 때문에 플라스크가 조금 더 효율적일 수 있을 것 같아 플라스크를 선택하였습니다.

9.2 플라스크 웹 서버

플라스크(Flask)는 완전한 웹 서버 역할을 수행하는 웹 서버라기보다는 파이썬에서 간단하게 웹 서버 기능을 구현하기 쉽게 해주는 웹 프레임워크(Framework)입니다. 플라스크는 용량도 작고 사용법도 간단하기 때문에 라즈베리파이에서 쉽게 웹을 통해 하드웨어를 제어할 수 있습니다. 특히 플라스크는 파이썬 언어로 개발할 수 있다는 것이 매우 큰 장점입니다.

라즈비안 운영체제에 플라스크를 설치하고 파이썬과 연동해서 간단한 웹 서버 역할을 하도록 하고 파이썬에서는 플라스크로 전달되어 오는 클라이언트 요청을 해석하여 하드웨어를 제어해 보도록 실습을 해보도록 하겠습니다.

(1) 플라스크 웹서버 설치

플라스크를 설치하기 전에 플라스크 공식 홈페이지에 https://flask.palletsprojects.com/dp 속을 해보세요. 본 교재에서 지면 관계상 플라스크의 모든 기능을 설명할 수 없기 때문에 공식 홈페이지에 접속해서 유용한 예제들과 업데이트 정보를 확인하시기 바랍니다.

플라스크를 설치할 때 사용하려는 파이썬 버전에 맞추어서 설치해야 합니다.

```
pi@raspberrypi:~ $ python --version
Python 2.7.16
pi@raspberrypi:~ $ python3 --version
Python 3.7.3
```

설치를 진행하기 전에 먼저 플라스크가 이미 되어 있는지 확인합니다.

```
pi@raspberrypi:~ $ flask --version
Flask 1.0.2
Python 3.7.3 (default, Jul 25 2020, 13:03:44)
[GCC 8.3.0]
```

위와 같이 플라스크가 이미 설치되어 있다면 설치를 진행하지 않아도 되고 설치를 진행하더라도 이미 최신 버전이 설치된 상태라면 아래와 같은 메시지가 나옵니다.

```
pi@raspberrypi:~ $ sudo apt-get install python3-flask
패키지 목록을 읽는 중입니다... 완료
의존성 트리를 만드는 중입니다
상태 정보를 읽는 중입니다... 완료
python3-flask is already the newest version (1.0.2-3).
0개 업그레이드, 0개 새로 설치, 0개 제거 및 33개 업그레이드 안 함.
```

설치가 완료되었다면 이제 플라스크가 잘 동작하는지 간단한 예제를 만들어서 테스트를 해보도록 하겠습니다.

(2) 플라스크 테스트

플라스크 테스트 파일들을 저장할 디렉토리를 pi 계정의 홈디렉토리에 webapp 이름으로
생성합니다.

```
pi@raspberrypi:~ $ pwd
/home/pi
pi@raspberrypi:~ $ mkdir wepapp
```

클라이언트(PC 인터넷 브라우저)를 통해서 라즈베리파이의 80포트로 접속하면 클라이언트로
"Hello Flask"라는 문구를 출력하는 간단한 테스트 프로그램입니다. 작성한 index.py 프로그
램을 /home/pi/weapp/index.py 파일로 저장하세요.

실습 파일 : ~/webapp/index.py

```
1    from flask import Flask              # Flask 패키지 사용
2
3    app = Flask(__name__)                # 인스턴스(객체) 생성
4
5    @app.route('/')                      # URL " / " 루트로 요청이 오면
6    def hello():                         # hello 함수 실행
7        return 'Hello Flask'
8
9    if __name__ == '__main__':           # 80포트로 서비스
10       app.run(debug=True, port=80, host='0.0.0.0')
```

@app.route('/') 부분이 클라이언트에게 서비스할 URL 주소입니다. "/"로 지정했다는 것은
웹 브라우저에서 도메인 이름이나 IP 주소 이외에 아무것도 지정하지 않으면 접속이 되는 기
본 위치를 지정한 것입니다. 플라스크 서비스를 이용하려면 root 권한이 필요합니다. webapp
디렉토리로 이동해서 root 권한으로 작성한 파이썬 파일을 실행합니다.

```
pi@raspberrypi:~ $ cd wepapp/
pi@raspberrypi:~/wepapp $ sudo python3 index.py
 * Serving Flask app "index" (lazy loading)
 * Environment: production
   WARNING: Do not use the development server in a production environment.
   Use a production WSGI server instead.
 * Debug mode: on
 * Running on http://0.0.0.0:80/ (Press CTRL+C to quit)
 * Restarting with stat
 * Debugger is active!
 * Debugger PIN: 251-764-091
```

이제 클라이언트에서 주소창에 라즈베리파이의 IP 주소를 입력해서 결과를 확인합니다. 라즈베리파이에 할당된 IP 주소는 ifconfig 명령으로 확인하면 됩니다.

```
pi@raspberrypi:~ $ ifconfig
eth0: flags=4099<UP,BROADCAST,MULTICAST>  mtu 1500
        ether dc:a6:32:3b:89:aa  txqueuelen 1000  (Ethernet)
        RX packets 0  bytes 0 (0.0 B)
        RX errors 0  dropped 0  overruns 0  frame 0
        TX packets 0  bytes 0 (0.0 B)
        TX errors 0  dropped 0 overruns 0  carrier 0  collisions 0

lo: flags=73<UP,LOOPBACK,RUNNING>  mtu 65536
        inet 127.0.0.1  netmask 255.0.0.0
        inet6 ::1  prefixlen 128  scopeid 0x10<host>
        loop  txqueuelen 1000  (Local Loopback)
        RX packets 5  bytes 284 (284.0 B)
        RX errors 0  dropped 0  overruns 0  frame 0
        TX packets 5  bytes 284 (284.0 B)
        TX errors 0  dropped 0 overruns 0  carrier 0  collisions 0
```

```
wlan0: flags=4163<UP,BROADCAST,RUNNING,MULTICAST>  mtu 1500
        inet 192.168.1.44  netmask 255.255.255.0  broadcast 192.168.1.255
        inet6 fe80::3849:11b3:453:bef0  prefixlen 64  scopeid 0x20<link>
```

여기까지 완료되었다면 플라스크가 잘 동작하고 있는 것입니다.

플라스크 웹 서버는 기본적으로 아래 그림과 같은 디렉토리 구조를 가지고 동작을 합니다.

static, templates 디렉토리에 대한 자세한 사용법은 이후에 진행하도록 하겠습니다.

(3) 웹 페이지 추가하는 방법

@app.route() 함수를 이용해서 여러 개의 서비스 페이지를 추가할 수 있습니다. sub1, sub2 페이지를 추가해 보도록 하겠습니다.

실습 파일 : ~/webapp/sub.py

```python
1   from flask import Flask        # Flask 패키지 사용
2
3   app = Flask(__name__)          # 인스턴스(객체) 생성
4
5   @app.route('/')                # URL " / " 루트로 요청이 오면
6   def hello():                   # hello() 함수 실행
7       return 'Hello Flask'
8
9   @app.route('/sub1')            # " /sub1 "으로 요청이 오면
10  def sub1():                    # sub1() 함수 실행
11      return 'SUB1 Page'
12
13  @app.route('/sub2')            # " /sub2 "으로 요청이 오면
14  def sub2():                    # sub2() 함수 실행
15      return 'SUB2 Page'
16
17  if __name__ == '__main__':
18      app.run(debug=True, port=80, host='0.0.0.0')
```

@app.route() 함수의 인자로 서비스할 URL 이름을 지정하고 바로 밑에 서비스할 함수를 URL 이름과 동일한 이름으로 구현하면 됩니다.

"http://라즈베리파이 IP 주소/sub1"로 접속

"http://라즈베리파이 IP 주소/sub2"로 접속

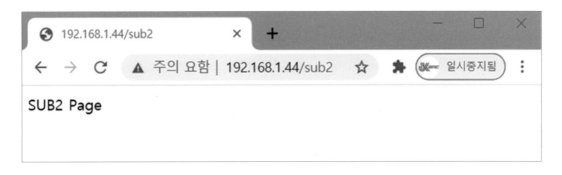

```
pi@raspberrypi:~/wepapp $ sudo python3 sub.py
 * Serving Flask app "sub" (lazy loading)
 * Environment: production
   WARNING: Do not use the development server in a production environment.
   Use a production WSGI server instead.
 * Debug mode: on
 * Running on http://0.0.0.0:80/ (Press CTRL+C to quit)
 * Restarting with stat
 * Debugger is active!
 * Debugger PIN: 251-764-091
192.168.1.39 - - [11/Jan/2021 13:24:43] "GET /sub1 HTTP/1.1" 200 -
192.168.1.39 - - [11/Jan/2021 13:25:19] "GET /sub2 HTTP/1.1" 200 -
```

클라이언트에서 라즈베리파이 플라스크에 접속하게 되면 명령 실행 창에 접속한 클라이언트의 IP 주소, 요청한 방식, 요청한 페이지 정보가 표시됩니다.

(4) HTML 페이지 작성하기

다음이나 구글처럼 웹 페이지에 다양한 이미지, 하이퍼텍스트, 테이블 등을 표시해 보도록 하겠습니다. 이전의 예제들은 단순한 메시지만 출력했습니다. 웹 페이지에 다양한 정보를 표시하기 위해서 html 페이지를 플라스크에서 전송하는 방법을 알아보겠습니다. html 페이지를 출력하기 위해서는 먼저 HTML 파일을 작성해서 플라스크에서 서비스할 디렉토리에 추가해 주

어야 합니다. 물론 HTML에서 이미지나 동영상을 보여 주고자 한다면 이미지 파일들과, 동영상 파일들도 같이 존재해야 합니다. 플라스크에서 render_templates()라는 함수를 이용해서 간단한 HTML 태그들을 사용한 텍스트와 이미지를 보여 주는 파이썬 코드를 작성해 보도록 하겠습니다. HTML 파일을 보여주기 위해서는 파이썬 코드가 실행되는 디렉토리에 templates, static 디렉토리가 추가로 필요합니다.

먼저 파이썬 코드가 실행되는 디렉토리에 HTML 파일을 저장할 templates라는 디렉토리를 생성합니다.

```
pi@raspberrypi:~/wepapp $ mkdir templates
pi@raspberrypi:~/wepapp $ mkdir static
```

테스트용 HTML 파일과 png 이미지 파일을 아래 경로에 복사합니다.

home/pi/wepapp/templates/test_html.html

home/pi/wepapp/static/rpi4.png

home/pi/wepapp/	test_html.py	
	templates/	test_html.html
	static/	rpi4.png

최종적으로 위의 표의 위치에 각 파일이 있어야 합니다.

- templates: HTML 템플릿 파일들 위치
- static: HTML 파일에서 사용하는 정적 리소스 파일들(이미지, 동영상 파일 등)

실습 파일 : ~/webapp/templates/test_html.html

1	`<html>`
2	`<head>`
3	`<title>Flask HTML test page</title>`

4	</head>
5	
6	<body>
7	<center>
8	
9	라즈베리파이4 플라스크 HTML 테스트 페이지
10	
11	<img src="static/rpi4.png">
12	</center>
13	</body>
14	
15	</html>

라즈베리파이에서 HTML 파일을 작성하기에는 번거롭기 때문에 PC에서 Microsoft Expression 등의 사용하기 편리한 HTML 제작 도구를 이용해서 HTML 파일을 작성합니다.

실습 파일 : /home/pi/webapp/html_test.py

```python
1   from flask import Flask, render_template      # Flask, Render 패키지 사용
2
3   app = Flask(__name__)                         # 인스턴스(객체) 생성
4
5   @app.route('/')                              # URL " / " 루트로 요청이 오면
6   def index():                                 # index() 함수 실행
7       return render_template('html_test.html') # webapp/templates/html_test.html
8   # 파일 랜더링
9   if __name__ == '__main__':
10      app.run(debug=True, port=80, host='0.0.0.0')
```

"http://라즈베리파이 IP 주소/"로 접속

HTML 페이지에 이미지가 삽입된 형태로 보이게 됩니다.

9.3 GET, POST 요청

HTML 페이지만으로는 인기 있는 서버용 개발 프로그램 언어인 JSP, PHP, ASP 등과 같이 동적인 내용(상황에 따라서 다른 내용을 출력)을 서비스할 수가 없습니다. 플라스크에서도 웹 클라이언트에서 넘겨주는 파라미터를 받아서 동적인 출력을 할 수가 있습니다. 웹 클라이언트에서 웹 서버(플라스크) 쪽으로 동적으로 파라미터를 넘겨줄 수 있는 방식은 GET, POST 2가지 방식이 있습니다.

(1) GET 방식 파라미터

 GET 방식은 간단하게 생각하면 웹 브라우저의 URL에 파라미터를 설정해서 웹서버로 넘겨주거나 HTML에서 입력 태그에서 Submit 방식을 GET으로 해서 요청하면 됩니다. 먼저 URL을 통해서 파라미터를 넘기는 실습을 하도록 하겠습니다. 먼저 결과 창을 확인해 보면 아래 그림과 같습니다.

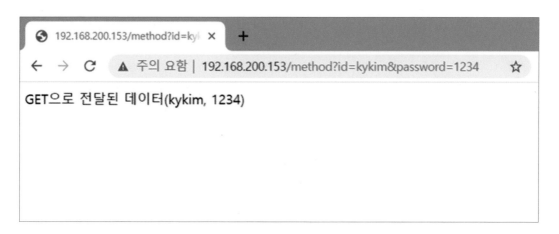

 "http://라즈베리파이 IP 주소/method?id=kykim&password=1234"로 접속하면 됩니다. 물론 파이썬 소스 method.py를 작성한 이후에 실습을 해야 합니다. GET 방식으로 파라미터를 요청하기 위해서 웹 서버 페이지 URL에 "?"로 시작하고 "name=value"처럼 작성하면 됩니다. 파라미터를 여러 개를 보내려면 "&"로 구분해서 보내면 됩니다.

name	value
id	kykim
password	1234

실습 파일 : ~webapp/method.py

```
1  # Flask, Render 패키지 사용
2  from flask import Flask, request, render_template
3
```

```
4      # 인스턴스(객체) 생성

5      app = Flask(__name__)

6

7      # URL "/method" 로 요청이 오면

8      @app.route('/method', methods=['GET'])

9      def method():

10       if request.method == 'GET':

11       id = request.args["id"]                          # URL에 있는 "id"

12       password = request.args.get("password")          # URL에 있는 "password"

13       return "GET으로 전달된 데이터({}, {})".format(id, password)

14

15     if __name__ == '__main__':

16       app.run(debug=True, port=80, host='0.0.0.0')
```

이런 방식으로 플라스크 서버로 GET 방식으로 요청을 보낼 수 있지만 매번 URL 창에 파라미터를 타이핑해야 하는 단점이 있습니다. HTML 파일을 작성해서 동일하게 GET 방식으로 요청을 해보도록 하겠습니다.

실습 파일 : ~/webapp/templates/method_get.html

```
1      <html>

2      <head>

3      <title>GET 방식 요청 테스트</title>

4      </head>

5

6      <body>

7      <h2>ID:{{ id }}, PASSWORD:{{ password }}</h2>

8      <form method="get" action="/method_get_act">

9        <label id="Label1">id</label>       

10       <input name="id" type="text" />
```

11	`<label id="Label1"> password </label>`
12	`<input name="password" type="text" />  `
13	`<input name="Submit1" type="submit" value="submit" />`
14	`</form>`
15	`</body>`
16	`</html>`

method_get.html 파일에서 "\<h2>ID:{{ id }}, PASSWORD:{{ password }}</h2>" 코드는 플라스크 파이썬 코드에서 전달해 주는 값을 받아서 보여 주는 코드입니다. 처음에 브라우저에서 method_get.html URL을 요청하면 플라스크에서 넘겨받은 데이터가 없기 때문에 {{id}}, {{password}}에는 아무것도 보이지 않습니다.

\<form method="get" action="/method_get_act"> form 태그에서 method="get"로 요청하면 GET 방식으로 요청을 하는 것입니다. action="/method_get_act"는 submit 버튼을 눌렀을 때 플라스크 서버의 어떤 함수를 호출할지를 결정합니다.

실습 파일 : ~/webapp/method_get.py

1	`from flask import Flask, request, render_template`
2	
3	`app = Flask(__name__)`
4	
5	`@app.route('/method_get', methods=['GET'])`
6	`def method_get():`
7	`  return render_template('method_get.html')`
8	
9	`# <form method="get" action="/method_get_act"> 태그에 의해서 호출`
10	`@app.route('/method_get_act', methods=['GET'])`
11	`def method_get_act():`
12	`  if request.method == 'GET':`

```
13        # method_get.html에서 요청한 "id" 읽기
14        id = request.args["id"]
15        # method_get.html에서 요청한 "password" 읽기
16        password = request.args.get("password")
17        # method_get.html로 id, password 인자 전달
18        return render_template('method_get.html', id=id, password=password)
19
20    if __name__ == '__main__':
21        app.run(debug=True, port=80, host='0.0.0.0')
```

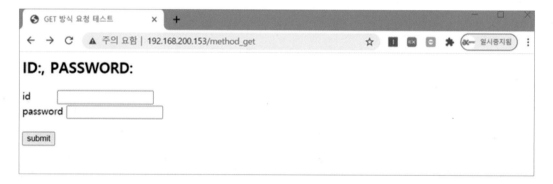

method_get URL을 요청한 화면입니다. 초기에는 플라스크에서 ID, PASSWORD 정보를 받지 않은 상태이기 때문에 "ID:, PASSWORD:"와 같이 공백으로 표시됩니다.

id:kykim, password:1234를 입력하고 "submit" 버튼을 누릅니다. 그러면 이전에 테스트했던 것과 동일하게 URL에 "http://라즈베리파이 IP 주소/method?id=kykim&password=1234"

로 해서 플라스크 서버 쪽으로 요청을 보내고 플라스크 서버에서는 요청받은 id, password 정보를 가지고 method_get_act() 함수에서 ID, PASSWORD 정보를 출력합니다.

웹 브라우저와 플라스크 서버 간의 호출되는 순서입니다.

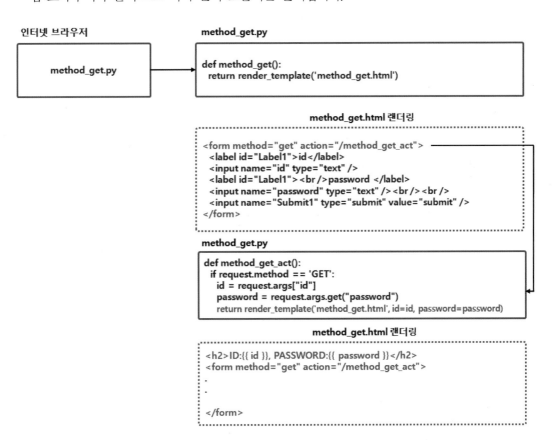

(2) POST 방식 파라미터

GET 방식과는 다르게 POST 방식은 URL에 파라미터를 통한 요청을 하지 않습니다. 반드시 HTML "〈form method="post" action="/method_get_act"〉" 태그에서 method="post" 속성으로 호출이 가능합니다.

실습 파일 : ~/webapp/templates/method_post.html

```
1   <html>
2   <head>
3   <title>POST 방식 요청 테스트</title>
4   </head>
5
6   <body>
7   <h2>ID:{{ id }}, PASSWORD:{{ password }}</h2>
8   <form method="post" action="/method_post_act">
9     <label id="Label1">id</label>
10    <input name="id" type="text" />
11    <label id="Label1"><br />password </label>
12    <input name="password" type="text" /><br /><br />
13    <input name="Submit1" type="submit" value="submit" />
14  </form>
15  </body>
16  </html>
```

〈form method="post" action="/method_get_act"〉 form 태그에서 method="post"로 요청하면 POST 방식으로 요청을 하는 것입니다.

실습 파일 : ~webapp/method_post.py

```python
1   from flask import Flask, request, render_template
2
3   app = Flask(__name__)
4
5   @app.route('/method_post', methods=['GET', 'POST'])
6   def method_post():
7     return render_template('method_post.html')
8
9   @app.route('/method_post_act', methods=['GET', 'POST'])
10  def method_post_act():
11    if request.method == 'POST':
12      id = request.form["id"]
13      password = request.form["password"]
14      return render_template('method_post.html', id=id, password=password)
15
16  if __name__ == '__main__':
17    app.run(debug=True, port=80, host='0.0.0.0')
```

POST 요청 방식에서는 HTML FORM 태그의 값을 읽어 와야 하기 때문에 request.form[""]
으로 파라미터를 읽어 올 수 있습니다.

id = request.form["id"]

password = request.form["password"]

GET 방식과는 다르게 URL 창에 요청 파라미터가 표시가 되지 않습니다. 간단한 파라미터 전달에는 GET 방식을 사용하는 것이 편리하고 보안이 필요한 패스워드나 대량의 데이터를 웹 서버로 전달하는 경우에는 POST 방식으로 요청을 하면 됩니다.

9.4 웹 GPIO 제어

지금까지 플라스크를 이용해서 라즈베리파이를 웹 서버 역할을 하도록 만들었습니다. 이제 클라이언트(웹 브라우저)에서 텍스트나 이미지 서비스뿐만 아니라 라즈베리파의 하드웨어를 제어하는 것도 가능합니다.

(1) LED ON/OFF 제어

HTML 페이지에 "LED ON", "LED OFF" 버튼을 만들고 라즈베리파이에 연결된 LED를 제어해 보는 실습을 해보도록 하겠습니다.

🍓 실험에 필요한 준비물들

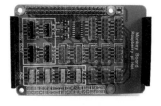

라즈베리파이 GPIO HAT

LED Red

LED를 라즈베리파이 GPIO.4에 연결합니다.

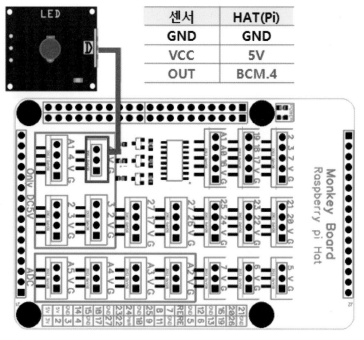

센서	HAT(Pi)
GND	GND
VCC	5V
OUT	BCM.4

라즈베리파이 GPIO HAT 연결

실습을 위한 HTML 파일을 만들어서 /webapp/template/led_control.html 이름으로 저장합니다.

실습 파일 : ~/webapp/template/led_control.html

```
1    <html>
2    <head>
3    <title>WEB LED Control</title>
4    <style type="text/css">
5    .auto-style1 {
6        text-align: center;
7    }
8    .auto-style3 {
9        background-color: #008000;
10   }
```

```
11    .auto-style6 {
12        border-style: solid;
13        border-color: #000000;
14        text-align: center;
15        color: #FFFFFF;
16        background-color: #FF9900;
17    }
18    </style>
19    </head>
20    <body>
21    <center>
22    <strong><br>HOME IOT Service<br></strong>
23    <table style="width: 50%">
24    <tr>
25      <td class="auto-style6" style="height: 81; width: 30%"><strong>
26      <a href="led_control_act?led=1">LED 켜기</a></strong></td>
27      <td class="auto-style1" style="height: 81; width: 50"> </td>
28      <td class="auto-style6" style="height: 81; width: 30%;"><strong>
29      <a href="led_control_act?led=2">LED 끄기</a></strong></td>
30    </tr>
31    </table>
32    <strong><br>LED is {{ ret }}</strong>
33    </center>
34    </body>
35    </html>
```

참고로 간단한 HTML은 메모장이나 텍스트 에디터로 작성해도 되지만 HTML 태그를 잘 모르는 경우에는 작성하기가 쉽지 않습니다. 그래서 텍스트 형식의 에디터보다는 GUI 환경에서 워드 문서를 작성하듯이 쉽게 HTML 문서를 만들 수 있는 무료 프로그램을 사용하는 것이 좋습니다. 본 교재에서는 Microsoft Express Web이라는 툴을 사용합니다.

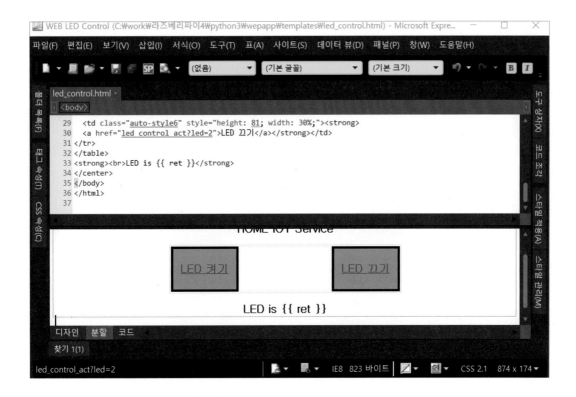

HTML 파일에서 눈여겨봐야 할 코드는 아래 2줄입니다.

〈a href="led_control_act?led=1"〉LED 켜기〈/a〉

〈a href="led_control_act?led=2"〉LED 끄기〈/a〉

led_control.py 파일의 led_control_act() 함수를 호출하는 코드입니다. 파라미터를 GET 방식으로 전달하고 있습니다. 파이썬 led_control_act() 함수에서 request.args["led"]로 요청한 인자를 받아서 '1'이면 LED를 켜고, '2'이면 LED를 끄면 됩니다.

실습 파일 : ~/webapp/led_control.py

```
1    from flask import Flask, request, render_template
2    import RPi.GPIO as GPIO
3
4    LED=4
5    GPIO.setmode(GPIO.BCM)
```

```
6      GPIO.setup(LED, GPIO.OUT)

7

8    app = Flask(__name__)

9

10   @app.route('/led_control')

11   def led_control():

12     return render_template('led_control.html')

13

14   @app.route('/led_control_act', methods=['GET'])

15   def led_control_act():

16     if request.method == 'GET':

17       status = ''

18       led = request.args["led"]

19       if led == '1':

20         GPIO.output(LED, True)

21         status = 'ON'

22       else:

23         GPIO.output(LED, False)

24         status = 'OFF'

25

26       # 웹브라우저로 LED버튼의 상태를 전달

27       return render_template('led_control.html', ret=status)

28

29   if __name__ == '__main__':

30       app.run(debug=True, port=80, host='0.0.0.0')
```

led_control.html 파일의 {{ ret }}에 의해서 웹 브라우저에 현재 LED 상태를 표시합니다.
〈strong〉〈br〉LED is {{ ret }}〈/strong〉

```
pi@raspberrypi:~/wepapp $ sudo python3 led_control.py
```

관리자 권한으로 작성한 led_control.py를 실행하고 웹 브라우저의 URL 경로에 "라즈베리파이 IP/led_control"을 입력해서 실행합니다.

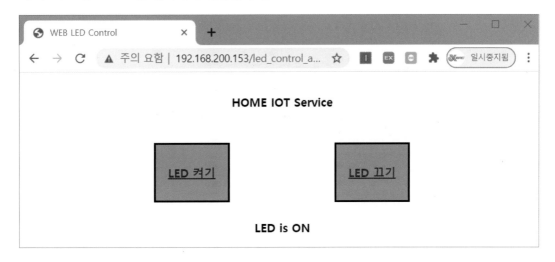

"LED 켜기", "LED 끄기" 버튼을 누르면서 실습을 진행합니다.

(2) 서보모터 제어

LED와 같은 방식으로 서보모터를 제어해 보도록 하겠습니다. 서보모터에 카메라가 연결되어 있다고 가정하면 원격지에서 집 안의 CCTV를 제어한다고 생각해도 됩니다.

🍓 실험에 필요한 준비물들

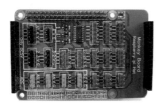

라즈베리파이 GPIO HAT

SG90 서보모터

🍓 배선도 및 회로

GPIO 5번 핀에 서보 모터를 연결합니다.

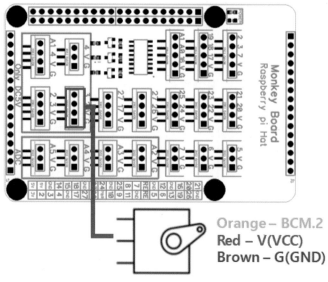

라즈베리파이 GPIO HAT 연결

서보모터가 DC 4.5 5V를 사용해야 하므로 라즈베리파이 GPIO HAT의 왼쪽 위에 있는 연결 핀들을 사용하면 됩니다.

실습 파일 : ~/webapp/template/sg90_control.html

```
1   <html>
2   <head>
3   <title>HOME CCTV Control</title>
4   <style type="text/css">
5   .auto-style1 {
6       text-align: center;
7   }
8   .auto-style6 {
9       border-style: solid;
10      border-color: #000000;
```

```
11        text-align: center;
12        color: #FFFFFF;
13        background-color: #FF9900;
14      }
15    </style>
16    </head>
17    <body>
18    <center>
19    <strong><br>HOME CCTV Control<br><br><br></strong>
20    <table style="width: 50%">
21    <tr>
22      <td class="auto-style6" style="height: 81; width: 30%">
23      <a href="sg90_control_act?servo=L">&lt;&lt;</a></td>
24      <td class="auto-style1" style="height: 81; width: 50" align="center"><img
         src="static/sg90.png" width="80"></td>
25      <td class="auto-style6" style="height: 81; width: 30%;">
26      <a href="sg90_control_act?servo=R">&gt;&gt;</a></td>
27    </tr>
28    </table>
29    <strong><br>Degree is {{ degree }}</strong>
30    </center>
31    </body>
32    </html>
```

LED 제어 예제와 거의 동일합니다. 특히한 점은 HTML에서는 "<<"를 표시하기 위해서는 "<<", ">>"는 ">>"로 표시해야 합니다. 그리고 중앙의 모터 그림이 올바르게 표시되기 위해서는 "static/sg90.png" 파일이 있어야 합니다.

<a href="sg90_control_act?servo=L"><<</a>
<a href="sg90_control_act?servo=R">>></a>

sg_control.py 파일의 sg_control_act() 함수를 호출 하는 코드입니다. 파라미터를 GET 방식으로 전달하고 있습니다. 파이썬 sg_control_act() 함수에서 request.args["servo"]로 요청한 인자를 받아서 'L'이면 서보모터를 왼쪽으로 10도 회전시키고, 'R'이면 서보모터를 오른쪽으로 10도 회전시킵니다. 이전의 서보모터 컨트롤 코드와 한 가지 다름 점은 servo_control() 함수 마지막에 servo.ChangeDutyCycle(0) 코드를 추가하여 서보모터를 제어하지 않는 경우에도 현재의 위치를 유지하도록 하였습니다. 이 코드가 없으면 10도씩 회전 제어를 하고 나서도 서보모터가 임의의 위치로 회전할 수 도 있습니다.

실습 파일 : ~/webapp/sg90_control.py

```
1    from flask import Flask, request, render_template
2    import RPi.GPIO as GPIO
3    import time
4
5    servoPin = 2
6    SERVO_MAX_DUTY = 12
7    SERVO_MIN_DUTY = 3
8    cur_pos = 90
9
10   GPIO.setmode(GPIO.BCM)
11   GPIO.setup(servoPin, GPIO.OUT)
12
13   servo = GPIO.PWM(servoPin, 50)
14   servo.start(0)
15
16   app = Flask(__name__)
17
18   def servo_control(degree, delay):
19     if degree > 180:
20       degree = 180
21
```

```python
22      duty = SERVO_MIN_DUTY+(degree*(SERVO_MAX_DUTY-SERVO_MIN_DUTY)/180.0)
23          # print("Degree: {} to {}(Duty)".format(degree, duty))
24      servo.ChangeDutyCycle(duty)
25      time.sleep(delay)
26      servo.ChangeDutyCycle(0)
27
28  @app.route('/sg90_control')
29  def sg90_control():
30    cur_pos = 90
31    servo_control(cur_pos, 0.1)
32    return render_template('sg90_control.html')
33
34  @app.route('/sg90_control_act', methods=['GET'])
35  def sg90_control_act():
36    if request.method == 'GET':
37      global cur_pos
38      degree = ''
39      servo = request.args["servo"]
40
41      if servo == 'L':
42        cur_pos = cur_pos - 10
43        if cur_pos < 0:
44          cur_pos = 0
45      else:
46        cur_pos = cur_pos + 10
47        if cur_pos > 180:
48          cur_pos = 180
49
50      servo_control(cur_pos, 0.1)
51      return render_template('sg90_control.html', degree=cur_pos)
52
```

```
53   if __name__ == '__main__':
54       app.run(debug=True, port=80, host='0.0.0.0')
```

sg90_control.html 파일의 {{ degree }}에 의해서 웹 브라우저에 현재 서보모터의 회전 위치를 표시합니다.

〈strong〉〈br〉Degree is {{ degree }}〈/strong〉

MariaDB 데이터베이스

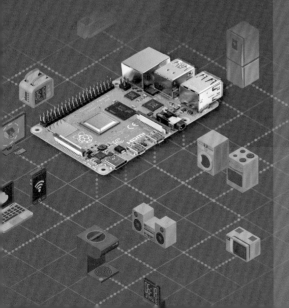

10 MariaDB 데이터베이스

Raspberry Pi 4

10.1 MariaDB

마리아DB(MariaDB)는 오픈소스로 진행된 관계형 데이터베이스 시스템입니다. MySQL과 거의 완벽하게 호환되기 때문에 MySQL을 사용해 본 개발자라면 쉽게 적응해서 사용할 수 있습니다. 마리아DB를 라즈베리파이에 설치하고 이전에 배웠던 온도 센서를 이용해서 날짜와 시간별도 온도값을 DB에 저장하고 웹에서 조회하는 서비스를 만들어 보도록 하겠습니다.

(1) MariaDB 설치

```
pi@raspberrypi:~ $ sudo apt-get install mariadb-server
```

설치가 완료되면 설치된 DB의 버전을 확인해 봅니다.

```
pi@raspberrypi:~ $  mysql -V
```

2021년 1월 현재 15.1로 확인됩니다.

(2) root 계정 설정

설치 버전에 따라서 설치 중간에 root 계정의 비밀번호를 입력하는 경우도 있고 최근 최신 버전들은 설치가 끝나고 계정 설정을 별도로 해야 하는 경우도 있습니다. 15.1 버전에서는 설치 중간에 비밀번호를 설정하지 않고 설치 완료 후 별도로 설치해야 합니다.

```
pi@raspberrypi:~ $ sudo mysql -u root
```

마리아DB 명령 프롬프트로 진입해서 use mysql; 명령어로 "mysql" 데이터베이스를 선택합니다.

```
pi@raspberrypi:~ $ use mysql;
```

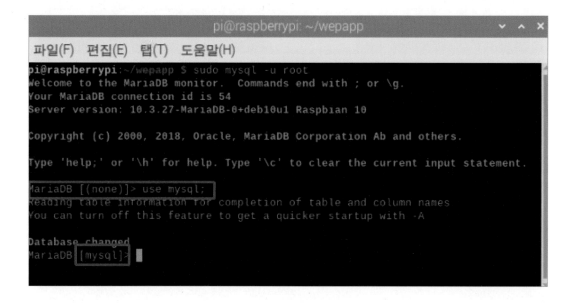

명령 프롬프트가 "MariaDB [(none)])"에서 "MariaDB [mysql])"로 변경된 것을 확인할 수 있습니다.

```
MariaDB [mysql]> select user,host,password from user;
```

select 명령어로 mysql DB의 "user" 테이블의 user, host, password 값을 확인합니다.

root 사용자에 대한 비밀번호(password)가 비어 있는 것을 확인할 수 있습니다. update 명령으로 root 사용자에 대한 비밀번호를 업데이트합니다.

```
MariaDB [mysql]> update user set password=password('1234123412') where user='root';
MariaDB [mysql]> flush privileges;
```

user 테이블에서 사용자(user)가 root인 사용자의 비밀번호를 "1234123412"로 변경하는 쿼리(Query)입니다. Update를 하고 나서 반드시 flush privileges까지 수행해야 제대로 반영이 됩니다.

```
MariaDB [mysql]> select user,host,password from user;
```

다시 한번 select 명령어로 user 테이블을 확인해 보면 password가 변경되어 있는 것을 확인할 수 있습니다.

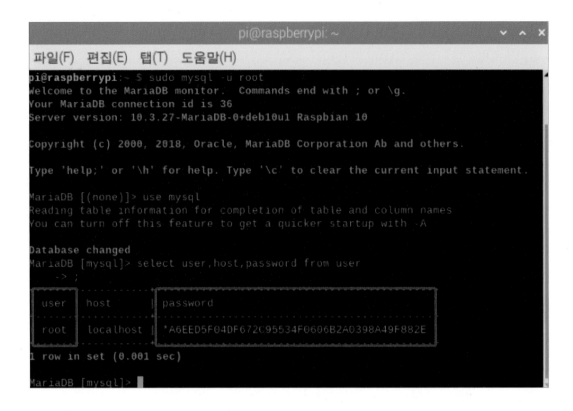

(3) DB 사용자 권한 설정

데이터베이스 mysql의 root 사용자에 대해서 모든 사용 권한을 설정합니다.

```
pi@raspberrypi:~ $ sudo mysql -u root
Welcome to the MariaDB monitor.  Commands end with ; or \g.
Your MariaDB connection id is 37
Server version: 10.3.27-MariaDB-0+deb10u1 Raspbian 10

Copyright (c) 2000, 2018, Oracle, MariaDB Corporation Ab and others.

Type 'help;' or '\h' for help. Type '\c' to clear the current input statement.

MariaDB [(none)]> use mysql
Reading table information for completion of table and column names
```

```
You can turn off this feature to get a quicker startup with -A

Database changed
MariaDB [mysql]> grant all privileges on *.* to 'root'@'%' identified by 'pi';
Query OK, 0 rows affected (0.007 sec)


MariaDB [mysql]> flush privileges;
Query OK, 0 rows affected (0.001 sec)


MariaDB [mysql]>
```

grant 명령어에서 마지막에 'pi'는 앞에서 update 쿼리문으로 설정한 root 사용자에 대한
패스워드를 입력합니다.

10.2 HeidiSQL 접속

라즈베리파이 내부에서만 접속한다면 상관없지만 PC에서 원격으로 마리아DB에 접속하고 테이블을 생성하고 관리하는 편리한 GUI 프로그램을 사용하면 훨씬 쉽게 마리아DB를 사용할 수 있습니다.

(1) 외부 접속 허용 설정

데이터베이스를 외부 PC에서 접속을 허용하도록 설정합니다. 라즈베리파이 내부에서만 접속한다면 상관없지만 PC에서 원격으로 마리아DB에 접속하고 테이블을 생성하고 관리하려면 외부 접속 허용을 설정해야 합니다. /etc/mysql/mariadb.conf.d/50-server.cnf 파일을 수정 합니다.

```
pi@raspberrypi:~ $ sudo vi /etc/mysql/mariadb.conf.d/50-server.cnf
```

/etc/mysql/mariadb.conf.d/50-server.cnf 파일에서 자기 자신(localhost)의 네트워크 주소 바인딩 설정을 주석 처리합니다.

```
# bind-address            = 127.0.0.1
```

마리아DB가 사용하는 3306 포트의 INPUT, OUPUT 허용하도록 TCP 필터를 설정합니다.

```
pi@raspberrypi:~ $ sudo iptables -A INPUT -p tcp --dport 3306 -j ACCEPT
pi@raspberrypi:~ $ sudo iptables -A OUTPUT -p tcp --dport 3306 -j ACCEPT
pi@raspberrypi:~ $ sudo iptables-save
```

여기까지 설정하고 라즈베리파이를 재부팅하면 설정이 반영이 됩니다. 이제 외부에서 접속할 준비가 모두 되었습니다.

(2) heidiSQL 설치

https://www.heidisql.com/download.php 사이트에 접속해서 heidiSQL 윈도용 프로그램을 다운로드하고 설치합니다.

프로그램을 실행하면 아래와 같이 Sesstion manager가 실행됩니다.

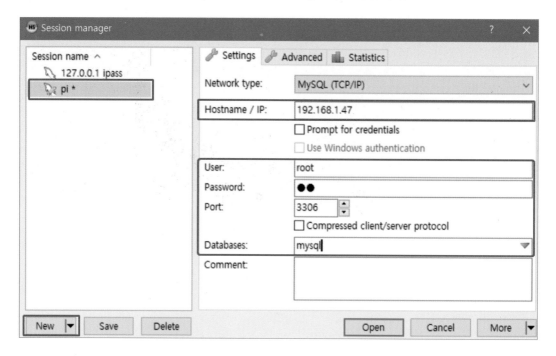

Hostname / IP : 라즈베리파이 IP 주소

User : root

Password : root 사용자에 대한 패스워드

Database : mysql

입력하고 'Open'을 선택합니다.

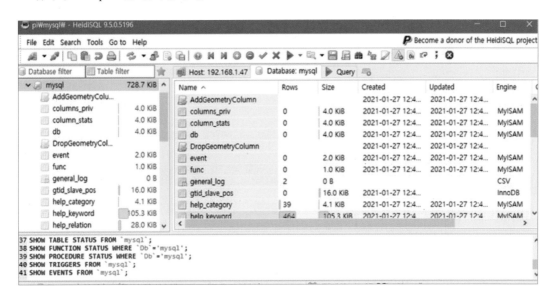

연결이 성공적이라면 위와 같이 mysql 데이터베이스에 대한 모든 자료들을 확인할 수 있습니다.

10.3 테이블 생성

앞에서 사용했던 LM35 온도 센서의 온도값을 mysql 데이터베이스에 저장하고 웹 화면에서 확인하는 실습을 하겠습니다.

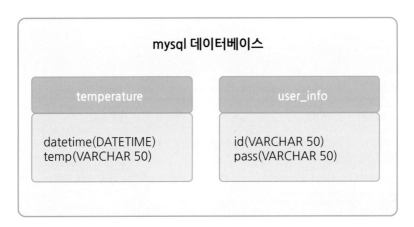

데이터베이스에는 여러 개의 테이블이 생성이 가능하고 각 테이블은 여러 데이터 타입의 컬럼을 추가할 수 있습니다. 위의 그림과 같이 temperature, user_info 2개의 테이블을 생성합니다.

(1) temperature 테이블 생성

mysql 데이터베이스에 오늘쪽 마우스 클릭을 하고 메뉴에서 Create new/Table을 선택합니다.

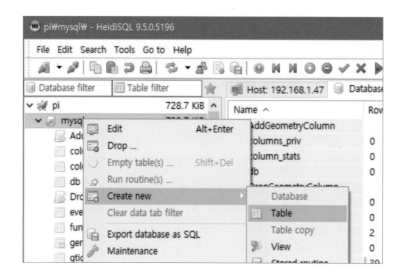

"Add" 버튼을 눌러서 3개의 컬럼을 추가하고 "Save" 버튼을 누르면 테이블이 생성됩니다.

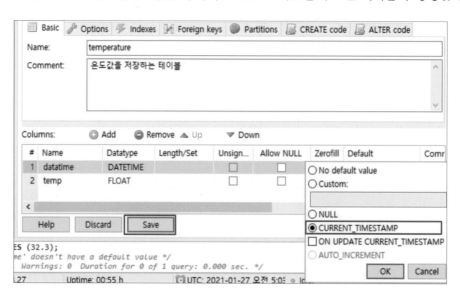

- Name : temperature
- Comment : 온도값을 저장하는 테이블

Name	Datatype	Length/Set	Allow NULL	Default
datatime	DATETIME		X	Current_Time
temp	FLOAT		X	

🍓 컬럼 Datatype

- DATETIME : YYYY-MM-DD HH:MM:SS 데이터 형식

  DATETIME에서 Default 값을 CURRENT_TIMESTAMP 로 지정하면 마리아DB에서

  데이터 저장 시 자동으로 현재 시스템의 날짜와 시간을 저장합니다.

- FLOAT : 온도를 저장하기 위해서 소수점 표현이 가능한 데이터 형식

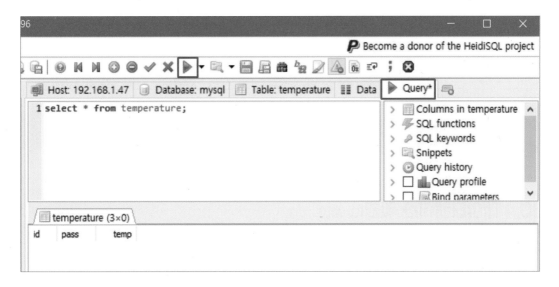

테이블과 컬럼이 잘 생성되었는지 "Query" 탭을 생성한 다음 "select * from temperature;" 쿼리를 입력합니다. 상단의 삼각형 실행 아이콘을 클릭하면 입력한 쿼리문이 실행됩니다. 아직 데이터가 추가되지 않았기 때문에 아무것도 보여 주지 않습니다. select 문에서 컬럼 이름 대신에 '*'를 하면 모든 컬럼에 대해서 읽어 온다는 의미입니다.

(2) user_info 테이블 생성

id, pass 컬럼을 추가합니다.

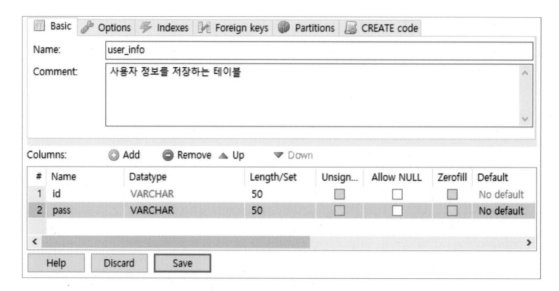

Name	Datatype	Length/Set	Allow NULL	Default
id	VARCHAR		X	
pass	VARCHAR		X	

10.4 데이터베이스 쿼리(Query)

데이터베이스에 테이블을 생성했으니 이제 쿼리문에 대해서 공부해 보겠습니다. 쿼리(Query) 문이라는 것은 데이터베이스에서 데이터를 추가, 수정, 삭제, 읽어 오는 문법 이라고 생각하면 됩니다.

(1) INSERT 문

테이블에 데이터를 추가하는 쿼리문으로 형식은 다음과 같습니다.

```
INSERT INTO 테이블이름([컬럼이름],[컬럼이름]) VALUES ([데이터],[데이터]);
```

temperature 테이블에 날짜와 온도를 추가하는 예제입니다.

```
INSERT INTO temperature(TEMP) VALUES (32.3);
```

컬럼 이름에 DATATIME 컬럼은 생략해도 컬럼의 Default 속성이 CURRENT_TIMESTAMPE 라고 되어 있기 때문에 자동으로 시스템의 현재 날짜와 시간이 저장됩니다.

```
INSERT INTO temperature(DATATIME, TEMP) VALUES ('2021-01-27 18:20:13', 32.3);
```

Default 컬럼값 대신에 명시적으로 날짜와 시간 형식을 지정해도 됩니다.

(2) SELECT 문

테이블에서 데이터를 읽어 오는 쿼리문으로 형식은 다음과 같습니다.

```
SELECT [컬럼이름],[컬럼이름] FROM 테이블이름 [WHERE 조건];
```

temperature 테이블의 모든 데이터를 읽어오는 예제입니다.

```
SELECT DATATIME, TEMP FROM temperature;
```

```
1 SELECT DATATIME, TEMP FROM temperature;
```

temperature (2×2)

DATATIME	TEMP
2021-01-27 14:14:28	32.3
2021-01-27 18:20:13	32.3

컬럼 이름을 생략하고 "*"로 대체해도 같은 결과입니다.

```
SELECT * FROM temperature;
```

이번에는 WHERE 절에 조건을 지정해서 '2021-01-27 18' 이전의 데이터만 읽어 보도록 하겠습니다.

```
SELECT * FROM temperature WHERE DATATIME < '2021-01-27 18:00:00';
```

```
1 SELECT * FROM temperature WHERE DATATIME < '2021-01-27 18:00:00';
```

temperature (2×1)	
datatime	temp
2021-01-27 14:14:28	32.3

(3) UPDATE 문

테이블에 저장되어 있는 데이터를 수정하는 쿼리문으로 형식은 다음과 같습니다.

```
UPDATE 테이블이름 SET 컬럼='값'  [WHERE 조건];
```

temperature 테이블에서 '2021-01-27 14:14:28' 시간의 온도를 수정하는 예제입니다.

```
UPDATE temperature SET temp=33.0 WHERE DATATIME = '2021-01-27 14:14:28';
```

WHERE 조건문을 생략하면 전체 테이블의 모든 데이터가 동일한 값으로 수정되므로 조심해야 합니다.

```
1 UPDATE temperature SET temp=33.0 WHERE DATATIME = '2021-01-27 14:14:28';
2 SELECT * FROM temperature;
```

temperature (2×2)	
datatime	temp
2021-01-27 14:14:28	33
2021-01-27 18:20:13	32.3

(4) DELETE 문

테이블에 저장되어 있는 데이터를 수정하는 쿼리문으로 형식은 다음과 같습니다.

```
DELETE FROM 테이블이름 [WHERE 조건];
```

temperature 테이블에서 '2021-01-27 14:14:28' 시간의 데이터를 삭제하는 예제입니다.

```
DELETE FROM temperature WHERE DATATIME = '2021-01-27 14:14:28';
```

UPDATE 문과 마찬가지로 WHERE 조건문을 생략하면 전체 테이블의 모든 데이터가 삭제되므로 반드시 WHERE 조건문을 생략하는 경우에는 신중해야 합니다.

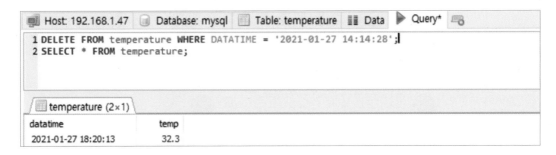

조건문에 해당하는 데이터가 삭제되었습니다.

10.5 웹 온도 서비스

마리아DB에 테이블까지 생성하였으니 파이썬으로 플라스크와 연동해서 LM35 온도 센서의
값을 10초 단위로 마리아DB에 저장하고 저장된 온도 센서의 값을 웹상에 데이터와 그래프로
표시해 보도록 하겠습니다.

🍓 실험에 필요한 준비물들

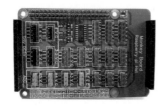

라즈베리파이 GPIO HAT

LM35 온도 센서

🍓 배선도 및 회로

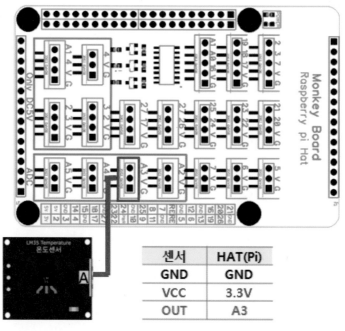

센서	HAT(Pi)
GND	GND
VCC	3.3V
OUT	A3

라즈베리파이 GPIO HAT 연결

(1) mysql-connector 설치

파이썬 3에서 마리아DB와 연동할 수 있도록 해주는 pymysql 라이브러리를 설치합니다.

```
pi@raspberrypi:~ $ sudo python3 -m pip install pymysql
```

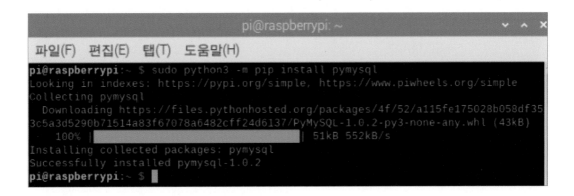

(2) mysql-connector 테스트

mysql DB의 temperature 테이블의 데이터를 select 문의 통해서 읽어 오는 실습입니다.

실습 파일 : examples/mariadb/db_select.py

```python
1   import pymysql                    # pymysql 임포트
2
3   # 전역변수 선언부
4   db = None
5   cur = None
6
7   # 접속 정보
8   db = pymysql.connect(host='192.168.1.47', user='root', password='pi',
                         db='mysql', charset='utf8')
9
10  try:
11      cur = db.cursor()             # 커서 생성
```

12	`sql = "SELECT DATATIME, TEMP FROM temperature"`
13	
14	`# 실행할 sql문`
15	`cur.execute(sql)`
16	
17	`result = cur.fetchall()`
18	`for row in result:`
19	`    print(row[0], '¦', row[1])`
20	
21	`finally:`
22	`    db.close()                    # 종료`

<실행 결과>

`2021-01-27 18:20:13 ¦ 32.3`

(3) 온도 센서 데이터 DB 저장

INSERT 문을 활용해서 10초에 1번씩 온도 센서의 데이터를 읽어서 temperature 테이블에 저장하는 코드를 작성하고 실행합니다.

실습 파일 : examples/mariadb/db_lm35_insert.py

1	`import spidev`
2	`import time`
3	`import pymysql                   # pymysql 임포트`
4	
5	`def analog_read(channel):`
6	`    r = spi.xfer2([1, (0x08+channel)<<4, 0])`
7	`    adc_out = ((r[1]&0x03)<<8) + r[2]`
8	`    return adc_out`
9	

308 ▌ 10. MariaDB 데이터베이스

```
10    spi = spidev.SpiDev()

11    spi.open(0,0)

12    spi.max_speed_hz = 1000000

13

14    # 전역변수 선언부

15    db = None

16    cur = None

17

18    # 접속정보

19    db = pymysql.connect(host='192.168.1.47', user='root', password='pi',
                           db='mysql', charset='utf8')

20

21    try:

22      cur = db.cursor()                # 커서 생성

23

24      while True:

25        adc = analog_read(3)

26        voltage = adc*(3.3/1023/5)*1000

27        temperature = voltage / 10.0

28        print ("%4d/1023 => %5.3f V => %4.1f ° C" % (adc, voltage, temperature))

29

30        sql = "INSERT INTO temperature(TEMP) VALUES (%4.1f)" %  temperature

31        print(sql)

32

33        # 실행할 sql문

34        cur.execute(sql)

35

36        # 커서로 sql문 실행

37        db.commit()                # 저장

38

39        time.sleep(10)

40    except KeyboardInterrupt:
```

```
41        pass
42    finally:
43      db.close()                    # 종료
44      spi.close()
```

〈실행 결과〉

```
487/1023 => 314.194 V => 31.4 °C
INSERT INTO temperature(TEMP) VALUES (31.4)
 483/1023 => 311.613 V => 31.2 °C
INSERT INTO temperature(TEMP) VALUES (31.2)
 480/1023 => 309.677 V => 31.0 °C
INSERT INTO temperature(TEMP) VALUES (31.0)
 476/1023 => 307.097 V => 30.7 °C
INSERT INTO temperature(TEMP) VALUES (30.7)
 471/1023 => 303.871 V => 30.4 °C
INSERT INTO temperature(TEMP) VALUES (30.4)
```

온도 데이터가 제대로 저장되고 있는지 heidiSQL에서 확인합니다.

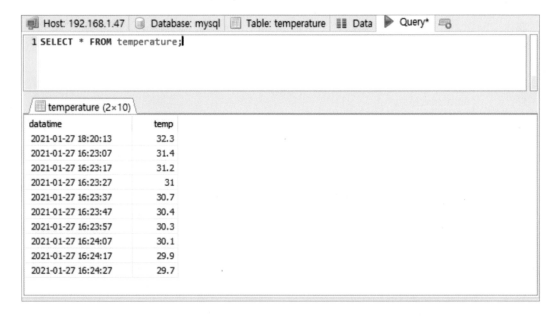

SELECT 쿼리문으로 확인해 보면 정확하게 10초에 1번씩 온도 데이터가 저장되고 있음을 확인할 수 있습니다.

(4) 온도 센서 데이터 웹 서비스

플라스크에서 temperature 테이블에 저장된 온도 센서의 값들 중 가장 최근에 저장된 50개의 데이터를 추출하여 웹 페이지에 보이도록 합니다. 앞에서 작성한 db_lm35_insert.py 프로그램이 동시에 실행되고 있어야 합니다.

실습 파일 : ~/webapp/lm35_service.py

```
1    from flask import Flask,request, render_template
2    import pymysql
3
4    db = None
5    cur = None
6    app = Flask(__name__)
7
8    @app.route('/lm35_service')
9    def lm35_service():
10     # 접속 정보
11     db = pymysql.connect(host='192.168.1.47', user='root', password='pi',
                            db='mysql', charset='utf8')
12     cur = db.cursor()          # 커서 생성
13     sql = "SELECT DATATIME, TEMP FROM temperature ORDER BY DATATIME ASC LIMIT 50"
14
15     # 실행할 sql문
16     cur.execute(sql)
17
18     result = cur.fetchall()
19
```

```
20      db.close()                    # 종료
21      return render_template("lm35_service.html", result=result)
22
23   if __name__ == '__main__':
24      app.run(debug=True, port=80, host='0.0.0.0')
```

SELECT 쿼리문에서 "ORDER BY" 문을 추가로 사용하였습니다.

ORDER BY 컬럼이름 [ASC, DESC] LIMIT 읽어올 데이터(ROW) 수

ORDER BY 다음에 오는 컬럼을 기준으로 ASC(오름차순 정렬), DESC(내림차순 정렬)에 따라서 정렬할 수 있습니다. 추가로 LIMIT 다음에 읽어 오는 데이터의 수도 정할 수 있습니다. result = cur.fetchall()의 결과물을 lm35_service.html 파일을 랜더링하면서 출력하도록 하였습니다. 플라스크에서 HTML 파일을 랜더링할 때 동적으로 데이터를 변경하거나 추가하는 것이 가능 합니다.

실습 파일 : ~/webapp/templates/lm35_service.html

```
1    <html>
2    <head>
3    <meta http-equiv="refresh" content="3">
4    <title>라즈베리파이4 LM35 온도 서비스</title>
5    <style type="text/css">
6    .auto-style1 {
7        border: 1px solid #808080;
8    }
9    .auto-style2 {
10       border: 1px solid #008080;
11   }
12   </style>
```

```
13    </head>
14
15    <body>
16    <center>
17    <br>
18    <strong>라즈베리파이4 LM35 온도 서비스</strong>
19    <br>
20    <br>
21    <table cellspacing="1" class="auto-style1" style="width: 70%">
22    {% for i in result%}
23      <tr>
24        <td class="auto-style2" style="width: 50%">시간: {{ i[0] }}</td>
25        <td class="auto-style2" style="width: 50%">온도: {{ i[1] }}</td>
26      </tr>
27    {% endfor %}
28    </table>
29
30    </center>
31    </body>
32
33    </html>
```

랜더링하려는 HTML 파일 안에서 "{%"와 "%}" 사이에 파이썬 코드를 사용할 수 있습니다. lm35_service.py에서 넘겨준 result 어레이를 받아서 HTML 파일에서 사용하면 됩니다.

"{{" 와 "}}" 사이에 데이터를 넣으면 HTML 페이지에 표시됩니다.

참고로 〈meta http-equiv="refresh" content="3"〉 태그는 3초에 한 번씩 자동으로 HTML페이지를 다시 로드하라는 메타 태그입니다.

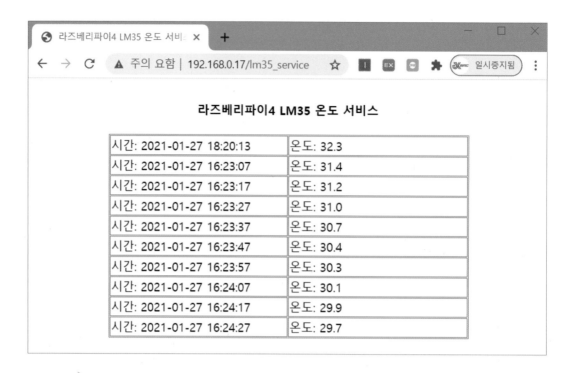

(5) 온도 센서 데이터 웹 서비스 – 날짜 검색 추가

이번에는 특정 일자의 온도값만 조회하기 위해서 날짜와 시간으로 검색하는 기능을 추가합니다. HTML 페이지에서 시작 일자와 종료 일자를 입력받아서 POST 방식으로 플라스크에 요청하는 방식으로 구현합니다.

실습 파일 : ~/webapp/lm35_search.py

```
1   from flask import Flask,request, render_template
2   import pymysql
3
4   db = None
5   cur = None
6   app = Flask(__name__)
7
8   def select(query):
```

```
 9      # 접속정보
10      db = pymysql.connect(host='192.168.0.17', user='root', password='pi',
                            db='mysql', charset='utf8')
11      # 커서생성
12      cur = db.cursor()
13
14      # 실행할 sql문
15      cur.execute(query)
16      result = cur.fetchall()
17      db.close()                      # 종료
18      return result
19
20  @app.route('/lm35_search')
21  def lm35_search():
22    sql = "SELECT DATATIME, TEMP FROM temperature ORDER BY DATATIME ASC LIMIT 100"
23    result = select(sql)
24    return render_template("lm35_search.html", result=result)
25
26  @app.route('/lm35_search_act', methods=['GET', 'POST'])
27  def lm35_search_act():
28    if request.method == 'POST':
29      start = request.form["start"]
30      end = request.form["end"]
31      sql = "SELECT DATATIME, TEMP FROM temperature WHERE DATATIME >= '%s' AND
             DATATIME <= '%s' ORDER BY DATATIME ASC LIMIT 100" % (start, end)
32      result = select(sql)
33      return render_template("lm35_search.html", result=result)
34
35  if __name__ == '__main__':
36    app.run(debug=True, port=80, host='0.0.0.0')
```

반복적으로 사용되는 데이터베이스 접속을 def select(query) 함수로 별도로 만들었고 start, end 변수에 POST 방식으로 요청되어온 파라미터를 받아서 WHERE 조건문에서 처리하였습니다. 나머지는 이전에 실습했던 코드와 동일합니다.

실습 파일 : ~/webapp/templates/lm35_search.html

```
1   <html>
2   <head>
3   <title>라즈베리파이4 LM35 온도 서비스</title>
4   <style type="text/css">
5   .auto-style1 {
6       border: 1px solid #808080;
7   }
8   .auto-style2 {
9       border: 1px solid #008080;
10  }
11  </style>
12  </head>
13
14  <body>
15  <center>
16  <br>
17  <strong>라즈베리파이4 LM35 온도 서비스</strong>
18  <br>
19  <br>
20  <br>
21
22  <form method="post" action="lm35_search_act">
23      검색 구간(YYYY-MM-DD HH:MM:SS 형식) : <input name="start" type="text"> ~
                                              <input name="end" type="text">
24      <input name="Button1" type="submit" value="검색">
25  </form>
```

```
26  <br>
27  <table cellspacing="1" class="auto-style1" style="width: 70%">
28  {% for i in result%}
29    <tr>
30      <td class="auto-style2" style="width: 50%">시간: {{ i[0] }}</td>
31      <td class="auto-style2" style="width: 50%">온도: {{ i[1] }}</td>
32    </tr>
33  {% endfor %}
34  </table>
35
36  </center>
37  </body>
38
39  </html>
```

이번에는 검색 조건을 입력해야 하기 때문에 페이지를 자동으로 로드하는 메타 태그는 삭제하였습니다.

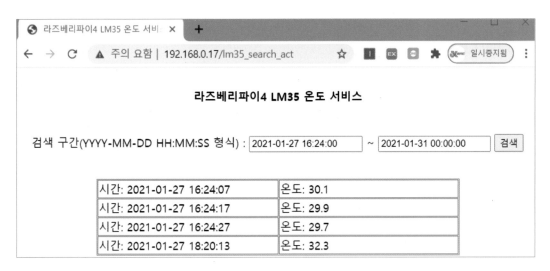

10.6 플라스크 그래프(Chart.js) 그리기

플라스크에서 Chart.js를 이용해서 웹 페이지에 온도 센서의 값과 함께 그래프를 그려서 표현해 보도록 하겠습니다. https://www.chartjs.org/ 사이트에 접속하면 그래프를 그리기 위한 자세한 설명과 함께 예제 코드도 많이 있습니다. 본 교재에서는 1개의 축을 갖는 라인 차트를 사용합니다.

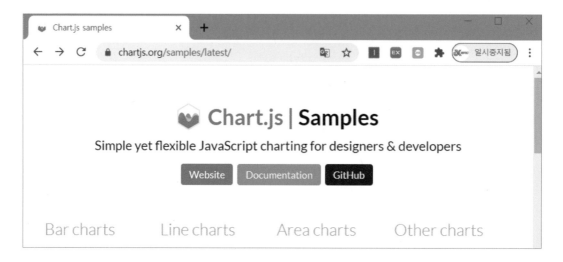

(1) Chart.js 사용

제일 먼저 HTML 페이지에 CDN을 사용해서 chart.js를 인클루드합니다.

```
<script src="https://cdnjs.cloudflare.com/ajax/libs/Chart.js/2.4.0/Chart.min.js"></script>
```

그래프를 그리는 데 필요한 파라미터를 전달합니다. 우선 임의의 데이터로 그래프를 그려보고 이후에 플라스크와 연동해서 온도 센서의 값으로 대체해 보도록 하겠습니다.

(2) Chart.js 그래프 예제

```html
1   <script src="https://cdnjs.cloudflare.com/ajax/libs/Chart.js/2.4.0/Chart.min.
    js"></script>
2   <script src="Chart.min.js"></script>
3   <div>
4       <canvas id="Chart"></canvas>
5   </div>
6
7   <script>
8   var ctx = document.getElementById('Chart').getContext('2d');
9   var data = {
10      // The type of chart we want to create
11      type: 'line',
12      // The data for our dataset
13      data: {
14          labels: ["12.1", "12.2", "12.3", "12.4", "12.5", "12.6", "12.7"],
15          datasets: [{
16              label: "온도 변화",
17              backgroundColor: 'rgb(255, 120, 132)',
18              fill:false,
19              borderColor: 'rgb(255, 128, 132)',
20              lineTension:0.5, // 값을 높이면 line이 곡선 형태가 됨
21              data: [12.1, 12.3, 10.5, 9.3, 8.2, 7.0, 6.0],
22          }]
23      },
24      // Configuration options go here
25      options: {}
26  }
27  var chart = new Chart(ctx, data);
28  </script>
```

우리가 관심 있게 보아야 할 항목은 labels, data 항목입니다. labels의 값들을 마리아DB에서 읽어온 날짜와 시간값으로 채우고, data 는 실제 온도값으로 채워 주면 됩니다.

(3) 온도 변화 라인 그래프 그리기

날짜와 시간별로 온도의 변화를 라인형 그래프로 그립니다.

실습 파일 : ~/webapp/lm35_chart.py

```
1    from flask import Flask,request, render_template
2    import pymysql
3
4
5    db = None
6    cur = None
7    app = Flask(__name__)
8
9    def select(query):
10     # 접속 정보
11     db = pymysql.connect(host='192.168.0.17', user='root', password='pi',
                            db='mysql', charset='utf8')
12     # 커서 생성
13     cur = db.cursor()
14
15     # 실행할 sql문
16     cur.execute(query)
17     result = cur.fetchall()
18     db.close()                    # 종료
19     return result
20
21   @app.route('/lm35_chart')
```

```
22   def lm35_search():
23     sql = "SELECT DATATIME, TEMP FROM temperature ORDER BY DATATIME ASC LIMIT 100"
24     result = select(sql)
25     return render_template("lm35_chart.html", result=result)
26
27   @app.route('/lm35_chart_act', methods=['GET', 'POST'])
28   def lm35_chart_act():
29     if request.method == 'POST':
30       start = request.form["start"]
31       end = request.form["end"]
32       sql = "SELECT DATATIME, TEMP FROM temperature WHERE DATATIME >= '%s' AND
                  DATATIME <= '%s' ORDER BY DATATIME ASC LIMIT 100" % (start, end)
33       result = select(sql)
34       return render_template("lm35_chart.html", result=result)
35
36   if __name__ == '__main__':
37     app.run(debug=True, port=80, host='0.0.0.0')
```

파이썬 코드는 앞에서 작성했던 lm35_chart.py 코드와 랜더링하는 HTML 페이지 이름만 다르고 완벽하게 동일합니다. 그래프를 그리는 코드는 lm35_chat.html에서 하고 있습니다.

실습 파일 : ~/webapp/templates/lm35_chart.html

```
1   <html>
2   <head>
3   <title>라즈베리파이4 LM35 온도 서비스</title>
4   <style type="text/css">
5   .auto-style1 {
6       border: 1px solid #808080;
7   }
8   .auto-style2 {
```

```
 9        border: 1px solid #008080;

10     }

11   </style>

12   </head>

13   <script src="https://cdnjs.cloudflare.com/ajax/libs/Chart.js/2.4.0/Chart.min.
     js"></script>

14   <body>

15   <center>

16   <br>

17   <strong>라즈베리파이4 LM35 온도 서비스</strong>

18   <br>

19   <br>

20   <br>

21

22   <form method="post" action="lm35_chart_act">

23        검색 구간(YYYY-MM-DD HH:MM:SS 형식) : <input name="start" type="text"> ~
                                           <input name="end" type="text">

24       <input name="Button1" type="submit" value="검색">

25   </form>

26   <table style="width: 100%">

27   <tr>

28     <td width="50%">

29    <table cellspacing="1" class="auto-style1" style="width: 100%">

30   {% for i in result%}

31     <tr>

32       <td class="auto-style2" style="width: 50%">시간: {{ i[0] }}</td>

33       <td class="auto-style2" style="width: 50%">온도: {{ i[1] }}</td>

34     </tr>

35   {% endfor %}

36   </table>

37     </td>

38
```

```
39        <td width="50%">
40    <div>
41        <canvas id="Chart"></canvas>
42    </div>
43
44      </td>
45    </tr>
46    </table>
47    <br>
48
49    </center>
50    </body>
51
52    </html>
53
54    <script>
55    var ctx = document.getElementById('Chart').getContext('2d');
56    var data = {
57        // The type of chart we want to create
58        type: 'line',
59        // The data for our dataset
60        data: {
61            labels: [ // 날짜
62                {% for i in result%}
63                '{{ i[0] }}',
64                {% endfor %}
65            ],
66            datasets: [{
67                label: "온도 변화",
68                backgroundColor: 'rgb(255, 120, 132)',
69                fill:false,
```

```
70              borderColor: 'rgb(255, 128, 132)',
71              lineTension:0.5, // 값을 높이면 line이 곡션 형태가 됨
72              data: [ // 온도
73                  {% for i in result%}
74                    {{ i[1] }},
75                  {% endfor %}
76              ],
77          }]
78      },
79      // Configuration options go here
80      options: {
81          scales: {
82              xAxes: [{
83                  ticks: {
84                      suggestedMin: 0,
85                      suggestedMax: 100
86                  }
87              }],
88              yAxes: [{
89                  ticks: {
90                      suggestedMin: 0, // Y축의 최고 값
91                      suggestedMax: 40 // Y축의 최대 값
92                  }
93              }]
94          }
95      }
96  }
97  var chart = new Chart(ctx, data);
98  </script>
```

온도 센서의 데이터값과 그래프가 동시에 그려집니다.

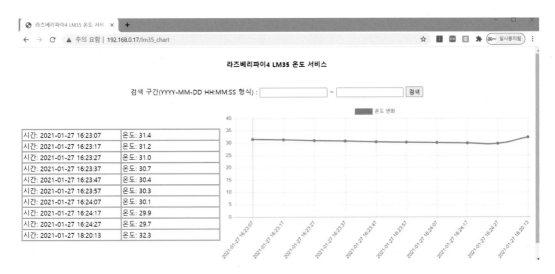

https://www.chartjs.org/ 사이트에 방문해서 예제를 확인해 보면 수많은 다양한 그래프 기능을 지원하고 있습니다. 라인 그래프 이외에도 다양한 그래표 형식으로도 표현해 보세요.

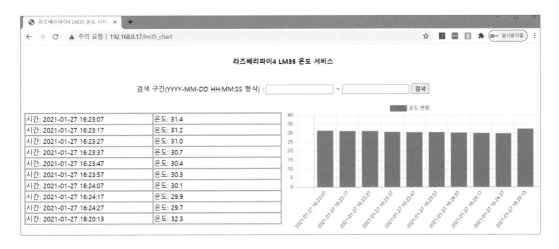

위의 그림은 type: 'bar'로 수정해서 그래프를 그린 화면입니다.

라즈베리파이 카메라 활용

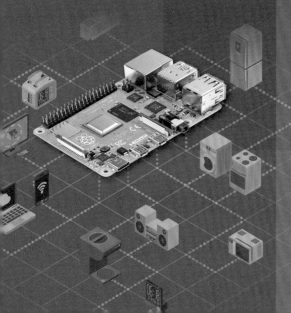

11 라즈베리파이 카메라 활용

11.1 라즈베리파이 카메라

라즈베리파이이에 USB 웹캠을 사용할 수도 있고, 전용 카메라를 CSI(Camera Serial Interface) 포트에 연결해서 사용할 수도 있습니다. 본 교재에서는 CSI 포트에 카메라 모듈을 연결해서 실습을 진행합니다. 라즈베리파이 카메라 모듈을 이용해서 IP 카메라 프로젝트를 진행하고 IP 카메라에서 Motion 감지가 되면 침입을 자동으로 탐지하고 카카오톡으로 알림 메시지를 보내는 실습을 합니다.

🍓 실험에 필요한 준비물들

라즈베리파이 카메라 V2

본 교재에서는 라즈베리파이 전용 카메라 모듈을 이용하지만 USB 웹캠이 있다면 라즈베리파이의 USB 포트에 연결해서 이후에 진행되는 모든 실습을 동일한 코드로 적용이 가능합니다.

🍓 배선도 및 회로

라즈베리파이 카메라 연결(https://www.arducam.com/ 참조)

라즈베리파이에 연결된 20핀 FPCB 케이블을 라즈베리파이의 오디오 잭 옆으로 위의 그림과 같이 연결합니다. 케이블에 TOP, BOTTOM 방향이 있으므로 반드시 파란색이 있는 면이 오디오 잭으로 향하도록 연결해야 합니다. 카메라 커텍터 양쪽 끝의 검은색 고정 캡을 동시에 잡고 살짝 들어 올려서 케이블연 끼워 넣은 다음 다시 양쪽의 검은색 고정 캡을 살짝 눌러 주면 됩니다.

(1) 카메라 인터페이스 활성화

라즈베리파이는 기본적으로 카메라 장치 사용이 Disable 되어 있습니다. 먼저 장치를 사용하기 전에 활성화를 해야 합니다. "/프로그램/기본 설정/Raspberry pi Configuration" 프로그램을 실행합니다.

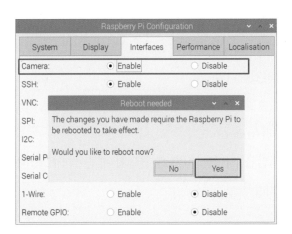

카메라를 활성화하여 재부팅해야 한다고 메시지 창이 나오면 "Yes"를 선택해서 재부팅합니다. 재부팅 이후에 카메라가 잘 연결되었는지 라즈베리파이에 기본적으로 설치된 raspistill 명령어로 사진을 캡처해 보도록 하겠습니다.

```
pi@raspberrypi:~ $ raspistill -o cam_capture.jpg
```

명령을 수행시키면 2~3초 정도 이후에 촬영되고 파일로 저장됩니다.

라즈베리파이 File Manager을 실행시키고 저장된 파일을 더블클릭하면 저장된 파일을 확인할 수 있습니다.

(2) 카메라 동작 테스트

라즈베리파이에 기본으로 설치되어 있는 raspistill 프로그램으로 카메라가 제대로 동작하는 몇 가지 동작 테스트를 하겠습니다.

🍓 raspistill -t 지연 시간(msec)

밀리세컨드 단위로 시간을 지연한 이후에 촬영합니다. 디렉토리 내에 같은 이름의 파일이 존재하면 Overwrite 됩니다.

```
pi@raspberrypi:~ $ raspistill -o cam_capture.jpg -t 1000
```

🍓 raspistill -vf : 상하 반전

상하 이미지를 반전해서 촬영이 됩니다.

```
pi@raspberrypi:~ $ raspistill -vf -o  cam_capture.jpg
```

🍓 raspistill -hf : 좌우 반전

좌우 이미지가 반전해서 촬영이 됩니다.

```
pi@raspberrypi:~ $ raspistill -hf -o  cam_capture.jpg
```

(3) 파이썬 카메라 제어

카메라 동작을 확인하였으니 파이썬 코드로 라즈베리파이 카메라를 제어하는 코드를 작성해 보도록 하겠습니다.

🍓 파이 카메라 모듈 설치

```
pi@raspberrypi:~ $ sudo apt-get install python3-picamera
```

🍓 카메라 프리뷰

piCamera 모듈을 이용해서 5초간 화면에 카메라 preview 화면을 보여 줍니다. 주의해야 할 사항은 만약 VNC Viewer를 통해서 이 코드를 실행한다면 데이터 전송량이 많아서인지 카메라 화면이 VNC Viewer 화면에 보이지 않습니다. 이후에 카메라 네트워크 스트리밍 실습에서 원격으로 카메라 화면을 전송하면 이런 현상은 발생하지 않습니다. 반드시 카메라 Preview 영상 테스트는 직접 라즈베리파이에 연결된 모니터에서 확인해야 합니다.

```
1    import time
2    import picamera                          # 라즈베리파이 카메라 모듈 로드
3    picam = picamera.PiCamera()              # 카메라 Open
4    try:
5        picam.start_preview()                # 화면에 Preview 영상 보여주기
6        time.sleep(5)                        # 5초간 대기
7        picam.stop_preview()                 # Preview Stop
8    finally:
9        picam.close()                        # 카메라 Close
```

🍓 카메라 해상도 변경

카메라 해상도를 1024×768 사이즈로 설정하고 키보드에서 ESC 키가 눌릴 때까지 계속
Preview 화면을 보이도록 하겠습니다. 키보드 입력 이벤트를 사용하기 위해서 pynput 모듈을
설치합니다.

```
pi@raspberrypi:~/examples/cam $ pip3 install pynput
```

카메라 모듈의 annotate_text 메소드를 이용해서 카메라 영상에 현재 날짜와 시간도 같이
표시합니다.

실습 파일 : examples/cam/11.1_cam_2.py

```
1    import time
2    import picamera, color                   # 라즈베리파이 카메라 모듈 로드
3    import datetime as dt                     # 날짜와 시간에 접근하기 위하여
4    import os
5    from pynput import keyboard              # 키보드 입력 감지 모듈
```

```
6
7    def on_press(key):
8      if key == keyboard.Key.esc:              # ESC 키가 눌려지면
9        os._exit(1)                            # 프로그램 종료
10
11   lis = keyboard.Listener(on_press=on_press)
12   lis.start()                                # 키보드 입력 감지 시작
13
14   try:
15     picam = picamera.PiCamera()              # 카메라 Open
16     picam.resolution = (1024, 768)           # 카메라 해상도
17     picam.annotate_background = picamera.Color('black')    # 글자 배경색
18     picam.annotate_foreground = picamera.Color('yellow')   # 글자 색상
19     picam.start_preview()                    # 화면에 Preview 영상 보여주기
20     while 1:
21       time.sleep(1)
22       picam.annotate_text = dt.datetime.now().strftime('%Y-%m-%d %H:%M:%S')
23   finally:
24     picam.stop_preview()                     # Preview Stop
25     picam.close()                            # 카메라 Close
```

카메라 Preview 상단에 검정 바탕으로 현재 날짜와 시간을 1초 단위로 표시되는 것을 확인할 수 있습니다.

11.2 카메라 모션 감지

motion이라는 카메라의 영상 신호를 모니터링하고 영상의 움직임 등이 발생했는지를 감지하는 파이썬 모듈을 사용합니다. 카메라로 영상 데이터를 네트워크로 전송하여 HTTP 클라이언트(인터넷 웹브라우저)에서 스트리밍 영상을 확인할 수 있으며, 움직임이 감지되면 움직인 순간의 촬영 이미지를 파일로 저장할 수 있습니다. 이러한 기능을 이용하여 라즈베리파이 카메라를 이용하여 침입을 탐지하는 기능을 구현해 보도록 하겠습니다.

(1) motion 모듈 설치

apt-get update, apt-get upgrade는 상황에 따라서 수행하지 않아도 됩니다.

```
pi@raspberrypi:~ $ sudo apt-get update
pi@raspberrypi:~ $ sudo apt-get upgrade
pi@raspberrypi:~ $ sudo apt-get install motion
```

(2) motion 모듈 설정 파일

설치를 끝내고 나서 /etc/motion/motion.conf 파일의 내용 중 몇 가지를 수정해야 합니다.

```
pi@raspberrypi:~ $ sudo vi /etc/motion/motion.conf
```

설정 내용이 많이 있지만 중요한 몇 가지 항목만 살펴보도록 하겠습니다.

설정 항목	설 명
daemon off	on : 라즈베리파이 부팅 시 자동으로 실행 off : 자동 실행 안함
videodevice /dev/video0	V4L2에서 비디오 디바이스로 "/dev/video0" 이름을 사용함
threshold 1500	동작 감지에 대한 민감도를 설정 숫자가 작을수록 작은 동작에서 움직임 감지
stream_port 8081	네트워크로 스트리밍할 포트를 설정
stream_localhost off	on : 외부 네트워크에서 접근 불가 off : 외부 네트워크에서 스트리밍 접근 가능
target_dir /var/lib/motion	움직임이 감지되었을 때 이미지를 저장할 디렉토리 설정
output_pictures on	on : 움직임이 감지되었을 때 이미지를 저장 off : 움직임이 감지되어도 파일로 저장하지 않음
ffmpeg_output_movies off	실시간으로 mpeg 포맷으로 저장할지를 설정 기본값으로 off로 지정해야 웹 브라우저의 8081 포트에서 스트리밍 영상을 확인할 수 있습니다.
width 640	스트리밍 영상의 가로 사이즈
height 480	스트리밍 영상이 세로 사이즈

```
pi@raspberrypi:~ $ sudo vi /etc/default/motion
```

/etc/default/motion 파일

```
start_motion_daemon=yes
```

반드시 /etc/default/motion 파일의 설정을 "start_motion_daemon=yes"로 해야 motion이 백그라운드 서비스에서 정상 동작을 합니다.

(3) motion 스트리밍 확인

설정을 끝내고 motion 서비스를 시작하고 웹 브라우저의 주소창에 "라즈베리파이의 IP:stream_port:8081"로 접근합니다.

```
pi@raspberrypi:~ $ sudo /etc/init.d/motion start
```

8080 포트로 접근하면 웹 브라우저에서 motion의 설정값들을 수정하거나 확인할 수도 있습니다.

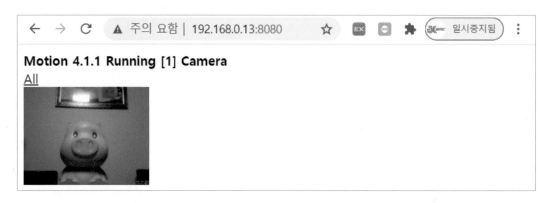

motion 서비스를 종료하려면

```
pi@raspberrypi:~ $ sudo /etc/init.d/motion stop
```

카메라에 동작을 시켜 보고 "/var/lib/motion" 디렉토리에서 움직임이 감지된 저장 파일들을 확인합니다.

움직임이 감지되었을 때 파일로 저장하기 위해서는 반드시 "output_pictures on"로 설정되어 있어야 합니다.

(4) 원격으로 카메라 제어하기

9.4.2 서보모터 제어 예제를 조금 수정해서 HTML 페이지를 반으로 나누어 위쪽에는 motion에서 보내온 스트리밍 영상을 표시하고 아래쪽에는 버튼으로 서보모터를 좌우로 회전시켜 원격지에서 카메라의 현재 위치를 제어해 보도록 하겠습니다. 라즈베리파이 카메라가 서보모터의 혼에 붙어 있다면 서보모터의 회전각을 제어하면 카메라에 보이는 영상이 0~180도만큼 회전시켜서 원하는 방향으로 제어가 가능합니다. 배선도는 9.4.2절과 동일합니다.

```
1   <html>
2   <head>
3   <title>HOME CCTV Control</title>
4   <style type="text/css">
5   .auto-style1 {
6     text-align: center;
7   }
8   .auto-style6 {
9     border-style: solid;
10    border-color: #000000;
11    text-align: center;
12    color: #FFFFFF;
13    background-color: #FF9900;
14  }
15  </style>
16  </head>
17  <body>
18  <center>
19  <strong><br>HOME CCTV Control<br><br><br></strong>
20  <table style="width: 50%">
21  <tr>
22    <td colspan="3" align="center"><iframe src="http://192.168.0.13:8081"
       width="100%" height="480"></iframe>
23    </td>
24  </tr>
25  <tr>
26    <td class="auto-style6" style="height: 81; width: 30%">
27    <a href="sg90_control_act?servo=L">&lt;&lt;</a></td>
28    <td class="auto-style1" style="height: 81; width: 50" align="center"><img
       src="static/sg90.png" width="80"></td>
```

29	`<td class="auto-style6" style="height: 81; width: 30%;">`
30	`<a href="sg90_control_act?servo=R">&gt;&gt;</a></td>`
31	`</tr>`
32	`</table>`
33	`<strong> Degree is {{ degree }}</strong>`
34	`</center>`
35	`</body>`
36	`</html>`

HTML 페이지에서 iframe 태그를 사용하면 1개의 HTML 페이지 안에 여러 개의 페이지를 서비스할 수 있습니다. iframe의 src 속성에 motion에서 스트리밍하고 있는 "IP 주소:포트 번호"를 넣어 주면 됩니다.

`<iframe src="http://192.168.0.13:8081" width="100%" height="480">`

iframe 대신에 HTML의 frame 태그를 이용해도 됩니다.

실습 파일 : ~/webapp/web_cctv.py

```python
1   from flask import Flask, request, render_template
2   import RPi.GPIO as GPIO
3   import time
4
5   servoPin = 2
6   SERVO_MAX_DUTY = 12
7   SERVO_MIN_DUTY = 3
8   cur_pos = 90
9
10  GPIO.setmode(GPIO.BCM)
11  GPIO.setup(servoPin, GPIO.OUT)
12
13  servo = GPIO.PWM(servoPin, 50)
```

```
14    servo.start(0)

15

16    app = Flask(__name__)

17

18    def servo_control(degree, delay):
19       if degree > 180:
20          degree = 180

21

22       duty = SERVO_MIN_DUTY+(degree*(SERVO_MAX_DUTY-SERVO_MIN_DUTY)/180.0)
23       # print("Degree: {} to {}(Duty)".format(degree, duty))
24       servo.ChangeDutyCycle(duty)
25       time.sleep(delay)
26       servo.ChangeDutyCycle(0)

27

28    @app.route('/web_cctv')
29    def web_cctv():
30       cur_pos = 90
31       servo_control(cur_pos, 0.1)
32       return render_template('web_cctv.html')

33

34    @app.route('/sg90_control_act', methods=['GET'])
35    def sg90_control_act():
36       if request.method == 'GET':
37          global cur_pos
38          degree = ''
39          servo = request.args["servo"]

40

41          if servo == 'L':
42             cur_pos = cur_pos - 10
43             if cur_pos < 0:
44                cur_pos = 0
```

```
45          else:
46              cur_pos = cur_pos + 10
47              if cur_pos > 180:
48                  cur_pos = 180
49
50          servo_control(cur_pos, 0.05)
51          return render_template('web_cctv.html', degree=cur_pos)
52
53    if __name__ == '__main__':
54        app.run(debug=True, port=80, host='0.0.0.0')
```

motion 스트리밍 화면을 보면서 서보모터의 회전각을 제어해서 원격지의 라즈베리파이 카메라의 촬영 방향을 제어할 수 있습니다.

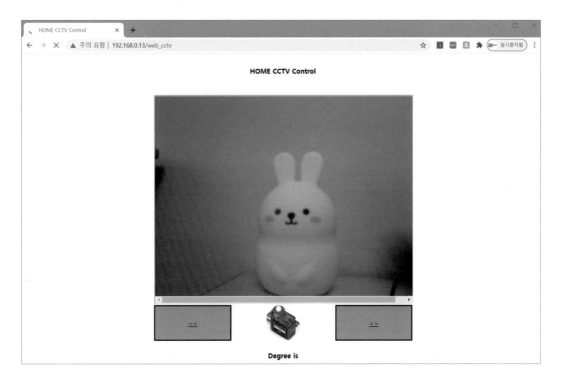

Chapter 12

구글 어시스턴트 인공지능 스피커

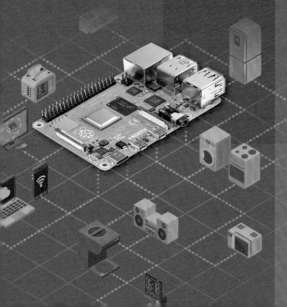

12 구글 어시스턴트 인공지능 스피커

Raspberry Pi 4

12.1 구글 어시스턴트 설정

구글 어시스턴트(Google Assistant)는 구글이 개발하고 2016년 5월 자체 개발자 콘퍼런스에서 발표한 인공지능 비서입니다. 구글 나우와 달리 구글 어시스턴트는 양방향 대화에 참여할 수도 있습니다. https://ko.wikipedia.org/wiki/구글_어시스턴트 사이트 참조

(1) 마이크와 스피커 설정

구글 어시스턴트를 사용하려면 당연히 마이크와 스피커가 준비되어 있어야 합니다. 라즈베리파이에 USB 타입의 사운드 카드를 연결하고 사운드 디바이스가 올바르게 인식이 되었는지 확인합니다. arecord -l 명령으로 녹음이 가능한 마이크 리스트를 확인합니다.

```
pi@raspberrypi:~ $ arecord -l
**** List of CAPTURE Hardware Devices ****
card 2: Device [USB PnP Sound Device], device 0: USB Audio [USB Audio]
  Subdevices: 1/1
  Subdevice #0: subdevice #0
```

aplay -l 명령으로 재생이 가능한 디바이스 목록을 확인합니다.

```
pi@raspberrypi:~ $ aplay -l
```

```
pi@raspberrypi: ~
파일(F)  편집(E)  탭(T)  도움말(H)
pi@raspberrypi:~ $ aplay -l
**** List of PLAYBACK Hardware Devices ****
card 0: b1 [bcm2835 HDMI 1], device 0: bcm2835 HDMI 1 [bcm2835 HDMI 1]
  Subdevices: 4/4
  Subdevice #0: subdevice #0
  Subdevice #1: subdevice #1
  Subdevice #2: subdevice #2
  Subdevice #3: subdevice #3
card 1: Headphones [bcm2835 Headphones], device 0: bcm2835 Headphones [bcm2835 H
eadphones]
  Subdevices: 4/4
  Subdevice #0: subdevice #0
  Subdevice #1: subdevice #1
  Subdevice #2: subdevice #2
  Subdevice #3: subdevice #3
card 2: Device [USB PnP Sound Device], device 0: USB Audio [USB Audio]
  Subdevices: 1/1
  Subdevice #0: subdevice #0
```

USB 사운드 카드에 재생이 가능한 포트를 지원한다면 card2까지 나올 수 있고 라즈베리파이에 연결된 3.5파이 이어잭을 사용한다면 card1을 이용하면 됩니다. card0는 HDMI를 통해서 오디로 전송을 할 경우 사용합니다. 교재에서는 라즈베리파이에 기본으로 있는 3.5파이 이어잭을 사용할 것이기 때문에 설정이 필요합니다.

```
pi@raspberrypi:~ $ sudo raspi-config
```

🍓 1. System Options 선택

```
┤ Raspberry Pi Software Configuration Tool (raspi-config) ├

  1 System Options       Configure system settings
  2 Display Options      Configure display settings
  3 Interface Options    Configure connections to peripherals
  4 Performance Options  Configure performance settings
  5 Localisation Options Configure language and regional settings
  6 Advanced Options     Configure advanced settings
  8 Update               Update this tool to the latest version
  9 About raspi-config   Information about this configuration tool



            <Select>                        <Finish>
```

🍓 S2. Audio 선택

```
┤ Raspberry Pi Software Configuration Tool (raspi-config) ├

  1 System Options       Configure system settings
  2 Display Options      Configure display settings
  3 Interface Options    Configure connections to peripherals
  4 Performance Options  Configure performance settings
  5 Localisation Options Configure language and regional settings
  6 Advanced Options     Configure advanced settings
  8 Update               Update this tool to the latest version
  9 About raspi-config   Information about this configuration tool



            <Select>                        <Finish>
```

🍓 오디오 출력 장치를 1. Headphones으로 선택합니다.

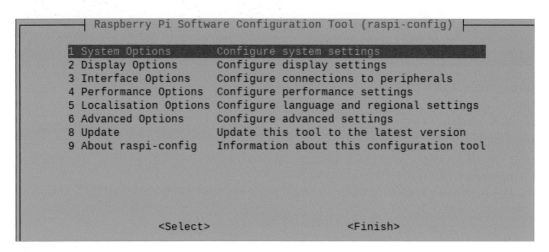

```
Choose the audio output

                  0 HDMI 1
                  1 Headphones
                  2 USB Audio
```

설정이 완료되었으면 speaker-test -t wav 명령으로 오디오 출력을 테스트합니다.

```
pi@raspberrypi:~ $ speaker-test -t wav

speaker-test 1.1.8

Playback device is default
Stream parameters are 48000Hz, S16_LE, 1 channels
WAV file(s)
Rate set to 48000Hz (requested 48000Hz)
Buffer size range from 192 to 2097152
Period size range from 64 to 699051
Using max buffer size 2097152
Periods = 4
was set period_size = 524288
```

만약 소리가 너무 작거나 들리지 않는다면 오디오 출력 볼륨이 너무 작아서 그럴 수 있습니다. alsamixer 명령을 입력해서 오디오 출력 볼륨을 적당히 조절합니다.

```
pi@raspberrypi:~ $ alsamixer
```

헤드폰으로 음성이 출력되면 오디오 출력에 문제가 없는 것입니다. 이제 마이크가 제대로 동작하는지 테스트해 보겠습니다.

F6 단축키로 설정할 사운드 카드를 선택합니다. 라즈베리파이 3.5파이 오디오 잭으로 출력을 해야 하기 때문에 "1.bcm2835 Headphones"을 선택합니다. 선택을 완료하고 키보드에서 위, 아래 화살표 키를 눌러서 출력 볼륨 조정을 합니다.

arrecord 명령을 사용해서 마이크 녹음을 합니다.

```
pi@raspberrypi:~ $ arecord --format=S16_LE --duration=5 --rate=16000 --file-type=raw out.raw
```

녹음된 파일을 재생해서 녹음된 파일이 올바르게 출력이 되는지 확인합니다.

```
pi@raspberrypi:~ $ aplay --format=S16_LE --rate=16000 out.raw
```

지금까지 이러한 설정 방법은 구글 어시스턴트 공식 사이트에서 하드웨어를 라즈베리파이로 선택하면 상세하게 설명되어 있습니다.(https://developers.google.com/assistant/sdk/guides/service/python/embed/audio?hardware=rpi)

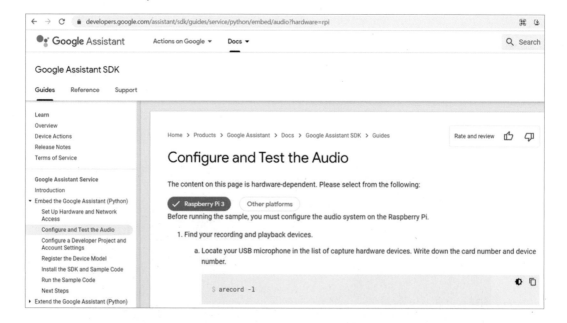

(2) 개발자 프로젝트 생성

구글 계정이 없다면 https://accounts.google.com/에서 계정을 추가하세요.

구글 계정을 이미 가지고 있다면 https://developers.google.com/assistant/sdk/guides/service/
python 사이트에서 구글 어시스턴트 사용을 위한 프로젝트 생성과 계정을 설정해야 합니다.

Configure a Developer Project Account Settings --〉 Go to the Actions Console을 선택
합니다.

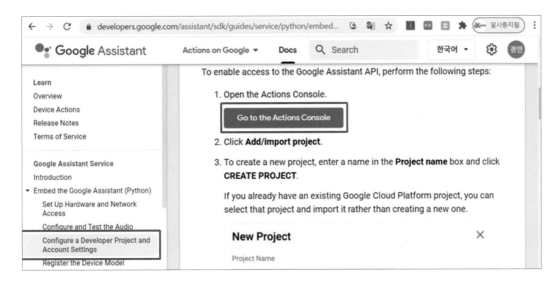

"New Project" 선택하고 팝업 창이 나오면 모두 "Yes"를 선택 "Agree and continue"

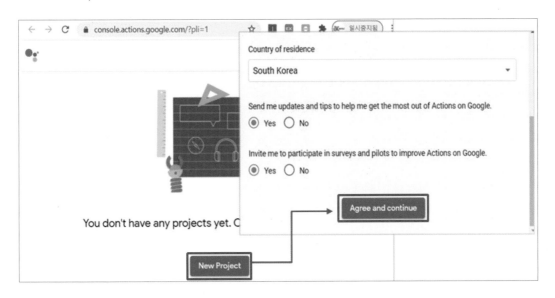

프로젝트 이름 : pi-assist, 사용할 언와와 국가를 선택하고 "Create Project" 선택

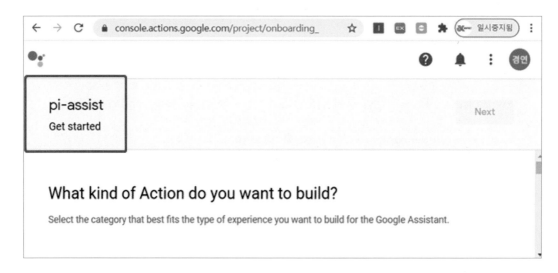

새로운 프로젝트 생성이 완료되었습니다.

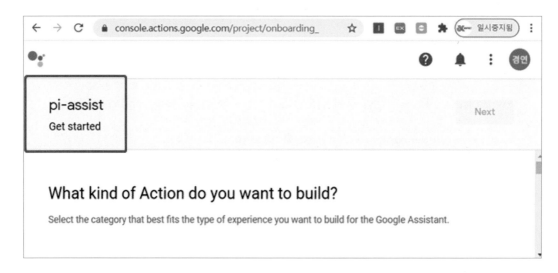

프로젝트 생성이 완료되고 이제 프로젝트에 디바이스를 등록해 주어야 합니다. 아래 그림과 같이 프로젝트 생성 완료 화면을 밑으로 스크롤해서 Are you looking for device registration 옆의 "Click Here"를 클릭합니다.

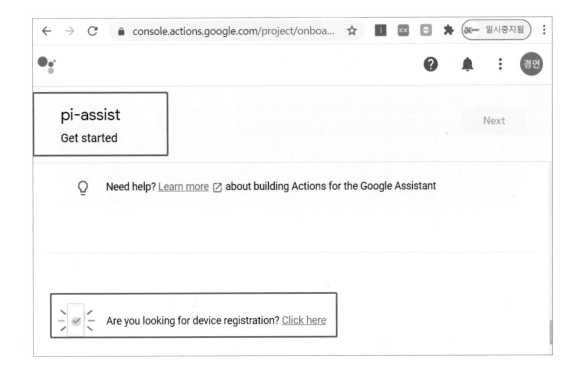

(3) 장치 모델 등록

새로 추가한 프로젝트에 디바이스를 등록합니다. "REGISTER MODEL"을 선택합니다.

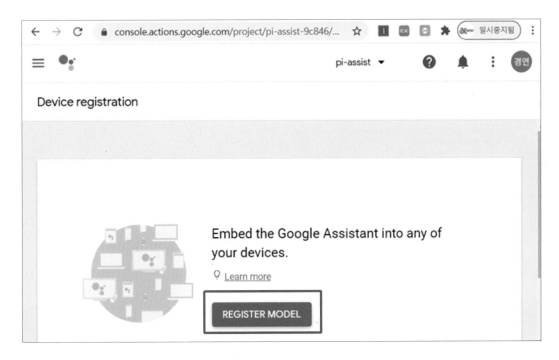

등록할 모델(음성으로 LED를 제어할 예정)에 대한 정보를 입력합니다.

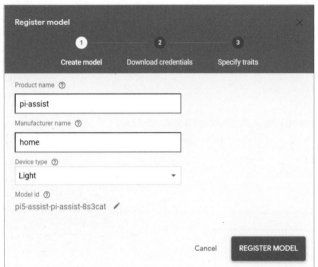

- Product name : pi-assist
- Manufature name : home
- Device type : Light

"Download OAuth 2.0 credential "
클릭해서 json 파일을 다운로드하고
"Next" 진행

여기서 다운로드 받은 json 파일은 이후에 (6) SDK 설치 및 샘플 코드에서 최종 구글 사용자 인증에서 사용할 것이기 때문에 잘 보관합니다.

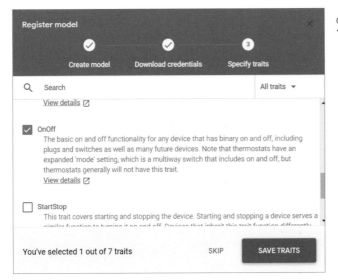

onoff 항목을 체크 선택하고
"SAVE TRAITS" 진행

여기까지 모델 등록이 완료되었습니다.

Model ID를 클릭해서 정확한 Model ID를 확인합니다.

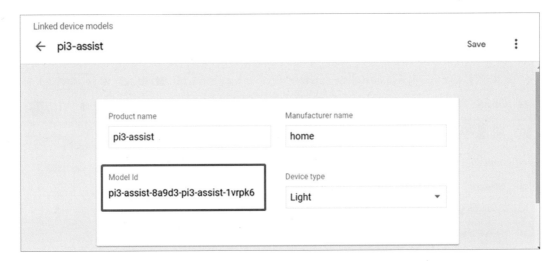

위의 화면에서 Model ID는 샘플 코드를 실행하는 반드시 필요하기 때문에서 복사해서 메모장에 보관해 놓는 것이 좋습니다.

(4) API 및 서비스 사용 활성화

인터넷 브라우저 URL 창에 https://console.developers.google.com/를 입력하고 프로젝트를 선택합니다.

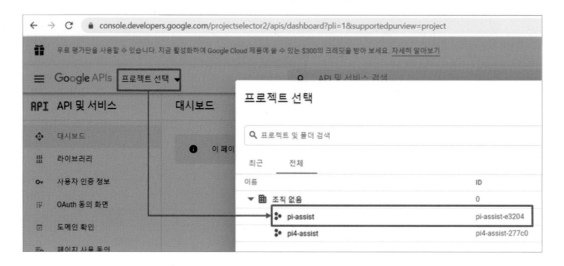

왼쪽 상단의 "프로젝트 선택" 드롭다운 박스를 클릭한 다음 팝업 창에서 새로 생성한 "pi-assist" 프로젝트를 선택하고 "+ API 및 서비스 사용 설정"을 클릭합니다. 구글 어시스턴트 샘플 코드를 수행할 때 프로젝트 ID가 요구되기 때문에 반드시 복사해서 메모장에 저장해 놓는 것이 좋습니다.

중간 검색 창에 "Google assistant API"를 입력합니다.

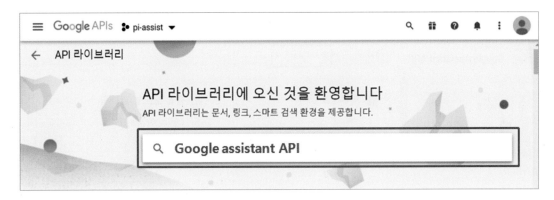

검색된 "Google assistant API"를 선택합니다.

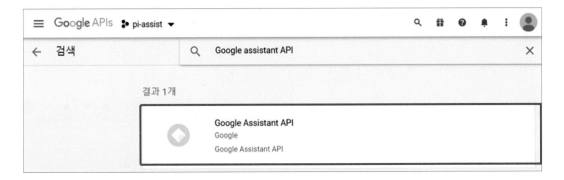

선택된 API를 "사용" 버튼을 클릭해서 활성화시킵니다.

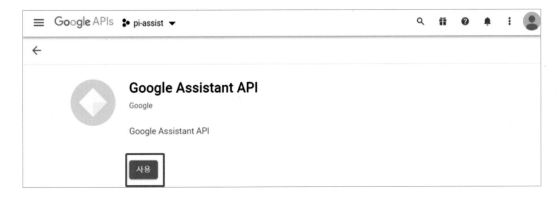

API 사용 활성화가 완료되었습니다.

(5) 사용자 인증 정보 설정

인터넷 브라우저 URL 창에 https://console.developers.google.com/를 입력하고 "OAuth" 메뉴를 선택, "외부" 선택, "만들기"를 클릭합니다.

- 앱 이름 : pi3-assist
  앱 이름은 프로젝트 이름과
  동일하지 않아도 됩니다.
- 사용자 지원 이메일
  개인 이메일 사용 가능

입력 항목 중에 "앱 로고"는 선택 하지마세요. 앱 로고 이미지를 등록하면 이미지 심사가
완료되는데 최대 4주 이상이 소요될 수 있다고 나옵니다.

개발자 연락처 정보에는 반드시 구글에 등록된 이메일 계정으로 사용해야 이후에 최종 API 사용 인증 단계에서 승인 코드를 올바르게 받을 수 있습니다. 추가 사항을 입력하고 "저장 후 계속" 버튼을 누르고 다음 화면부터는 선택 사항이기 때문에 입력하지 않고 계속 진행하면 됩니다.

모든 설정이 끝나면 "사용자 인증 정보"만 활성화되고 인증 정보를 확인할 수 있습니다.

(6) SDK 설치 및 샘플 코드

구글 어시스트 개발을 위한 SDK 설치 및 예제 코드를 설치합니다. 구글 문서에서는 파이썬 가상환경을 구성하고 설치하라고 되어 있지만 파이썬 3.x 환경에서만 사용할 것이기 때문에 가상환경을 구성하지 않고 직접 파이썬 3 환경에 설치하였습니다.

```
pi@raspberrypi:~ $ sudo apt-get install portaudio19-dev libffi-dev libssl-dev
pi@raspberrypi:~ $ python3 -m pip install --upgrade google-assistant-sdk[samples]
pi@raspberrypi:~ $ python3 -m pip install --upgrade google-auth-oauthlib[tool]
```

마지막으로 API 사용을 위하여 구글 사용자 인증을 해주면 됩니다.

```
pi@raspberrypi:~ $ google-oauthlib-tool --scope \
https://www.googleapis.com/auth/assistant-sdk-prototype \
--save--headless--client-secrets /home/pi/examples/google_assist/client_secret_client-id.json
```

위의 명령에서 "/home/pi/examples/google_assist/client_secret_client-id.json" 파일은 장치 모델 등록에서 다운로드받았던 OAuth 2.0 credential 파일입니다. 구글 어시스턴트를 테스트하기 위해서 /home/pi/examples/google_assist 디렉토리를 새로 생성하였습니다.

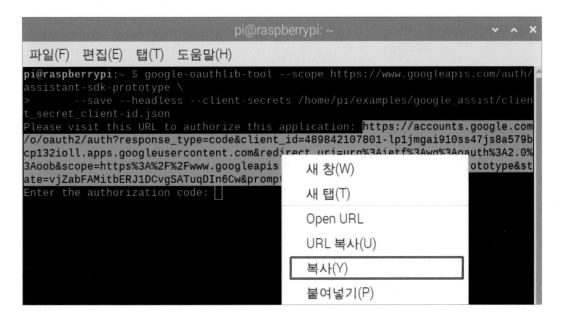

명령을 수행하면 "Enter the authorization code"를 입력하라고 나오는데 이 코드를 얻기 위해서는 위의 그림에서 회색으로 된 영역을 마우스로 드래그한 다음, 오른쪽 마우스 버튼을 클릭해서 "복사"를 하고 웹 브라우저를 실행한 다음, URL 입력 창에 붙여넣기를 하고 엔터를 칩니다.

OAuth 동의 화면의 개발자 연락처 정보에 입력한 이메일 주소를 입력합니다.

구글 계정 액세스에 "허용"을 선택합니다.

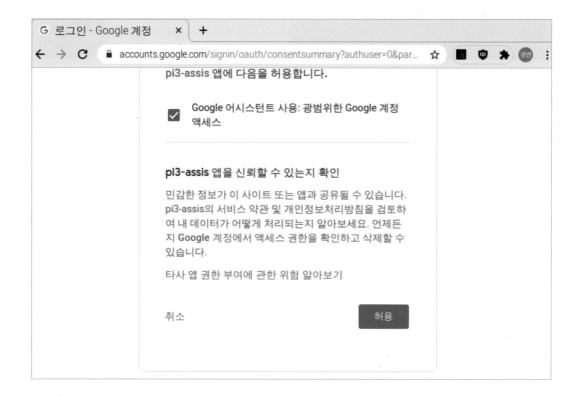

Google 어시스턴트 사용에 대한 구글 계정을 허용합니다.

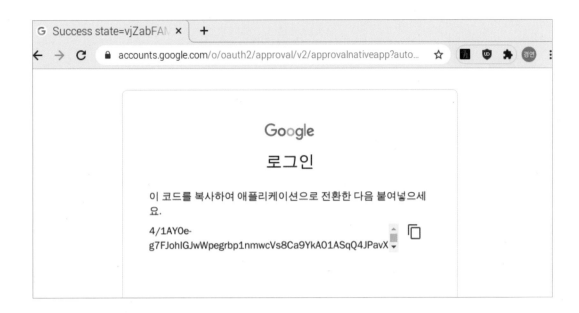

최종적으로 인증 코드를 복사해서 라즈베리파이 터미널 창의 authorization code에 붙여넣어 입력을 완료합니다.

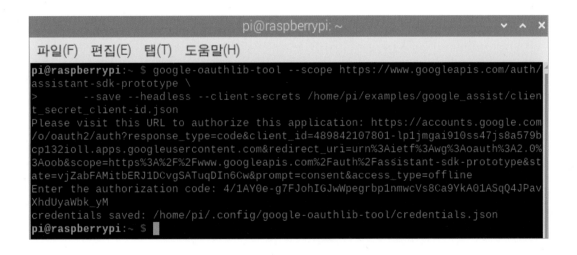

여기까지 구글 어시스턴트 API 사용을 위한 모든 준비가 완료되었습니다.

만약 구글 계정 승인 과정에서 아래와 같이 access denied 오류가 발생한다면 OAuth 동의 화면으로 돌아가서 "앱 게시" 버튼을 눌러서 프로덕션 푸시를 수행합니다.

프로덕션 푸시를 위해서 "확인" 버튼을 누릅니다.

프로덕션으로 푸시하시겠어요?

Google 계정이 있는 모든 사용자가 앱을 사용할 수 있습니다.

확인을 위해 앱을 제출할 필요는 없습니다. 10개를 초과하는 도메인을 추가하거나, 로고를 업로드하거나, 민감하거나 제한된 범위를 요청하는 등 나중에 앱의 구성을 변경하면 확인을 위해 제출해야 합니다.

취소   확인

여기까지 진행하고 구글 어시스턴트 API 사용을 위한 구글 계정 인증을 다시 진행하면 됩니다.

12.2 구글 어시스턴트 사용

라즈베리파이 터미널 창에서 구글 어시스턴트를 바로 실행해서 테스트해 볼 수 있습니다. 구글 어시스턴트 테스트는 반드시 client_secret_client-id.json 파일이 있는 디렉토리에서 수행 해야 합니다. 본 교재에서는 "/home/pi/examples/google_assist/" 디렉토리입니다.

```
pi@raspberrypi:~ $ googlesamples-assistant-pushtotalk --project-id my-dev-project
--device-model-id my-model
```

my-dev-project : 내가 만든 프로젝트 ID

my-model : 내가 생성한 Model ID

Press Enter to send a new request... 메시지가 출력된 다음 키보드로 엔터키를 누른 다음 INFO:root:Recording audio request. 메시지가 나오고 나서 구글 어시스턴트에게 음성으로 대화를 하면 됩니다.

```
pi@raspberrypi:~/examples/google_assist $ googlesamples-assistant-pushtotalk --p
roject-id pi3-assist-8a9d3 --device-model-id pi3-assist-8a9d3-pi3-assist-1vrpk6
INFO:root:Connecting to embeddedassistant.googleapis.com
INFO:root:Using device model pi3-assist-8a9d3-pi3-assist-1vrpk6 and device id 9c
e85846-6d0e-11eb-8b24-dca6323b89ab
Press Enter to send a new request...
INFO:root:Recording audio request.
INFO:root:Transcript of user request: "지금".
INFO:root:Transcript of user request: "지금 뭐".
INFO:root:Transcript of user request: "지금 몇".
INFO:root:Transcript of user request: "지금 몇 시".
INFO:root:Transcript of user request: "지금 몇 시야".
INFO:root:Transcript of user request: "지금  몇 시야".
INFO:root:Transcript of user request: "지금 몇  시야".
INFO:root:Transcript of user request: "지금 몇 시야".
INFO:root:End of audio request detected.
INFO:root:Stopping recording.
INFO:root:Transcript of user request: "지금 몇 시야".
INFO:root:Playing assistant response.
INFO:root:Finished playing assistant response.
Press Enter to send a new request...
```

영문뿐만 아니라 한글 음성도 잘 인식을 합니다.

```
INFO:root:Playing assistant response.
INFO:root:Finished playing assistant response.
Press Enter to send a new request...
INFO:root:Recording audio request.
INFO:root:Transcript of user request: "what".
INFO:root:Transcript of user request: "what time".
INFO:root:Transcript of user request: "what time is".
INFO:root:Transcript of user request: "what time is it".
INFO:root:Transcript of user request: "what  time is it".
INFO:root:Transcript of user request: "what  time is it in".
INFO:root:Transcript of user request: "what  time is it now".
INFO:root:Transcript of user request: "what time is it now".
INFO:root:Transcript of user request: "what time is  it now".
INFO:root:Transcript of user request: "what time is it  now".
INFO:root:Transcript of user request: "what time is it now".
INFO:root:End of audio request detected.
INFO:root:Stopping recording.
INFO:root:Transcript of user request: "what time is it now".
INFO:root:Playing assistant response.
INFO:root:Finished playing assistant response.
Press Enter to send a new request...
```

만약 구글 어시스턴트가 음성 입력이 안 되거나 오디오 출력이 되지 않는다면 라즈베리파이의 오디오 디바이스 선택이 잘못되었을 수 있습니다. /home/pi/.asoundrc 파일을 생성해서 명확하게 오디오 디바이스를 지정해 줄 수 있습니다.

```
/home/pi/.asoundrc
pcm.!default {
  type asym
  capture.pcm "mic"
  playback.pcm "speaker"
}
pcm.mic {
  type plug
  slave {
    pcm "hw:<card number>,<device number>"
  }
}
pcm.speaker {
  type plug
  slave {
    pcm "hw:<card number>,<device number>"
  }
}
```

pcm.mic와 pcm.speaker의 card number, device number는 아래 명령으로 확인

```
pi@raspberrypi:~ $ arecord -l
pi@raspberrypi:~ $ aplay -l
```

12.3 음성으로 LED 제어

음성 명령으로 라즈베리파이에 연결된 LED를 제어해 보는 실습을 진행합니다.

"불켜줘" : LED ON, "불꺼줘" : LED OFF합니다. LED배선도는 4.2에서 진행했던 것과 동일합니다.

github에서 파이썬 예제를 다운로드합니다.

```
pi@raspberrypi:~/examples/google_assist $
                    git clone https://github.com/googlesamples/assistant-sdk-python
```

```
                    pi@raspberrypi: ~/examples/google_assist          ∨  ∧  ✕
파일(F)  편집(E)  탭(T)  도움말(H)
pi@raspberrypi:~/examples/google_assist $ git clone https://github.com/googlesam
ples/assistant-sdk-python
'assistant-sdk-python'에 복제합니다...
remote: Enumerating objects: 30, done.
remote: Counting objects: 100% (30/30), done.
remote: Compressing objects: 100% (25/25), done.
remote: Total 2068 (delta 11), reused 15 (delta 5), pack-reused 2038
오브젝트를 받는 중: 100% (2068/2068), 681.85 KiB | 782.00 KiB/s, 완료.
델타를 알아내는 중: 100% (1147/1147), 완료.
```

작성해야 할 코드가 너무 많기 때문에 구글에서 제공하는 샘플 코드를 필요한 부분만 수정해서 사용합니다.

/home/pi/examples/google_assist/assistant-sdk-python/google-assistant-sdk/
googlesamples/assistant/grpc/pushtotalk.py 파일 수정

```
17    import RPi.GPIO as GPIO
18    import concurrent.futures
19    import json
20    import logging
21    import os
22    import os.path
23    import pathlib2 as pathlib
24    import sys
25    import time
```

```
26    import uuid
27
28    import click
29    import grpc
30    import google.auth.transport.grpc
31    import google.auth.transport.requests
32    import google.oauth2.credentials
33
34    global gbl_cmd
35    gbl_cmd = ""
36    LED=4
37
38    GPIO.setmode(GPIO.BCM)
39    GPIO.setup(LED, GPIO.OUT, initial=GPIO.LOW)
```

LED 제어를 위해서 GPIO setup과 음성 인식된 결과를 출력하기 위해서 전역변수 gbl_cmd
를 추가하였습니다.

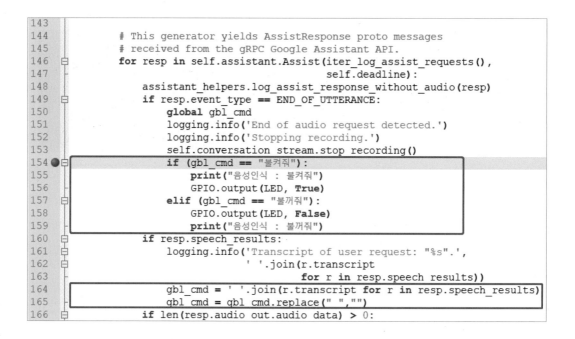

```
143
144            # This generator yields AssistResponse proto messages
145            # received from the gRPC Google Assistant API.
146            for resp in self.assistant.Assist(iter_log_assist_requests(),
147                                                self.deadline):
148                assistant_helpers.log_assist_response_without_audio(resp)
149                if resp.event_type == END_OF_UTTERANCE:
150                    global gbl_cmd
151                    logging.info('End of audio request detected.')
152                    logging.info('Stopping recording.')
153                    self.conversation_stream.stop_recording()
154                    if (gbl_cmd == "불켜줘"):
155                        print("음성인식 : 불켜줘")
156                        GPIO.output(LED, True)
157                    elif (gbl_cmd == "불꺼줘"):
158                        GPIO.output(LED, False)
159                        print("음성인식 : 불꺼줘")
160                if resp.speech_results:
161                    logging.info('Transcript of user request: "%s".',
162                            ' '.join(r.transcript
163                                        for r in resp.speech_results))
164                    gbl_cmd = ' '.join(r.transcript for r in resp.speech_results)
165                    gbl_cmd = gbl_cmd.replace(" ","")
166                if len(resp.audio_out.audio_data) > 0:
```

인식된 음성에서 공백을 제거하기 위해서 gbl_cmd.replace(" ", "") 추가

음성 인식 이후에 오디오 녹음을 종료하는 self.conversation_stream.stop_recording() 코
드 다음에 인식된 음성에 대해서 LED를 제어하는 코드를 추가하면 됩니다.

```
pi@raspberrypi:~/examples/google_assist/assistant-sdk-python/google-assistant-sd
k/googlesamples/assistant/grpc $ python3 pushtotalk.py
pushtotalk.py:39: RuntimeWarning: This channel is already in use, continuing any
way.  Use GPIO.setwarnings(False) to disable warnings.
  GPIO.setup(LED, GPIO.OUT, initial=GPIO.LOW)
INFO:root:Connecting to embeddedassistant.googleapis.com
INFO:root:Using device model pi3-assist-8a9d3-pi3-assist-1vrpk6 and device id 9c
e85846-6d0e-11eb-8b24-dca6323b89ab
Press Enter to send a new request...
INFO:root:Recording audio request.
INFO:root:Transcript of user request: "불".
INFO:root:Transcript of user request: "불 켜".
INFO:root:Transcript of user request: "불 켜 줘".
INFO:root:Transcript of user request: "불  켜 줘".
INFO:root:Transcript of user request: "불 켜  줘".
INFO:root:Transcript of user request: "불 켜 줘".
INFO:root:End of audio request detected.
INFO:root:Stopping recording.
음성인식 : 불켜줘
INFO:root:Transcript of user request: "불 켜 줘".
INFO:root:Playing assistant response.
```

구글 어시스턴트에 여러 개의 프로젝트와 모델을 등록했다면 pushtotalk.py를 실행할 때 명시적으로--project-id, --device-model-id 옵션을 사용해서 지정해서 사용하면 됩니다. 추가로 "--lang ko-KR" 옵션을 사용하면 한글 음성으로 인식하기 한글 명령을 사용하는 경우에는 조금 더 정확하고 빠르게 인식할 수 있습니다.

```
pi@raspberrypi:~/examples/google_assist $ python3 pushtotalk.py \
--lang ko-KR \
--project-id pi3-assist-8a9d3 \
--device-model-id pi3-assist-8a9d3-pi3-assist-1vrpk6
```

```
pi@raspberrypi:~/examples/google_assist/assistant-sdk-python/google-assistant-sd
k/googlesamples/assistant/grpc $ python3 pushtotalk.py --lang ko-KR --project-id
 pi3-assist-8a9d3 --device-model-id pi3-assist-8a9d3-pi3-assist-1vrpk6
pushtotalk.py:39: RuntimeWarning: This channel is already in use, continuing any
way.  Use GPIO.setwarnings(False) to disable warnings.
  GPIO.setup(LED, GPIO.OUT, initial=GPIO.LOW)
INFO:root:Connecting to embeddedassistant.googleapis.com
INFO:root:Using device model pi3-assist-8a9d3-pi3-assist-1vrpk6 and device id 9c
e85846-6d0e-11eb-8b24-dca6323b89ab
Press Enter to send a new request...
INFO:root:Recording audio request.
INFO:root:Transcript of user request: "불".
INFO:root:Transcript of user request: "불 켜".
INFO:root:Transcript of user request: "불 켜 줘".
INFO:root:Transcript of user request: "불 켜 줘".
INFO:root:Transcript of user request: "불 켜  줘".
INFO:root:Transcript of user request: "불 켜 줘".
INFO:root:End of audio request detected.
INFO:root:Stopping recording.
음성인식 : 불켜줘
INFO:root:Transcript of user request: "불 켜 줘".
INFO:root:Playing assistant response.
INFO:root:Finished playing assistant response.
```

Chapter 13

OpenCV 활용

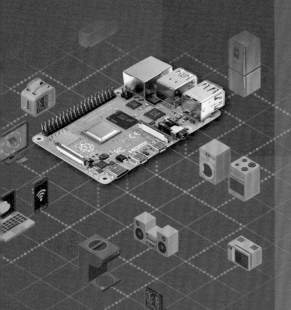

13 OpenCV 활용

13.1 OpenCV 4.5 설치

OpenCV(Open Source Computer Vision)는 실시간 컴퓨터 비전을 목적으로 한 프로그래밍 라이브러리로 리눅스, 윈도 등 다양한 플랫폼을 지원하고 있습니다. 프로그래밍 언어도 C,C++ 뿐만 아니라 파이썬도 지원하고 있어 본 교재에서는 파이썬을 사용한 OpenCV 활용을 진행 합니다.

(1) 라즈베리파이 OpenCV 4.5 설치

이미 빌드된 OpenCV 버전은 2.x입니다. 안면 인식, 손글씨 인식 등의 인공지능 기능을 사용하려면 최신 버전인 4.x 이상이 필요합니다. 패키지로 바로 설치할 수 없고 소스코드를 받아서 빌드 과정을 거쳐야 합니다.

설치 전에 시스템 업그레이드를 합니다. 이후의 설치하는 과정은 https://pimylifeup.com/raspberry-pi-opencv/ 사이트를 참조하였습니다.

```
pi@raspberrypi:~ $ sudo apt update
pi@raspberrypi:~ $ sudo apt upgrade
```

372 | 13. OpenCV 활용

🍓 OpenCV 빌드를 위한 패키지 설치

```
pi@raspberrypi:~ $ sudo apt install cmake build-essential pkg-config git
```

```
pi@raspberrypi:~ $ sudo apt install libjpeg-dev libtiff-dev libjasper-dev \
libpng-dev libwebp-dev libopenexr-dev
```

🍓 이미지 및 비디오 포맷 패키지 설치

```
pi@raspberrypi:~ $ sudo apt install libavcodec-dev libavformat-dev \
libswscale-dev libv4l-dev libxvidcore-dev libx264-dev \
libdc1394-22-dev libgstreamer-plugins-base1.0-dev libgstreamer1.0-dev
```

🍓 OpenCV 인터페이스 패키지 설치

```
pi@raspberrypi:~ $ sudo apt install libgtk-3-dev libqtgui4 libqtwebkit4 \
libqt4-test python3-pyqt5
```

🍓 임베디드 디바이스를 패키지 설치

```
pi@raspberrypi:~ $ sudo apt install libatlas-base-dev liblapacke-dev gfortran
```

🍓 Hierarchical Data Format(HDF5) 데이터 포맷 지원

```
pi@raspberrypi:~ $ sudo apt install libhdf5-dev libhdf5-103
```

🍓 파이썬 3 패키지 설치: 이 부분은 이미 설치되어 있음

```
pi@raspberrypi:~ $ sudo apt install python3-dev python3-pip python3-numpy
```

🍓 스왑 파일 수정 및 재설정

OpenCV 소스 코드 컴파일을 위해서 스왑 파일(가상 메모리 파일)을 2048로 용량 변경

```
pi@raspberrypi:~ $ sudo vi /etc/dphys-swapfile
```

```
                          pi@raspberrypi: ~                    ∨  ∧  ✕
파일(F)  편집(E)  탭(T)  도움말(H)
# /etc/dphys-swapfile - user settings for dphys-swapfile package
# author Neil Franklin, last modification 2010.05.05
# copyright ETH Zuerich Physics Departement
#   use under either modified/non-advertising BSD or GPL license

# this file is sourced with . so full normal sh syntax applies

# the default settings are added as commented out CONF_*=* lines


# where we want the swapfile to be, this is the default
#CONF_SWAPFILE=/var/swap

# set size to absolute value, leaving empty (default) then uses computed value
#   you most likely don't want this, unless you have an special disk situation
CONF_SWAPSIZE=2048

# set size to computed value, this times RAM size, dynamically adapts,
#   guarantees that there is enough swap without wasting disk space on excess
#CONF_SWAPFACTOR=2
```

```
sudo systemctl restart dphys-swapfile
```

🍓 OpenCV 소스 코드 다운로드

```
pi@raspberrypi:~ $ git clone https://github.com/opencv/opencv.git
pi@raspberrypi:~ $ git clone https://github.com/opencv/opencv_contrib.git
```

🍓 OpenCV 빌드를 위한 디렉토리 생성

```
pi@raspberrypi:~ $ mkdir ~/opencv/build
pi@raspberrypi:~ $ cd ~/opencv/build
```

🍓 OpenCV 빌드 환경 설정

```
pi@raspberrypi:~ $ cmake -D CMAKE_BUILD_TYPE=RELEASE \
    -D CMAKE_INSTALL_PREFIX=/usr/local \
    -D OPENCV_EXTRA_MODULES_PATH=~/opencv_contrib/modules \
    -D ENABLE_NEON=ON \
    -D ENABLE_VFPV3=ON \
    -D BUILD_TESTS=OFF \
    -D INSTALL_PYTHON_EXAMPLES=OFF \
    -D OPENCV_ENABLE_NONFREE=ON \
    -D CMAKE_SHARED_LINKER_FLAGS=-latomic \
    -D BUILD_EXAMPLES=OFF ..
```

🍓 OpenCV 빌드

```
pi@raspberrypi:~ $ make  -j$(nproc)
pi@raspberrypi:~ $ sudo make install
pi@raspberrypi:~ $ sudo ldconfig
```

빌드가 완료되는 데까지 최대 1시간 30분 이상이 소요됩니다.

🍓 스왑 파일 복구

/etc/dphys-swapfile 파일에서 다시 스왑 파일을 원래대로 복구합니다.

CONF_SWAPSIZE=100

```
pi@raspberrypi:~ $ sudo systemctl restart dphys-swapfile
```

🍓 OpenCV 버전 확인

```
pi@raspberrypi:~ $ python3
import cv2
cv2.__version__
```

13.2 OpenCV 기본 활용

OpenCV의 기본적인 사용 방법을 익히기 위해서 이미지 표시 방법과 카메라에서 영상을 획득하여 화면 Preview 하는 방법에 대해서 알아보도록 하겠습니다.

(1) 이미지 표시하기

디렉토리에 있는 파일을 읽어서 사이즈를 변경하고 화면에 표시합니다.

실습 파일 : examples/opencv/13.2_opencv_1.py

```python
1   import cv2
2
3   img_file = "./img_1.png"                        # 이미지 경로
4   img = cv2.imread(img_file)                      # 이미지 읽기
5
6   if img is not None:
7     img_resize = cv2.resize(img, (960, 540))     # 이미지 사이즈 변경
8     cv2.imshow("IMG", img_resize)                # 이미지를 표시
9     cv2.waitKey()                                # 키가 입력될 때까지 대기
```

```
10      cv2.destroyAllWindows()                        # 모든 창 닫기
11   else:
12      print("Image file not found")
```

이미지의 사이즈를 변경하기 위해서 cv2.resize(img, (960, 540))를 수행하였습니다. 사이즈 변경이 필요 없다면 img = cv2.imread(img_file)에서 읽어서 저장한 "img" 변수를 그냥 출력하면 됩니다.

(2) 그레이 스케일 변경

이미지에서 외곽선을 추출하거나 어떤 데이터를 처리하기에는 컬러 이미지보다는 회색 조에서 작업하는 것이 간단한 경우가 많이 있습니다. 컬러 이미지를 읽어서 회색 조로 변경을 해보도록 하겠습니다.

실습 파일 : examples/opencv/13.2_opencv_2.py

```
1    import cv2
2
3    img = cv2.imread("./img_1.png", cv2.IMREAD_COLOR)
4
5    if img is not None:
6       gray = cv2.cvtColor(img, cv2.COLOR_BGR2GRAY)        # 이미지를 회색조로 변경
7
8       img_resize = cv2.resize(img, (600, 400))            # 이미지 사이즈 변경
9       gray_resize = cv2.resize(gray, (600, 400))          # 이미지 사이즈 변경
10
11      cv2.imshow("img_resize", img_resize)
12      cv2.imshow("gray_resize", gray_resize)
13      cv2.waitKey(0)
```

```
14      cv2.destroyAllWindows()
15    else:
16        print("Image file not found")
```

gray = cv2.cvtColor(img, cv2.COLOR_BGR2GRAY) 코드가 이미지를 회색 조로 변경하는 코드입니다. 참고로 보통 이미지의 색상 배열은 "RGB"를 사용하지만 OpenCV는 기본 색상 배열이 "BGR"이기 때문에 COLOR_BGR2GRAY를 사용하였습니다.

컬러 이미지를 회색 조로 변경한 결과물입니다.

13.3 OpenCV 카메라 활용

라즈베리파이에 연결된 카메라의 영상을 OpenCV에서 획득해서 화면에 표시해 보도록 합니다.

실습 파일 : examples/opencv/13.3_opencv_1.py

```
1   import cv2
2
3   cap = cv2.VideoCapture(0, cv2.CAP_V4L)      # 첫 번째 카메라 영상
4   cap.set(cv2.CAP_PROP_FRAME_WIDTH, 640)       # 카메라 영상 넓이
5   cap.set(cv2.CAP_PROP_FRAME_HEIGHT, 480)      # 카메라 영상 높이
6
7   while (True):
8       ret, video = cap.read()                  # 카메라 영상 프레임 저장
9       cv2.imshow("video", video)               # 획득한 프레임 보여주기
10
11      key = cv2.waitKey(30) & 0xff
12      if key == 27:                            # Esc 키를 누르면 종료
13          break
14
15  cap.release()
16  cv2.destroyAllWindows()
```

cap = cv2.VideoCapture(0, cv2.CAP_V4L) 코드에서 괄호 안에 카메라의 번호와 캡처 디바이스 이름을 넣어 줍니다. 카메라가 여러 대 설치되어 있는 경우에 cap = cv2.VideoCapture(1, cv2.CAP_V4L) 형식으로 카메라에서 영상을 가져올 수 있습니다. cap.read() 구문으로 카메라에서 1개의 프레임에 대한 영상을 가져오고 cv2.imshow("video", video)로 프레임에 대한 영상을 표시합니다. 카메라의 영상도 마치 이미지 파일을 처리하는 것과 거의 동일하게 처리가 가능합니다.

코드 실행 중에 만약 아래와 같은 메시지가 출력된다면 다른 프로그램에서 /dev/video0 디바이스를 사용하고 있을 수 있습니다.

```
open VIDEOIO(V4L2:/dev/video0): can't open camera by index
```

앞에서 진행했던 motion 모듈 같은 경우 부팅과 함께 카메라 디바이스를 계속 사용하기 때문에 서비스를 중지시키고 다시 시도해 보세요.

```
pi@raspberrypi:~ $ sudo /etc/init.d/motion stop
```

13.4 인공지능 안면, 눈 인식

OpenCV에서 지원하는 haarcascades 방법으로 안면과 동공 인식을 하는 실습을 합니다. Haar Cascade는 머신러닝 기반의 오브젝트 검출 알고리즘입니다. OpenCV에서 이미 학습을 시킨 데이터를 기본으로 제공하고 있습니다.

안면 인식 데이터는 "/home/pi/opencv/data/haarcascades"에 있습니다.

실습 파일 : examples/opencv/13.4_opencv_1.py

```
1   import numpy as np
2   import cv2
3
4   face_cascade = cv2.CascadeClassifier  \
        ("/home/pi/opencv/data/haarcascades/haarcascade_frontalface_default.xml")
5   eye_cascade = \
        cv2.CascadeClassifier("/home/pi/opencv/data/haarcascades/haarcascade_eye.xml")
6
7   cap = cv2.VideoCapture(0, cv2.CAP_V4L)       # 첫 번째 카메라 영상
```

```
8    cap.set(cv2.CAP_PROP_FRAME_WIDTH, 640)        # 카메라 영상 넓이

9    cap.set(cv2.CAP_PROP_FRAME_HEIGHT, 480)       # 카메라 영상 높이

10

11   while (True):

12       ret, img = cap.read()

13       gray = cv2.cvtColor(img, cv2.COLOR_BGR2GRAY)

14

15       faces = face_cascade.detectMultiScale(gray, 1.2, 5)      # ①②③④⑤

16       print("Number of faces detected: " + str(len(faces)))

17

18       for (x, y, w, h) in faces:      # ②

19           img = cv2.rectangle(img, (x, y), (x + w, y + h), (255, 0, 0), 1)# ③

20           roi_gray = gray[y:y + h, x:x + w]        # ④

21           roi_color = img[y:y + h, x:x + w]        # ⑤

22           eyes = eye_cascade.detectMultiScale(roi_gray)      # ⑥

23           for (ex, ey, ew, eh) in eyes:      # ⑦

24               cv2.rectangle(roi_color, (ex, ey), (ex + ew, ey + eh), (0, 255, 0), 1) # ⑧

25

26       cv2.imshow('img', img)

27

28       k = cv2.waitKey(30) & 0xff

29       if k == 27:                   # Esc 키를 누르면 종료

30           break

31

32   cap.release()

33   cv2.destroyAllWindows()
```

아래 사이트를 참조하여 코드를 작성하였습니다.

https://opencv-python-tutroals.readthedocs.io/en/latest/py_tutorials/py_objdetect/py_

face_detection/py_face_detection.html

코드 분석

① : 인식된 안면의 개수만큼 안면의 중앙 좌표[x,y]와 가로, 세로 크기[w,h]의 행렬 리턴

② : 인식된 안면의 개수만큼 루프

③ : 카메라 영상의 안면 영역에 사각형 표시

④ : 변환된 그레이 영상에서 안면 영역의 데이터 행렬만 추출

⑤ : 컬러 영상에서 안면 영역의 데이터 행렬만 추출

⑥ : 안면만 있는 데이터 행렬에서 눈 영역 검출

⑦ : 인식된 눈의 개수만큼 안면의 중앙 좌표[x,y]와 가로, 세로 크기[w,h]의 행렬 리턴

⑧ : 카메라 영상의 눈 영역에 사각형 표시

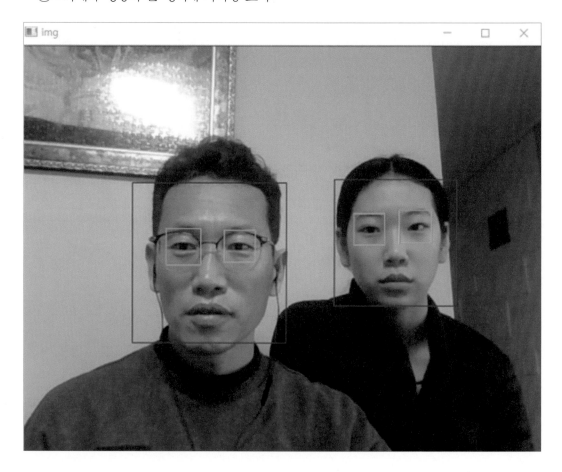

13.5 OpenCV 모션 인식

11.2에서 작성한 motion 모듈을 이용한 침입 탐지 기능을 OpenCV를 이용해서 구현해 보도록 하겠습니다.

실습 파일 : examples/opencv/13.5_opencv_1.py

```python
1   import cv2
2   import numpy as np
3
4   threshold_move = 50                                    # 모션이 감지될 Threshold 지정
5   diff_compare = 10                                      # 달라진 픽셀 개수 기준치 설정
6
7   cap = cv2.VideoCapture(0, cv2.CAP_V4L)
8   cap.set(cv2.CAP_PROP_FRAME_WIDTH, 320)                 # 영상의 폭을 320으로 설정
9   cap.set(cv2.CAP_PROP_FRAME_HEIGHT, 240)                # 영상의 높이를 240으로 설정
10
11  ret, img_first = cap.read()                            # 1번째 프레임 읽기
12  ret, img_second = cap.read()                           # 2번째 프레임 읽기
13
14  while True:
15      ret, img_third = cap.read()                        # 3번째 프레임 읽기
16      scr = img_third.copy()                             # 모션 감지 표시용 이미지 백업
17
18      # 그레이 스케일로 변경
19      img_first_gray = cv2.cvtColor(img_first, cv2.COLOR_BGR2GRAY)
20      img_second_gray = cv2.cvtColor(img_second, cv2.COLOR_BGR2GRAY)
21      img_third_gray = cv2.cvtColor(img_third, cv2.COLOR_BGR2GRAY)
22
23      # 이미지 간의 차이점 계산
24      diff_1 = cv2.absdiff(img_first_gray, img_second_gray)
```

```
25      diff_2 = cv2.absdiff(img_second_gray, img_third_gray)

26

27      # Threshold 적용

28      ret, diff_1_thres = cv2.threshold(diff_1, threshold_move, 255, \
                                                cv2.THRESH_BINARY)

29      ret, diff_2_thres = cv2.threshold(diff_2, threshold_move, 255, \
                                                cv2.THRESH_BINARY)

30

31      # 1번째 영상-2번째 영상, 2번째 영상-3번째 영상 차이점

32      diff = cv2.bitwise_and(diff_1_thres, diff_2_thres)

33

34      # 모션 감지된 데이터 판단

35      diff_cnt = cv2.countNonZero(diff)

36      if diff_cnt > diff_compare:

37          nzero = np.nonzero(diff)              # 0이 아닌 픽셀의 좌표 얻기

38          cv2.rectangle(scr, (min(nzero[1]), min(nzero[0])), \
                          (max(nzero[1]), max(nzero[0])), (0, 255, 0), 1)

39          cv2.putText(scr, "Motion Detected", (10, 10), \
                        cv2.FONT_HERSHEY_DUPLEX, 0.3, (0, 255, 0))

40      cv2.imshow('scr', scr)

41

42      # 다음 비교를 위해 영상 저장
```

모션이 감지되어 변경된 영역만큼 사각형으로 표시합니다.

13.6 OpenCV 모션 인식 스트리밍

13.5의 모션 감지 프로그램을 수정해서 Flask 환경에서 웹으로 실시간 스트리밍을 구현합니다.

실습 파일 : examples/wepapp/cv_motion.py

```python
from flask import Flask, render_template, Response
import cv2
import numpy as np

app = Flask(__name__)

threshold_move = 50                             # 달라진 픽셀값 기준치 설정
diff_compare = 10                               # 달라진 픽셀 개수 기준치 설정
img_first = None
img_second = None
img_third = None

cap = cv2.VideoCapture(-1, cv2.CAP_V4L)
cap.set(cv2.CAP_PROP_FRAME_WIDTH, 320)          # 영상의 폭을 320으로 설정
cap.set(cv2.CAP_PROP_FRAME_HEIGHT, 240)         # 영상의 높이를 240으로 설정

ret, img_first = cap.read()                     # 1번째 프레임 읽기
ret, img_second = cap.read()                    # 2번째 프레임 읽기

def gen_frames():
  while True:
    global img_first
    global img_second
    global img_third
    global threshold_move
```

```
26        global diff_compare
27
28        ret, img_third = cap.read()              # 3번째 프레임 읽기
29        scr = img_third.copy()                   # 화면에 다른점 표시할 이미지 백업
30
31        # 그레이 스케일로 변경
32        img_first_gray = cv2.cvtColor(img_first, cv2.COLOR_BGR2GRAY)
33        img_second_gray = cv2.cvtColor(img_second, cv2.COLOR_BGR2GRAY)
34        img_third_gray = cv2.cvtColor(img_third, cv2.COLOR_BGR2GRAY)
35
36        # 이미지 간의 차이점 계산
37        diff_1 = cv2.absdiff(img_first_gray, img_second_gray)
38        diff_2 = cv2.absdiff(img_second_gray, img_third_gray)
39
40        # Threshold 적용
41        ret, diff_1_thres = cv2.threshold(diff_1, threshold_move, 255, \
                                                    cv2.THRESH_BINARY)
42        ret, diff_2_thres = cv2.threshold(diff_2, threshold_move, 255, \
                                                    cv2.THRESH_BINARY)
43
44        # 1번째 영상-2번째 영상, 2번째 영상-3번째 영상 차이점
45        diff = cv2.bitwise_and(diff_1_thres, diff_2_thres)
46
47        # 차이가 발생한 픽셀이 개수 판단 후 사각형 그리기
48        diff_cnt = cv2.countNonZero(diff)
49        if diff_cnt > diff_compare:
50          nzero = np.nonzero(diff)              # 0이 아닌 픽셀의 좌표 얻기
51          cv2.rectangle(scr, (min(nzero[1]), min(nzero[0])), \
                            (max(nzero[1]), max(nzero[0])), (0, 255, 0), 1)
52          cv2.putText(scr, "Motion Detected", (10, 10), \
                        cv2.FONT_HERSHEY_DUPLEX, 0.3, (0, 255, 0))
53
```

```
54          # 다음 비교를 위해 영상 저장
55          img_first = img_second
56          img_second = img_third
57
58          ret, buffer = cv2.imencode('.jpg', scr) # 카메라 영상을 jpg 이미지 파일로 변환
59          frame = buffer.tobytes()                 # 바이트 형식으로 리턴
60
61          # concat frame one by one and show result
62          yield (b'--frame\r\n'
               b'Content-Type: image/jpeg\r\n\r\n' + frame + b'\r\n')
63
64      @app.route('/cv_motion')
65      def cv_motion():
66          # rendering webpage
67          return render_template('cv_motion.html')
68
69      @app.route('/video_feed')
70      def video_feed():
71          return Response(gen_frames(), mimetype='multipart/x-mixed-replace; \
                                                boundary=frame')
72      if __name__ == '__main__':
73          # defining server ip address and port
74          app.run(debug=False, port=80, host='0.0.0.0')
```

아래 코드만 조금 다르고 이전에 작성한 코드와 거의 동일합니다.

```
cv2.imencode('.jpg', scr)     # 카메라 영상을 jpg 이미지 파일로 변환
buffer.tobytes()              # 바이트 형식으로 리턴
```

한 가지 주의해야 할 사항은 app.run(debug=False, port=80, host='0.0.0.0')처럼 반드시 debug=False로 설정하세요. 이렇게 하지 않으면 플라스크에서 먼저 비디오 디바이스를 사용을 하는 것 같습니다. "can't open camera by index" 오류가 발생합니다.

실습 파일 : examples/wepapp/templates/cv_motion.html

```
1    <html>
2      <head>
3        <title>OpenCV motion detect streaming</title>
4      </head>
5    <body>
6    <center>
7    <h1>OpenCV motion detect streaming</h1>
8    <img src="{{ url_for('video_feed') }}" width="320" height="240">
9    </div>
10   </body>
11   </html>
```

웹 브라우저에서 라즈베리파이의 IP 주소로 접근하면 아래 그림과 같이 모션이 감지되어 실시간으로 표시됩니다.

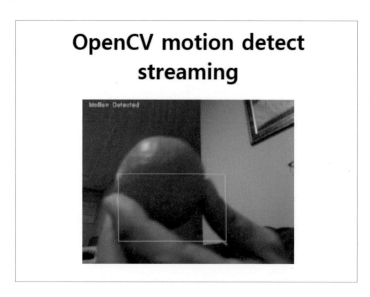

13.7 카카오톡 메시지 보내기

모션을 감지해서 침입을 탐지한 후에 카카오톡으로 침입 알림 메시지를 보내주면 유용할 것 같습니다. 카카오 개발자 센터에서 카카오 계정을 등록하고 애플리케이션을 추가해서 액세스 토큰을 발급받으면 REST API를 이용해서 메시지를 보낼 수 있습니다.

(1) 카카오 계정 로그인

https://developers.kakao.com/ 사이트에 방문하여 카카오 계정으로 로그인합니다.

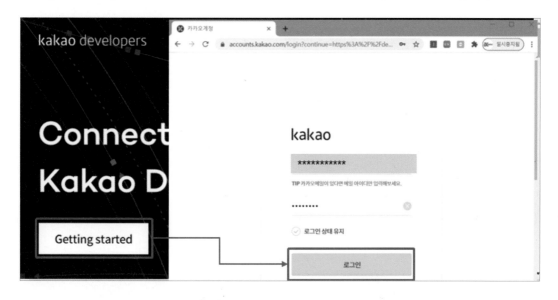

카카오 개발자 센터를 시작합니다.

개발자 계정을 가지고 있지 않다면 회원 가입을 합니다.

㈜카카오는 회원들의 개인정보를 안전하게 취급하는데 최선을 다합니다.

[필수] 서비스 기본기능 제공

목적	항목	보유기간
서비스 내 이용자 식별 및 회원 관리	카카오계정(이메일 또는 카카오톡 전화번호), 닉네임, 프로필 사진, 이름	회원탈퇴 후 지체없이 삭제
서비스 내 이용자 검색	이름, 닉네임	회원탈퇴 후 지체없이 삭제

서비스 제공을 위해 필요한 최소한의 개인정보이므로 동의를 해 주셔야 정상적인 서비스 이용이 가능합니다.

카카오계정 정보

카카오계정

카카오 이메일 계정 입력   다른 카카오계정으로 가입하기

개발자 이름

라즈베리파이   6/45

취소   회원가입

(2) 애플리케이션 추가

카카오 REST API를 사용하기 위해서 신규 애플리케이션을 추가합니다.

전체 애플리케이션 (0)   애플리케이션 이름

+ 애플리케이션 추가하기

앱 이름과 사업자명을 입력합니다. 사업자가 없어도 임의의 이름을 사용하면 됩니다.

애플리케이션 추가하기

앱 아이콘	파일 선택
	JPG, GIF, PNG 권장 사이즈 128px, 최대 250KB

앱 이름

라즈베리파이

사업자명

주식회사 제이케이이엠씨

- 입력된 정보는 사용자가 카카오 로그인을 할 때 표시됩니다.
- 정보가 정확하지 않은 경우 서비스 이용이 제한될 수 있습니다.

취소   저장

추가된 애플리케이션을 클릭하면 앱 키를 확인할 수 있습니다.

(3) 카카오 로그인 활성화

내 애플리케이션-제품 설정-카카오 로그인

계정 활성화가 완료되었습니다.

(4) 접근 권한 관리 설정

내 애플리케이션-제품 설정-카카오 로그인-동의 항목에서 "카카오톡 메시지 전송" 설정

동의 단계 : 선택 동의

동의 목적 : 애플리케이션 목적에 맞는 내용을 적습니다.

(5) 메시지 토큰 발급받기

https://developers.kakao.com/ 도구/REST API 테스트 접속

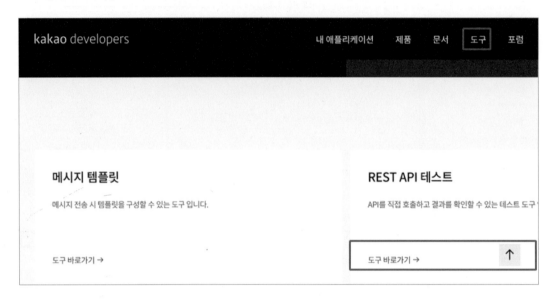

메뉴/메시지/나에게 메시지 보내기 선택

애플리케이션이 반드시 새로 추가한 애플리 케이션인지 확인하고 "토큰 발급" 버튼을 누릅니다.

액세스 토큰 발급이 완료되면 복사해서 잘 저장해 놓으세요. 이 토큰으로 파이썬에서 메시지를 보내야 합니다.

접근 권한 관리 설정에서 동의 항목을 talk_message만 설정하였기 때문에 액세스 토큰에서 talk_message만 선택 가능합니다. 이후에 팝업 창에서 "동의하고 계속하기" 클릭

발급받은 액세스 토큰으로 나에게 메시지를 보낼 수 있습니다.

이제 메시지를 보낼 준비가 모두 완료되었습니다. 코드를 작성해 보도록 하겠습니다.

실습 파일 : examples/opencv/13.7_kakao_msg_1.py

```
1   import json
2   import requests
3
4   url = "https://kapi.kakao.com/v2/api/talk/memo/default/send"
5
6   # 사용자 토큰
7   headers = {
```

```
8        "Content-Type": "application/x-www-form-urlencoded",

9        "Authorization": "Bearer " + \

10       "hIzLriWRO6hu84jnRfjueytrW2UGTGKWPLD4wwo9dRsAAAF3n4lSRg"

11     }

12

13     data = {

14       "template_object" : json.dumps({

15       "object_type" : "text",

16       "text" : "침입이 감지 되었습니다!!",

17       "link" : {

18         "web_url" : "http://www.jkelec.co.kr"

19       },

20     })

21     }

22

23     response = requests.post(url, headers=headers, data=data)

24     print(response.status_code)

25     if response.json().get('result_code') == 0:

26         print('Message send successed.')

27     else:

28         print('Message send failed. : ' + str(response.json()))
```

"Authorization": "Bearer " + {발급 은 나에게 메시지 보내기 토큰 ID 입력}

data의 "text" 항목을 수정하면 보내고자 하는 메시지를 바꿀 수 있습니다.

참고

※ 메시지 전송 시 에러 메시지에 대한 대처

```
Message send failed. : {'msg': 'this user does not have any scope.', 'code':
-402 }
```

내 애플리케이션-제품 설정-카카오 로그인-동의 항목에서 "카카오톡 메시지 전송" 설정이 되어 있지 않았을 때 발생

```
Message send failed. : {'msg': 'ip mismatched! callerIp=61.42.37.70. check out
registered ips.', 'code': -401 }
```

발급받은 메시지 보내기 토큰이 내가 새로 생성한 프로젝트 앱을 선택하고 발급받았는지를 체크합니다. 기본적으로 Kakao_Sample이 선택되어 있기 때문에 실수하기 쉽습니다.

카카오톡으로 메시지가 전송되었습니다.

13.8 모션 인식 스트리밍과 침입 탐지

최종적으로 모션이 감지되어 침입이 탐지되면 카카오톡으로 알림 메시지를 보내도록 코드를 작성합니다.

실습 파일 : examples/webapp/cv_motion_kakao.py

```python
1    from flask import Flask, render_template, Response
2    import cv2
3    import numpy as np
4    import json
5    import requests
6
7    url = "https://kapi.kakao.com/v2/api/talk/memo/default/send"
8
9    # 사용자 토큰
10   headers = {
11     "Content-Type": "application/x-www-form-urlencoded",
12     "Authorization": "Bearer " + \
13     "hIzLriWRO6hu84jnRfjueytrW2UGTGKWPLD4wwo9dRsAAAF3n4lSRg"
14   }
15
16   data = {
17     "template_object" : json.dumps({
18     "object_type" : "text",
19     "text" : "침입이 감지되었습니다!!",
20     "link" : {
21       "web_url" : "http://www.jkelec.co.kr"
22     },
23   })
24   }
```

```
25
26    app = Flask(__name__)
27
28    threshold_move = 50                                    # 달라진 픽셀값 기준치 설정
29    diff_compare = 10                                      # 달라진 픽셀 개수 기준치 설정
30    img_first = None
31    img_second = None
32    img_third = None
33
34    cap = cv2.VideoCapture(-1, cv2.CAP_V4L)
35    cap.set(cv2.CAP_PROP_FRAME_WIDTH, 320)                 # 영상의 폭을 320으로 설정
36    cap.set(cv2.CAP_PROP_FRAME_HEIGHT, 240)               # 영상의 높이를 240으로 설정
37
38    ret, img_first = cap.read()                            # 1번째 프레임 읽기
39    ret, img_second = cap.read()                           # 2번째 프레임 읽기
40
41    def gen_frames():
42      while True:
43        global img_first
44        global img_second
45        global img_third
46        global threshold_move
47        global diff_compare
48
49        ret, img_third = cap.read()                        # 3번째 프레임 읽기
50        scr = img_third.copy()                             # 화면에 다른점 표시할 이미지 백업
51
52        # 그레이 스케일로 변경
53        img_first_gray = cv2.cvtColor(img_first, cv2.COLOR_BGR2GRAY)
54        img_second_gray = cv2.cvtColor(img_second, cv2.COLOR_BGR2GRAY)
55        img_third_gray = cv2.cvtColor(img_third, cv2.COLOR_BGR2GRAY)
```

```python
56
57    # 이미지 간의 차이점 계산
58    diff_1 = cv2.absdiff(img_first_gray, img_second_gray)
59    diff_2 = cv2.absdiff(img_second_gray, img_third_gray)
60
61     # Threshold 적용
62    ret, diff_1_thres = cv2.threshold(diff_1, threshold_move, 255,
                                         cv2.THRESH_BINARY)
63    ret, diff_2_thres = cv2.threshold(diff_2, threshold_move, 255,
                                         cv2.THRESH_BINARY)
64
65    # 1번째 영상-2번째 영상, 2번째 영상-3번째 영상 차이점
66    diff = cv2.bitwise_and(diff_1_thres, diff_2_thres)
67
68    # 차이가 발생한 픽셀이 개수 판단 후 사각형 그리기
69    diff_cnt = cv2.countNonZero(diff)
70    if diff_cnt > diff_compare:
71      nzero = np.nonzero(diff)              # 0이 아닌 픽셀의 좌표 얻기
72      cv2.rectangle(scr, (min(nzero[1]), min(nzero[0])), \
                   (max(nzero[1]), max(nzero[0])), (0, 255, 0), 1)
73      cv2.putText(scr, "Motion Detected", (10, 10), \
                   cv2.FONT_HERSHEY_DUPLEX, 0.3, (0, 255, 0))
74
75      # 카카오 메시지 보내기
76      response = requests.post(url, headers=headers, data=data)
77
78    # 다음 비교를 위해 영상 저장
79    img_first = img_second
80    img_second = img_third
81
82    ret, buffer = cv2.imencode('.jpg', scr)
83    frame = buffer.tobytes()
```

```
84
85          # concat frame one by one and show result
86          yield (b'--frame\r\n'
                   b'Content-Type: image/jpeg\r\n\r\n' + frame + b'\r\n')
87
88

89      @app.route('/cv_motion')
90      def cv_motion():
91          # rendering webpage
92          return render_template('cv_motion.html')
93

94      @app.route('/video_feed')
95      def video_feed():
96          return Response(gen_frames(), mimetype='multipart/x-mixed-replace; boundary=frame')
97

98

99      if __name__ == '__main__':
100         # defining server ip address and port
101         app.run(debug=False, port=80, host='0.0.0.0')
```

웹에서 실시간 스트리밍으로 확인하면서 모션이 감지되면 카카오톡으로 메시지를 보내는 것을 확인할 수 있습니다. 실제 테스트를 할 때에는 너무 많은 메시지가 한꺼번에 전송되기 때문에 Sleep() 코드를 추가해서 약간이 시간 조정을 해보세요.

## Chapter 14

인공지능 및
텐서플로우 라이트
(Tensorflow Lite)

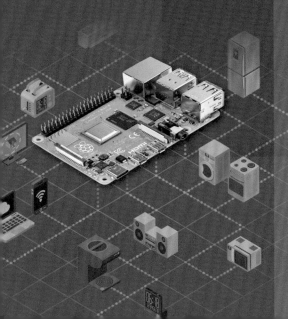

14 인공지능 및 텐서플로우 라이트 (Tensorflow Lite)

14.1 인공지능 및 텐서플로우 라이트 (Tensorflow Lite)

인공지능(Artificial Intelligence)이란 인간의 학습 능력과 같은 추론 능력, 지각 능력, 자연 언어의 학습 및 이해하는 능력 등을 컴퓨터 프로그램으로 실현한 기술을 얘기합니다. 인간의 지능으로 할 수 있는 사고, 학습, 자기 개발 등을 컴퓨터가 할 수 있도록 연구하는 분야입니다. 이러한 연구를 통해 우리 사회의 많은 곳에서 인공지능 기술들이 사용되고 있습니다. 이러한 인공지능 기술들은 사물인터넷, 머신비전, 로봇, 미래형 자동차, 스마트팩토리 등 우리 사회 전반에 사용되고 있는 기술입니다.

오른쪽 그림과 같이 인공지능은 머신 러닝과 딥러닝을 포함하는 개념이며 머신 러닝(Machine Learning)과 딥 러닝(Deep Learnign)은 인공지능 분야에 속하는 한 분야입니다. 머신 러닝은 기계학습이라고도 일컬어지며 데이터를 이용해서 컴퓨터가 어떠한 지식 또는 패턴들을 학습하는 것으로 정의 할 수 있습니다.

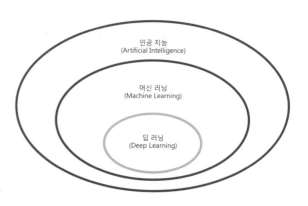

딥 러닝은 머신 러닝과 같은 특징들을 가지고 있으며 오른쪽 그림과 같이 신경망에 따라 만들어진 인공 신경망 구조를 사용하고 있습니다. 인공 신경망은 노드들의 그룹으로 연결되어 있으며 이들은 뇌의 방대한 뉴런의 네트워크와 유사합니다. 각 원모양의 노드는 인공 뉴런을 나타내고 화살표는 하나의 뉴런의 출력에서 다른 하나의 뉴런으로의 입력을 나타냅니다.

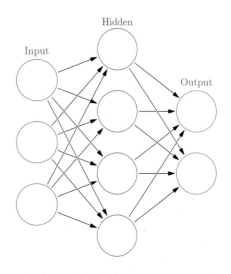

텐서플로우는 2015년 11월 구글에서 공개한 데이터 흐름 프로그래밍을 위한 엔드 투 엔드 오픈소스 머신 러닝 플랫폼이며 인공지능 신경망(Artificial Neural Network, ANN)과 같은 머신 러닝(Machine Learning) 및 딥 러닝(Deep Learning)에 활용할 수 있습니다. 인공신경망은 시냅스의 결합으로 네트워크를 형성한 인공 뉴런(노드)이 학습을 통해 시냅스의 결합 세기를 변화시켜 문제 해결 능력을 가지는 모델 전반을 얘기합니다. 텐서플로우를 사용하기 위해서는 텐서플로우 홈페이지(https://www. tensorflow.org)에 나와 있는 내용들과 사용 방법들을 확인하실 수 있습니다. 라즈베리파이와 같은 임베디드 기기에 모델을 배포하기 위한 경량 라이브러인 텐서플로우 라이트(TensorFlow Lite)를 사용하기 위해 아래의 그림과 같이 모바일 및 IoT용 링크를 눌러 확인을 할 수 있습니다. 텐서플로우 라이트는 모바일 및 임베디드 기기에 모델을 배포하기 위한 경량 라이브러리이며 기기 내 추론을 위한 오픈소스 딥 러닝 프레임워크입니다. 본 교재에서는 텐서플로우 라이트를 활용하여 실습을 진행합니다.

선행 학습된 텐서플로우 라이트 모델은 다양한 머신러닝 애플리케이션에서 활용할 수 있도록 샘플앱에서 모델을 사용을 할 수 있습니다. 라즈베리파이에서 텐서플로우 라이트를 활용하여 이미지 분류 및 객체감지(물체감지)를 활용할 수 있습니다. 이미지가 나타내는 것을 식별하는 작업을 이미지 분류라고 합니다. 예를 들어 동물의 유형을 나타내는 사진들을 인식함으로써 모델을 훈련시킬 수 있습니다. 텐서플로우 라이트는 모바일 애플리케이션에서 배포할 수 있는 최적화된 사전 학습 모델을 제공합니다. 객체감지(물체감지)는 이미지 또는 비디오 스트림이 주어지면 알려진 객체 세트 중 어떤 것이 존재할 수 있는지 식별하고 이미지 내 위치에 대한 정보를 제공할 수 있습니다. 위의 그림과 내용은 위키백과 인공 신경망 및 텐서플로우 홈페이지 내용을 참조하였습니다.

14.2 텐서플로우 라이트(Tensorflow Lite) 객체 감지 모델 실행

라즈베리파이(Raspberry Pi)에서 텐서플로우 라이트(Tensorflow Lite)를 설정하고 이를 사용하여 객체 감지 모델을 실행하는 방법에 대해 살펴보도록 하겠습니다. 아래의 내용과 그림은https://github.com/EdjeElectronics/TensorFlow-Lite-Object-Detection-on-Android-and-Raspberry-Pi 사이트를 참조하여 작성하였습니다. Tensorflow Lite(TFLite) 모델은 라즈베리파이에서 일반적인 Tensorflow 모델보다 훨씬 빠르게 실행이 됩니다. TensorFlow, TensorFlow Lite 및 Coral USB Accelerator 모델을 사용하여 얻은 프레임 속도를 비교해 볼 수 있습니다.

TensorFlow Lite   **USB Accelerator**

위의 그림은 TensorFlow Lite와 Coral USB Accelerator를 사용하여 얻은 그림입니다. Coral USB Accelerator를 사용하면 프레임 속도가 상대적으로 TensorFlow Lite를 사용하는 것보다 훨씬 빠른 영상 프레임 속도를 확인할 수 있습니다.

14.3 라즈베리파이(Raspberry Pi)에서 텐서플로우 라이트(Tensorflow Lite) 실행 방법

텐서플로우 라이트를 설정하는 방법은 다음과 같습니다.

1. 라즈베리파이 업데이트 및 업그레이드
2. 리포지토리 복제 및 가상환경 설치
3. 텐서플로우 라이트(Tensorflow Lite) 및 OpenCV 설치
4. 텐서플로우 라이트(Tensorflow Lite) 객체 감지 모델 설정
5. 텐서플로우 라이트(Tensorflow Lite) 실행

🍓 라즈베리파이를 업데이트 및 업그레이드

설치 방법들은 아래의 사이트를 참조하였습니다. 독자분들께서는 명령어가 길기 때문에 아래의 사이트를 참조하여 터미널에 명령어를 복사 및 붙여넣기 해서 실습을 진행해보세요.

https://github.com/EdjeElectronics/TensorFlow-Lite-Object-Detection-on-Android-and-Raspberry-Pi

터미널을 열고 아래와 같이 실행합니다.

```
sudo apt-get update
sudo apt-get dist-upgrade
```

라즈베리파이 설정 메뉴에서 카메라 인터페이스가 활성화 되어 있는지 확인합니다. 카메라를 사용할 수 있도록 카메라 인터페이스 활성화(Enabled) 시킵니다. 그렇지 않은 경우 활성화를 선택하고 라즈베리파이를 재부팅합니다.

🍓 리포지토리(저장소) 복제 및 가상환경 생성

터미널에서 다음 명령을 실행하여 GitHub 리포지토리(저장소)를 복제합니다. 리포지토리에는 Tensorflow Lite를 실행하는데 사용되는 스크립트와 쉽게 설치할 수 있는 셸 스크립트(shell script)가 포함되어 있습니다.

```
git clone https://github.com/EdjeElectronics/TensorFlow-Lite-Object-Detection-on-
Android-and-Raspberry-Pi.git
```

TensorFlow-Lite-Object-Detection-on-Android-and-Raspberry-Pi라는 폴더에 모든 파일들을 다운로드 합니다. 다운로드 하는데 시간이 조금 걸립니다. 폴더 이름을 "tflite1"로 변경한 다음 해당 디렉토리로 이동합니다.

```
mv TensorFlow-Lite-Object-Detection-on-Android-and-Raspberry-Pi tflite1
cd tflite1
```

🍓 가상환경 설치

다음과 같이 명령어를 실행하여 virtualenv 가상환경을 설치합니다.

```
sudo pip3 install virtualenv
```

다음을 실행하여 "tflite1-env" 가상 환경을 생성합니다.

```
python3 -m venv tflite1-env
```

위의 명령어를 실행하면 tflite1 디렉토리 안에 tflite1-env 라는 폴더를 생성하게 되는겁니다. tflite1-env 폴더에는 이러한 환경의 모든 패키지 라이브러리가 있습니다.

다음과 같이 환경을 활성화합니다.

```
source tflite1-env/bin/activate
```

source tflite1-env/bin/activate 새로운 터미널 창을 열 때마다 환경을 다시 활성화하려면 /home/pi/tflite1 디렉토리 내부에서 명령을 실행해야 합니다. 아래의 그림과 같이 명령 프롬프트에서 경로 앞에 (tflite1-env)가 나타나는지 확인하여 환경이 활성화된 것을 확인할 수 있습니다. tflite1 디렉토리의 파일을 확인하기 위해 ls 명령어를 통해 파일들을 확인할 수 있습니다.

텐서플로우 라이트(Tensorflow Lite) 및 OpenCV 설치

텐서플로우(Tensorflow)와 OpenCV 두가지 패키지에 필요한 모든 파일들을 설치합니다. 텐서플로우 라이트(Tensorflow Lite)를 실행하는데 필요하지 않지만 리포지토리(저장소)의 객체 감지 스크립트는 OpenCV를 사용하여 이미지를 가져오고 객체를 감지하여 결과를 나타냅니다.

모든 패키지와 파일을 자동으로 다운로드하고 설치하는 셸 스크립트(shell script)를 다운로드 하기 위해 아래와 같이 실행합니다.

```
bash get_pi_requirements.sh
```

파일의 크기는 약 400MB 정도이며 다운로드 하는데 시간이 걸립니다.

> **참 고**
>
> 1. bash get_pi_requirements.sh 명령을 실행하는 동안 오류가 발생하면 인터넷 연결 시간이 초과 되었거나 다운로드 패키지 데이터가 손상되었기 때문일 수 있습니다. 오류가 발생하면 명령을 몇 번 더 실행해서 진행하시면 됩니다.
> 2. 셸 스크립트(shell script)는 shell이 실행하는 명령어를 모아놓은 파일을 얘기하며 터미널에서 $ 파일명.sh 이와 같은 형태로 프로그램 실행이 가능합니다. 여기서 .sh는 셸 스크립트의 확장 자 파일 이름입니다. 셸 스크립트는 최신 버전의 TensorFlow를 자동으로 설치하며 특정 버전 pip3 install tensorflow==X.XX 설치하려면 스크립트를 실행한 후 문제(즉 X.XX는 설치하려는 버 전으로 대체됨)를 실행합니다. 기존의 버전이 설치가 지정된 버전으로 설치가 이루어 집니다.

🍓 텐서플로우 라이트(Tensorflow Lite) 객체 감지 모델 설정

구글에서 텐서플로우 라이트 샘플인 TFLite 모델을 다운로드하는 방법을 살펴봅니다. 탐지 모델에는 두 개의 파일이 연결되어 있습니다. 아래의 그림과 같이 하나는 detect.tflite 파일(모델 자체임)이고 다른 하나는 labelmap.txt 파일(모델에 대한 labelmap을 제공함)입니다. 구글은 MSCOCO 데이터 세트에서 학습되고 텐서플로우 라이트에서 실행되도록 객체 감지 모델 샘플을 제공합니다. 아래의 그림과 같이 lavelmap.txt 파일을 열어서 확인해 보면 사람, 자전거, 자동차, 오토바이, 비행기, 버스, 기차 등 80개의 서로 다른 일반적인 물체를 감지하여 식별하도록 할 수 있습니다.

다음과 같이 실행하여 구글의 샘플 모델의 압축 파일을 다운로드 합니다.

```
wget https://storage.googleapis.com/download.tensorflow.org/models/tflite/coco_ssd_
mobilenet_v1_1.0_quant_2018_06_29.zip
```

"Sample_TFLite_model"이라는 폴더에 압축을 풀어 줍니다.(폴더를 자동으로 생성함)

```
unzip coco_ssd_mobilenet_v1_1.0_quant_2018_06_29.zip -d Sample_TFLite_model
```

🍓 텐서플로우 라이트(Tensorflow Lite) 실행

TFLite 객체 감지 모델을 작동하기 이전 웹캠이나 picamera가 연결이 되어 있는지 확인합니다. /home/pi/tflite1 디렉토리 내부에서 다음 명령을 실행하여 실시간 웹캠 감지 스크립트를 실행합니다. 명령을 실행하기 전에 명령 프롬프트 앞에 (tflite1-env)가 나타나는지 확인하여 tflite1-env 환경이 활성화되어 있는지 확인합니다. TFLite_detection_webcam.py 스크립트는 Picamera 또는 USB 웹캠에서 작동합니다. 다음과 같이 명령어를 실행하여 텐서플로우 라이트 객체 감지 모델을 실행합니다.

```
python3 TFLite_detection_webcam.py --modeldir=Sample_TFLite_model
```

아래의 그림과 같이 결과물이 나타나며 labelmap.txt 파일에 있는 객체 모델에 대한 이름과 경계가 표시됩니다.

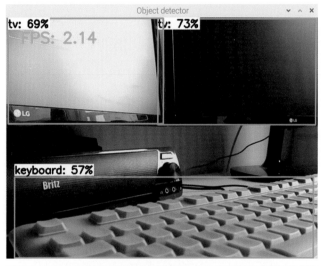

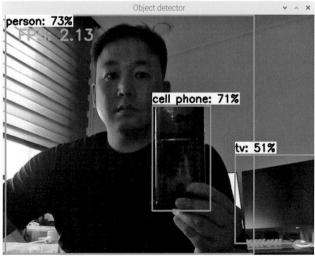

Chapter 15

ChatGPT 활용 및
API 서비스 만들기

15.1 ChatGPT 소개
15.2 ChatGPT 사용하기

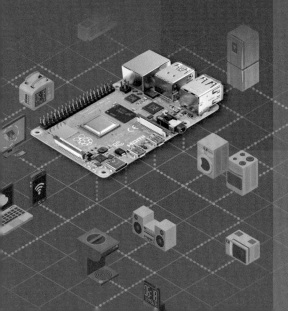

15 ChatGPT 활용 및 API 서비스 만들기

Raspberry Pi 4

15.1 ChatGPT 소개

1946년에 최초의 컴퓨터 에니악이 발명된 이후 컴퓨터의 계산 능력은 하드웨어(CPU)의 발전에 따라서 해마다 놀라운 속도로 발전하였습니다. 처음에는 컴퓨터를 단순히 빠른 계산 능력을 가진 장치로 사용하였으나 소프트웨어도 발전하여 사람처럼 스스로 학습을 하는 인공지능의 단계까지 이르게 되었습니다. 일반인들이 인공지능에 대해서 크게 관심을 가지게 된 계기가 아마도 2016년에 우승 상금 100만 달러를 걸고 열린 구글의 인공지능 알파고와 한국의 이세돌 기사 간의 바둑 대결에서 모두의 예측을 깨고 알파고가 압도적인 승리를 거두게 되면서가 아닌가 싶습니다.

여기서 소개할 인공지능 ChatGPT는 인공지능에게 다양한 소스의 거대한 텍스트 데이터(온라인문서, 책, 대화 등)를 학습시켜 인간과 유사하게 대화를 할 수 있는 대화형 인공지능 서비스로 일반 사용자도 쉽게 사용이 가능하며 아직까지 무료로 사용이 가능합니다. 최근에 마이크로소프트에서 ChatGPT 개발사인 OpenAI에 10억 달러 이상을 투자하고 자사의 검색엔 빙(Bing)에 ChatGPT를 적용하고, 오피스 제품에도 적용할 계획으로 밝혔습니다. ChatGPT의 가장 큰 장점은 사용이 쉽다는 것입니다. 전문가가 아니더라도 단순히 대화형으로 질문만 하면 바로 응답을 해주기 때문에 앞으로 다양한 분야에 응용이 되고 많은 사람이 사용하게 될 것 같습니다. 예를 들면 단순히 외국어 번역을 시키기도 하고 작문이나 작사를 해달라고 해도 놀라운 능력을 보여 줍니다.

2022년 11월 최초 서비스를 시작한 이후 ChatGPT의 사용자 증가량을 보면 이러한 사실을 확인할 수 있습니다. 서비스 사용자가 100만이 되기까지 걸린 시간을 다른 유사한 서비스를 하는 매체와 비교해 보겠습니다.

- 넷플릭스 : 3년 6개월
- 페이스북 : 10개월
- 인스타그램 : 2년 5개월

ChatGPT는 현재 가장 인기 있는 모든 서비스를 재치고 단 5일 만에 100만에 도달하였습니다.

본 교재에서는 ChatGPT의 능력 중에서 코딩 분야에 어떻게 활용을 할 수 있는지 간단하게 예제를 만들어 가면서 알아보도록 하겠습니다.

15.2 ChatGPT 사용하기

(1) ChatGPT 계정 추가

ChatGPT를 사용하기 위해서 OpenAI 서비스 웹페이지 https://chat.openai.com에 방문해서 계정을 새로 개설하거나 구글 계정을 이미 가지고 있는 경우에는 구글 계정으로 바로 로그인이 가능합니다. 구글 계정을 이미 가지고 있다는 가정하에서 진행하도록 하겠습니다. 구글 계정을 가지고 있지 않다면 먼저 구글 계정을 생성하고 진행해야 합니다.

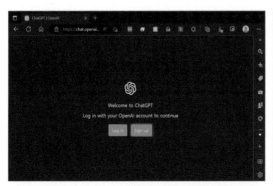
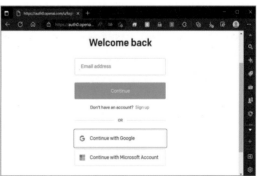

"Sign up" 버튼을 누르면 로그인 이메일 주소를 입력하라고 나오는데, 구글 계정을 이용할 것이기 때문에 "Continue with Google" 버튼을 선택합니다.

ChatGPT 서비스에서 사용할 구글 계정을 선택하고 닉네임을 입력합니다. 한글로 입력해도 상관 없습니다.

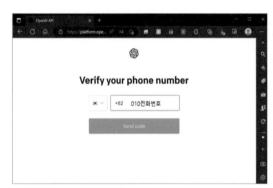
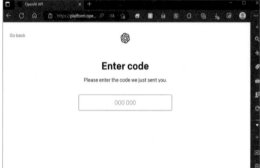

전화번호를 입력하고 "Send code" 버튼을 누르고 문자 메세지로 도착한 6자리 코드를 입력하면 됩니다.

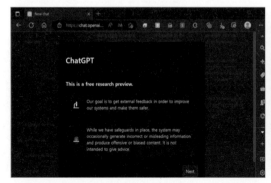

ChatGPT에 대한 설명들이 나오는데 계속 "Next" 버튼을 눌러서 넘어가고 마지막에 "Done" 버튼을 누르면 인공지능 채팅 서비스를 시작할 수 있습니다.

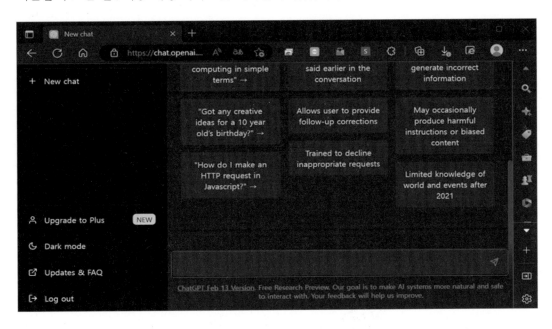

ChatGPT에게 물어보고 싶은 내용이 있으면 위의 붉은색 네모 박스의 채팅 창에 입력을 하고 종이 비행기 모양의 버튼을 누르면 바로 답변을 해 줍니다.

(2) ChatGPT에게 질문하기

✿ 첫 번째 질문

처음 프로그래밍 언어를 배우거나 할 때 많이 해 보는 1부터 10까지 더하는 프로그램을 파이썬 언어로 작성해 달라고 해 보았습니다.

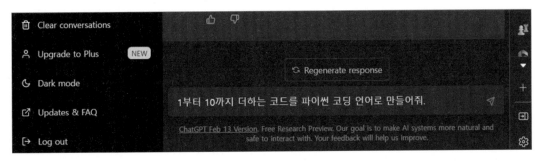

아직까지는 영문으로 질문을 했을 때 빠른 응답성을 보여주고 조금 더 자세한 결과를 알려주는데 간단한 질문은 한글로 입력을 해도 바로 대답을 합니다.

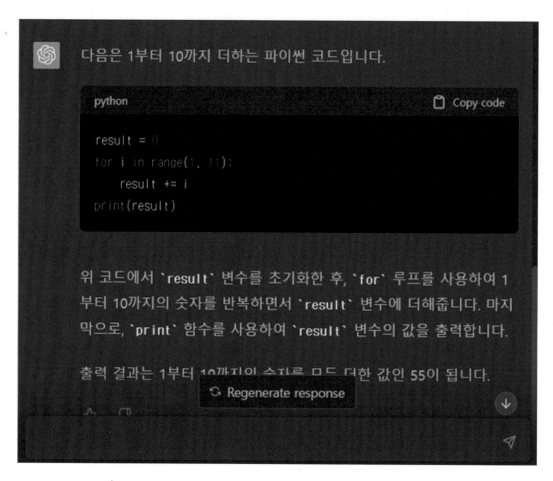

파이썬 코드를 바로 작성해 주고 친절하게도 작성한 코드에 대한 설명과 1부터 10까지 더했을 때 결괏값이 55가 나온다는 설명도 해 줍니다. 영어로 질문을 하면 영어로 답변을 해 주고, 한글로 질문을 하면 주석문과 결과에 대한 해설도 한글로 해 줍니다.

🍓 2번째 질문

"파이썬 코딩 언어, OpenCV, EasyOCR을 이용해서 한글과 숫자가 섞여 있는 차량 번호판 인식을 하고 문자로 추출해 주는 코드를 만들어 줘."

- car_plate.py

```python
import cv2
import easyocr

# 이미지 로드
image = cv2.imread('./car_plate.png')

# 그레이스케일 변환
gray = cv2.cvtColor(image, cv2.COLOR_BGR2GRAY)

# 가우시안 블러 적용
gray = cv2.GaussianBlur(gray, (7, 7), 0)

# 적응형 이진화 수행
thresh = cv2.adaptiveThreshold(gray, 255, cv2.ADAPTIVE_THRESH_GAUSSIAN_C,
cv2.THRESH_BINARY_INV, 11, 2)

# 경계선 검출
contours, hierarchy = cv2.findContours(thresh, cv2.RETR_EXTERNAL, cv2.CHAIN_
APPROX_SIMPLE)

# 번호판 영역 추출
for cnt in contours:
    x, y, w, h = cv2.boundingRect(cnt)
    aspect_ratio = w / h
    if aspect_ratio > 3 and aspect_ratio < 5 and w > 100 and h > 20:
        roi = image[y:y+h, x:x+w]
        break

# EasyOCR로 텍스트 추출
reader = easyocr.Reader(['ko', 'en'])
```

```
29    result = reader.readtext(roi)
30
31    # 추출된 텍스트 출력
32    text = ''
33    for r in result:
34      text += r[1] + ' '
35    print(text)
```

파이썬만 설치된 환경에서 이 코드를 실행하면 당연히 openCV와 easyOCR 패키지가 설치되어 있지 않기 때문에 패키지 임포트 오류가 발생합니다. openCV는 교재의 앞 부분에서 이미 설치를 했기 때문에 easyOCR만 추가로 설치해 보겠습니다.

```
pi@raspberrypi:~ $ sudo python3 -m pip install easyocr
```

설치가 끝나고 파이썬 코드가 제대로 동작하는지 실행합니다.

car_plate.py 파일과 같은 디렉토리에 자동차 번호판 그림파일 "car_plate.png"가 같이 있어야 합니다.

car_plate.png

(출처: 국토교통부)

```
pi@raspberrypi:~ $ python car_plate.py
```

코드에 오류가 발생하지 않았고 easyOCR 패키지 자체가 처음 실행할 때 워낙 오래 걸리기 때문에 1시간 정도 이후에 "123가 4568"로 결과가 나왔습니다. 숫자까지는 인식을 했지만 한글은 인식하지 못하고 "가"로 인식이 되었습니다. 이 부분은 아마도 easyOCR을 설치하고 한글 자음에 대해서 훈련을 하면 개선이 될 것입니다. 어쨌든 완벽하지는 않지만 이미지 안에서 글자 인식을 하였습니다.

(3) ChatGPT 파이썬 코드 내장

ChatGPT 서비스를 OpenAI 서비스를 하는 웹사이트에 접속해서 사용을 할 수도 있지만 OpenAI에서 API 키를 받아서 파이썬과 같은 프로그래밍 언어에서 직접 서비스 이용을 할 수 있습니다. 아마도 이 방법을 이용해서 많은 기업이 API 키를 받아서 자사의 서비스에 ChatGPT 를 접목해서 서비스를 하려고 할 것입니다. API 키만 받으면 생각보다 간단한 코드를 이용해서 바로 나만의 ChatGPT 서비스를 바로 활용할 수 있습니다.

🍓 ChatGPT API 키 발급받기

https://platform.openai.com에 접속해서 로그인합니다. 로그인 계정은 https://chat.openai.com에서 로그인했던 계정을 그래도 사용하면 됩니다.

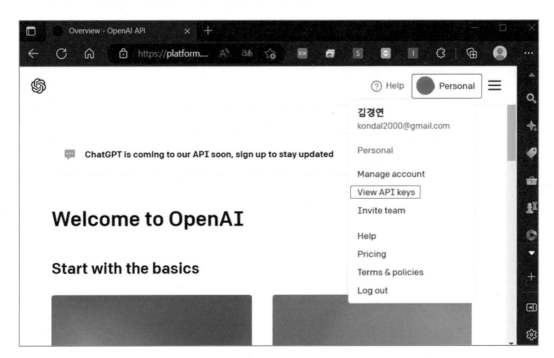

오른쪽 상단의 Personal(개인) 메뉴를 클릭한 다음 "View API keys" 메뉴 선택합니다.

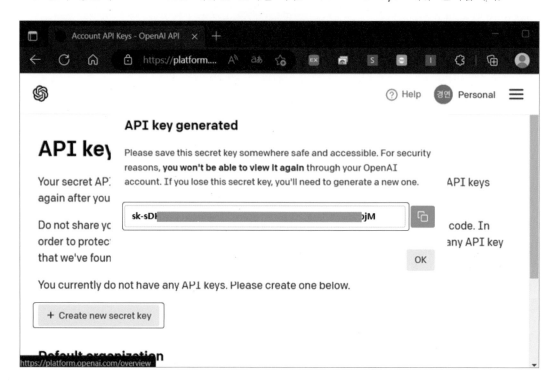

이 API Key를 파이썬 코드에서 사용을 해야 하기 때문에 발급된 API key를 복사해서 잘 저장해 두어야 합니다.

🐹 ChatGPT 서비스 만들기

chatGPT.py

```
1  import openai
2  import argparse
3
4  OPEN_API_KEY = '발급받은 API 키를 복사한다.'
5
6  def chatGPT(prompt, API_KEY=OPEN_API_KEY):
7
```

```
 8      # set api key

 9      openai.api_key = API_KEY

10

11      # Call the chat GPT API

12      completion = openai.Completion.create(
                        engine = 'text-davinci-003'
                        # 'text-curie-001'  # 'text-babbage-001' #'text-ada-001'
                        , prompt = prompt
                        , temperature = 0.5
                        , max_tokens = 1024
                        , top_p = 1
                        , frequency_penalty = 0
                        , presence_penalty = 0)

13

14    return completion['choices'][0]['text']

15

16  def main():

17    # 지문 입력 란

18    prompt = input("Prompt: ")

19    print(chatGPT(prompt).strip())

20

21  if __name__ == '__main__':

22      main()
```

이제 이 코드를 실행하기만 하면 나만의 ChatGPT 채팅 서비스를 만들어서 활용할 수 있습니다.

```
pi@raspberrypi:~ $ python chatGPT.py
```

```
Prompt: 파이썬 언어로 만년달력을 만들어줘
```

```
1    import calendar
2
3    # 연도 입력
4    year = int(input("년도를 입력하세요: "))
5
6    # 만년달력 출력
7    print(calendar.calendar(year))
```

이 코드를 파이썬으로 실행해 보면 아래와 같은 결과물을 얻을 수 있습니다.

<실행 결과>

```
년도를 입력하세요: 2023
                                         2023

            January                   February                    March
Mo Tu We Th Fr Sa Su       Mo Tu We Th Fr Sa Su       Mo Tu We Th Fr Sa Su
                   1              1  2  3  4  5              1  2  3  4  5
 2  3  4  5  6  7  8        6  7  8  9 10 11 12        6  7  8  9 10 11 12
 9 10 11 12 13 14 15       13 14 15 16 17 18 19       13 14 15 16 17 18 19
16 17 18 19 20 21 22       20 21 22 23 24 25 26       20 21 22 23 24 25 26
23 24 25 26 27 28 29       27 28                      27 28 29 30 31
30 31

             April                      May                       June
Mo Tu We Th Fr Sa Su       Mo Tu We Th Fr Sa Su       Mo Tu We Th Fr Sa Su
                1  2        1  2  3  4  5  6  7                 1  2  3  4
 3  4  5  6  7  8  9        8  9 10 11 12 13 14        5  6  7  8  9 10 11
10 11 12 13 14 15 16       15 16 17 18 19 20 21       12 13 14 15 16 17 18
17 18 19 20 21 22 23       22 23 24 25 26 27 28       19 20 21 22 23 24 25
24 25 26 27 28 29 30       29 30 31                   26 27 28 29 30

             July                     August                   September
Mo Tu We Th Fr Sa Su       Mo Tu We Th Fr Sa Su       Mo Tu We Th Fr Sa Su
                1  2           1  2  3  4  5  6                    1  2  3
 3  4  5  6  7  8  9        7  8  9 10 11 12 13        4  5  6  7  8  9 10
10 11 12 13 14 15 16       14 15 16 17 18 19 20       11 12 13 14 15 16 17
17 18 19 20 21 22 23       21 22 23 24 25 26 27       18 19 20 21 22 23 24
24 25 26 27 28 29 30       28 29 30 31               25 26 27 28 29 30
31

            October                   November                  December
Mo Tu We Th Fr Sa Su       Mo Tu We Th Fr Sa Su       Mo Tu We Th Fr Sa Su
                   1              1  2  3  4  5                    1  2  3
 2  3  4  5  6  7  8        6  7  8  9 10 11 12        4  5  6  7  8  9 10
 9 10 11 12 13 14 15       13 14 15 16 17 18 19       11 12 13 14 15 16 17
16 17 18 19 20 21 22       20 21 22 23 24 25 26       18 19 20 21 22 23 24
23 24 25 26 27 28 29       27 28 29 30               25 26 27 28 29 30 31
30 31
```

최근 인터넷상에 ChatGPT가 소프트웨어 엔지니어 직업을 대체할 수 있는 것이 아니냐는 다양한 의견과 토론이 많이 있습니다.

ChatGPT에게 여러 가지 질문을 해서 답변의 결과에 대해 생각해 보았는데 ChatGPT가 알려 주는 코드들은 아직까지 스스로 학습해서 창의적인 코드를 작성해서 결과를 알려 주기보다는 이미 존재하는 코드들을 조합하거나 조금 수정을 해서 알려 주는 것으로 판단이 됩니다. 그렇기 때문에 아직까지는 실제 실무를 하면서 풀어나가야 하는 다양한 환경과 다양한 문제를 소프트웨어 엔지니어를 대신해서 ChatGPT가 알아서 척척 해결해 줄 것이라는 믿음이 오지는 않았습니다. 다만 ChatGPT가 아직까지는 소프트웨어엔지니어를 대체해서 전체 프로젝트를 다 만들어 줄 수 있는 단계는 아니지만, 이미 잘 알려져 있거나 누군가 이미 한번 작성해 놓은 코드들을 개발자가 중복해서 작성하는 수고를 덜어 줄 수는 있을 것 같습니다.

예를 들면 진행하는 프로젝트에서 정렬이나 찾기 기능이 필요하다면 ChatGPT에게 사용하는 언어를 이용해서 "Quick Sort 하는 코드를 만들어 줘." 혹은 "바이너리 서치하는 코드를 만들어 줘." 하는 식으로 프로젝트에 필요한 부분적인 코드를 작성하도록 명령하고 ChatGPT가 작성해 준 코드들을 내 프로젝트에 맞게 수정하고 조합해 가면서 개발한다면 개발 시간을 단축 하는 데에 활용이 가능할 것 같다는 생각입니다.

물론 이것은 본 저자의 개인적인 의견이고 ChatGPT는 매 순간 계속 학습을 하고 발전을 하고 있기 때문에 앞으로 어떻게 더 변화할지는 아무도 모릅니다.

부록

부록

인공지능 자동차를 소개합니다. 라즈베리 카메라를 이용해서 주행 트랙을 머신러닝으로 학습시키면 자율주행으로 트랙을 운행할 수 있습니다.

본 교재에서 학습한 서보모터와 DC 모터를 실제로 제어해서 주행시켜 볼 수 있고 스마트폰과 연결하여 원격으로 영상을 확인하면서 주행시킬 수도 있습니다.

추카 커리큘럼

- 자동차 조립
- 서보모터, DC 모터 제어
- 초음파 센서
- OpenCV 안면 인식
- 인공지능 트랙 학습시키기
- 자율주행시키기

자동차의 조립 방법부터 인공지능 학습으로 자율주행까지 더 자세한 사항은 ㈜제이케이이엠씨에서 운영하는 코딩카페(https://cafe.naver.com/codingblock)를 참조하시거나 http://www.deviceshop.net 사이트를 참조해 주세요.

☐ JK전자 홈페이지 (http://www.jkelec.co.kr)
☐ 이 교재의 사후 지원 카페 (https://cafe.naver.com/codingblock)

■ 교재에 사용되는 라즈베리파이4 구성품

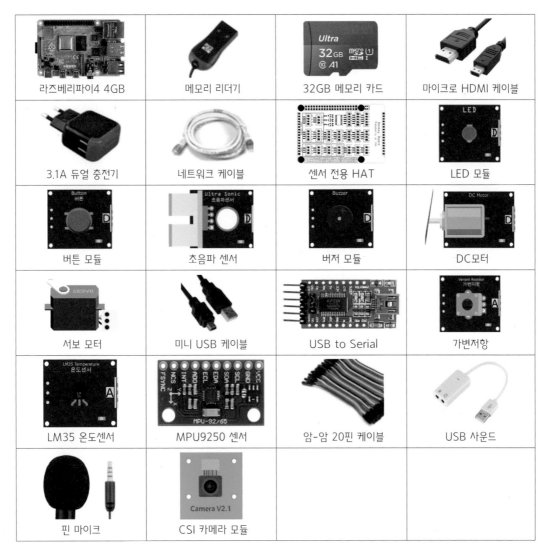

라즈베리파이4 4GB	메모리 리더기	32GB 메모리 카드	마이크로 HDMI 케이블
3.1A 듀얼 충전기	네트워크 케이블	센서 전용 HAT	LED 모듈
버튼 모듈	초음파 센서	버저 모듈	DC모터
서보 모터	미니 USB 케이블	USB to Serial	가변저항
LM35 온도센서	MPU9250 센서	암-암 20핀 케이블	USB 사운드
핀 마이크	CSI 카메라 모듈		

제품 구성 특징

라즈베리파이4 키트 전체 구성입니다. 교재의 모든 내용을 실습할 수 있습니다.

- 라즈베리파이를 기본 4GB 모델로 사용

  인공지능, 카메라 관련 실습을 할 때 메모리가 부족하지 않습니다.

- NO 브레드보드

  3핀, 4핀 연결 케이블을 센서 전용 HAT에 연결만 하면 바로 사용 가능

  소프트웨어와 네트워크, 데이터베이스 등의 기능 구현에만 전념 가능하도록 하였습니다.

- 비대면 교육 최적화

  브레드 보드를 사용하지 않기 때문에 배선 오류가 거의 발생하지 않습니다.

  온라인 교육 시 배선 오류를 최소화할 수 있습니다.

참고문헌

1. OpenCV-Python 으로 배우는 영상 처리 및 응용, 정성환, 배종욱 저, 생능출판사
2. 위키백과 (https://ko.wikipedia.org/wiki)
3. 텐서플로우 홈페이지(https://www.tensorflow.org)
4. https://github.com/EdjeElectronics

개정3판

라즈베리파이4로 구현하는
사물인터넷(IoT)과 초거대 인공지능(AI)

2021년	2월 25일	1판	1쇄	발 행
2021년	11월 15일	2판	1쇄	발 행
2023년	3월 5일	3판	1쇄	발 행
2024년	3월 10일	3판	2쇄	발 행

지 은 이 : 김경연, 이현, 김영민, 양정모

펴 낸 이 : 박   정   태

펴 낸 곳 : **광   문   각**

10881
파주시 파주출판문화도시 광인사길 161
광문각 B/D 4층
등   록 : 1991. 5. 31 제12 - 484호
전 화(代): 031-955-8787
팩   스 : 031-955-3730
E - mail : kwangmk7@hanmail.net
홈페이지 : www.kwangmoonkag.co.kr

ISBN : 978-89-7093-091-6   93560

값 : 28,000원

한국과학기술출판협회
Korean Science & Technology Publisher Association

※ 교재와 관련된 자료는 광문각 홈페이지(www.kwangmoonkag.co.kr)
    자료실에서 다운로드 할 수 있습니다.